Forest and Trees of Korea
by Dr. Nam, Hyo-chang

Published by Hangilsa Publishing Co., Ltd., Korea, 2013

나무와 숲
숲과 나무를 이해하고 식별하기

숲연구소 남효창 지음

한길사

나무와 숲
숲과 나무를 이해하고 식별하기

지은이 남효창
펴낸이 김언호

펴낸곳 (주)도서출판 한길사
등록 1976년 12월 24일 제74호
주소 10881 경기도 파주시 광인사길 37
홈페이지 www.hangilsa.co.kr
전자우편 hangilsa@hangilsa.co.kr
전화 031-955-2000~3 팩스 031-955-2005

부사장 박관순 총괄이사 김서영 관리이사 곽명호
영업이사 이경호 경영이사 김관영 편집주간 백은숙
편집 박희진 노유연 최현경 이한민 박홍민 김영길
관리 이주환 문주상 이희문 원선아 이진아 마케팅 정아린
디자인 창포 CTP출력 및 인쇄 예림 제본 예림

초판 제1쇄 2008년 3월 3일
개정판 제1쇄 2013년 10월 5일
         제7쇄 2023년 3월 10일

값 25,000원
ISBN 978-89-356-6898-4 03480

• 잘못 만들어진 책은 구입하신 서점에서 바꿔드립니다.
• 이 도서의 국립중앙도서관 출판시도서목록(CIP)은 e-CIP홈페이지(http://www.nl.go.kr/ecip)와
  국가자료공동목록시스템(http://www.nl.go.kr/kolisnet)에서 이용하실 수 있습니다.
  (CIP제어번호: CIP2013018920)

ⓒ 사진 남효창, 주원섭, 문준호, 김기홍, 김신회 삽화 김수경, 김신회

나무는 무엇으로 살아가는가
🍃 개정판을 내면서

『나무와 숲』이 세상에 나와 맞이하는 다섯 번째 가을이다. 많은 사람들이 자연에 관심을 갖고, 애정을 보여 주시는 덕분에 『나무와 숲』은 새 옷을 입고 다시 태어나게 되었다.

처음 이 책을 집필한 5년 전이 떠오른다. 이 책은 나무와 숲을 알고자 하는 사람들뿐만 아니라, 숲을 일반인들에게 이야기해 주고자 하는 숲해설가를 위해 집필되었다. 자연에 관심을 갖는 이 분들에게 새소리와 같은 생생한 나무의 소리를 전하고 싶었다. 편백나무나 구상나무가 뿜어 내는 향기를 맡고 있노라면, 온몸이 온화해지고 고요해지는 그런 느낌을 이 책에 담고 싶었다.

이 욕심은 이번 개정판에도 담지 못하고 말았다. 어쩌면 나무의 심장 박동소리와 야생이 뿜어내는 거친 숨소리와 같이 살아 있는 자연을 책에 담는다는 것은 욕심일는지 모르겠다. 하지만 꾸준히 나무를 만나고 관심을 갖다 보면 숲이 보이듯, 『나무와 숲』에서 설명하는 내용들을 들여다보고 음미하다 보면 실제 자연에서 느낄 수 있는 생생한 소리를 들을 수 있지 않을까 하는 기대를 가져 본다.

이 책에서는 나무와 숲에 관한 특징들이 나열되지만, 궁극적으로는 나무의 삶을 통해 우리의 삶을 뒤돌아보기 위한 의도가 숨어 있다. 나

화표(화암) 소나무 강원도 정선군 화암면 화표리에 있다. 1,300년을 한자리에서 살다가 7년 전에 돌아가셨다. 숙연하고 엄숙한 마음으로 껴안아 본다.

무는 무엇으로 살고, 우리는 무엇으로 사는가! 나무는 제 잎을 갉아 먹는 애벌레에게도, 제 몸뚱이를 파헤쳐 집을 짓는 딱따구리에게도, 애써 생산해 놓은 열매를 냉큼 삼켜 버리는 다람쥐나 새들에게도, 집을 짓기 위해 찾아온 벌목꾼에게도 아낌없이 자신을 내어 놓는다. 그러니 나무는 누구를 경계하고 두려워해야 할 대상이 없다. 나무의 삶에는 적이란 것이 존재하지 않는다. 나무가 3억 5천만 년의 세월을 지배해 온 이유가 바로 이것이 아닐까!

『장자』「외편」에 '나무 닭' 이야기가 있다.
기성자紀省子가 왕을 위해 싸움닭을 키웠다. 열흘 뒤 왕이 물었다.
"닭은 이제 싸울 수 있겠나?"
기성자가 대답했다.
"아직 안 됩니다. 지금은 공연히 허세를 부리며 제 기운만 믿고 있습니다."
열흘이 지나 또 물었다.
"아직 안 됩니다. 다른 닭의 울음소리를 듣기만 해도 당장 덤벼들려고 합니다."
열흘이 지나 다시 물었다.
"아직 안 됩니다. 상대를 노려보면서 성을 냅니다."
열흘 후에 또 물었다.
"이젠 됐습니다. 상대가 울음소리를 내도 태도에 아무런 변화가 없습니다. 멀리서 보면 마치 나무로 만든 닭 같습니다. 그 덕이 온전해진 것입니다. 다른 닭이 감히 상대하지 못하고 달아나 버립니다."
깎아놓은 나무 닭을 보고 덤벼드는 닭이 있을까. 아마도 장자가 나무의 삶을 빗대어서 한 이야기일는지도 모르겠다.

동강할미꽃 바위 위의 혹독한 삶을
어찌 이토록 아름답게 표현할 수 있으랴!

나무는 우리에게 셀 수 없이 많은 은혜를 베푼다. 그 중 꼭 받아야 할 은혜는 나무가 보여주는 지혜로운 삶이다.

나무의 특징을 알아 가고, 분류하고, 나무의 이용성을 따지되, '나무는 무엇으로 살아가는가?'를 늘 함께 살폈으면 하는 바람이다. 우리에겐 아직 아름다움을 느끼게 해 주는 앙증맞은 작은 풀꽃이 있고, 고목을 우러러보면서 숙연함이 무엇인지를 가르쳐 주는 나무들이 있다. 풀꽃으로부터 겸손함을, 나무로부터 존중을 배우는 것, 이것이 바로 인간이 나무와 숲을 만나야 하는 이유이다. 겸손과 존중, 생태적 지혜ecosophia를 삶으로 실천해 내는 출발이다.

개정판에서는 1부의 부분 부분을 수정·보완했으며, 20장으로 되어 있던 2부를 18장으로 줄였다. 특히 초판에 있던 부록 '주머니 속 나무 검색표'는 보완해서 독립된 책으로 만들려고 한다. 대신에 책 뒤쪽에 '그림으로 보는 나무 용어해설'을 덧붙여 두었다.

개정판은 한길사에서 출판을 맡았다. 『나무와 숲』이 새롭게 태어날 수 있도록 큰 힘을 주신 한길사 김언호 대표님과 책을 따뜻하게 만든다고 애써 주신 편집부 담당자들께도 감사드린다.

2013년 9월 남효창

숲과 나무를 만나러 가면서
초판 머리말

　지상에서 산소호흡을 하는 모든 생명들의 모태는 나무이다. 즉, 나무가 곤충을 낳았고, 새를 낳았고, 사람을 낳았다. 나무는 시대와 이데올로기를 초월하는 생명의 절대자이다. 그러나 군림하는 것이 아니라, 자기의 모든 것을 다 내어 놓음으로써 다른 생명들이 숨 쉴 수 있도록 해준다. 나무는 나뭇잎을 갉아먹는 작은 애벌레나, 열매를 주워 먹는 다람쥐나, 밑둥을 베는 벌목꾼을 가리지 않고 제가 지닌 것을 기꺼이 내어 놓는다.

　지상에 식물이 출현한 이래 무려 3억 5천만 년 동안 지구의 식탁과 허파 노릇을 해온 숲은 지금 심각한 위기에 처해 있다. 산업혁명 이후 기술 문명이 고도로 발달된 오늘날 사람들의 삶이 훨씬 편리하고 윤택해질수록 나무들은 병들고, 숲은 점점 고립되거나 쫓겨 가고 있다. 아무리 써도 줄지 않는 화수분처럼 자애로운 모성을 발휘해온 땅의 여신 가이아도 점점 힘을 잃어가고 있다.

　오늘도 여전히 축구장 수천 개의 열대우림이 사라지고, 자동차와 공장과 핵발전소는 수천만 톤의 이산화탄소를 대기 중에 뿌려대고 있다. 빙하는 녹아 사라지고, 열대의 섬은 가라앉고, 북극곰들은 먹이를 찾지 못해 어슬렁거리고, 남극의 펭귄들은 주려 죽는다는 소식이 연일 들려

잣나무

오고 있다.

  어느 시인의 시구처럼 "모두가 병들었는데 아무도 아프지 않다"면 참으로 무서운 일이다. 다행스럽게도, 사회의 일각에서는 숲과 자연을 살리고자 하는 노력이 활발히 일어나고 있다. 숲과 자연을 살리는 것이 '너'와 '그'와 '우리'를 살리는 길임을 자각했기 때문이다. 인간은 만물의 상속자일 뿐이지 소유자가 아니다. 단지 그 안에서 삶의 기쁨을 찾는 방법을 학습할 수 있을 뿐이다.

  숲은 열매와 목재뿐만 아니라, 우리들에게 '생태적 지혜'라는 커다란 선물을 제공해 준다. 수많은 나무와 곤충과 새들과 동물들이 어우러져 살아가는 숲은 각자 생존을 향해 달려가는 과정에서 경이로운 변화와 변신과, 적응과 협력을 보여 준다. 그 모든 과정은 삶에 대한 생생한 실재이자 풍부한 은유가 아닐 수 없다.

  이 책은 우리 땅에서 살고 있는 숲과 나무들에 대한 관심과 이해를 돕기 위해 만들어졌다. 필자는 지난 수년 동안 숲생태아카데미를 진행하면서 어떻게 하면 사람들이 더 쉽고 정확하게 숲과 나무를 이해할 수 있을까 고민해 왔다. 이 책은 그 구체적 고민의 소산이다.

숲의 구조와 나무의 생리에 더하여 정확한 식별 방법을 다루다 보니 다소 딱딱한 느낌이 들기도 한다. 그러나 검색표를 활용하여 정밀하게 나무를 관찰하고 분류하고 식별하다 보면 우리 땅에 살고 있는 나무들에 대한 이해가 한층 깊어지리라 믿는다. 검색표에서는 우리 땅에서 살고 있는 360여 종의 나무들을 다루었다.

여유를 가지고 하나하나 확인하면서 나무와 숲을 만나다 보면, 어느새 나무와 숲이 내 안에 들어와 있다는 사실을 발견하리라 믿는다. 이 책을 통해 나무와 숲을 더 의미 있게 느끼고, 자연을 바라보는 새로운 관점을 얻을 수 있는 계기가 되었으면 하는 바람이다.

이 책이 나오기까지 도움을 주신 모든 분들께 진심으로 감사드린다. 특히 세밀한 교정을 봐주신 반칠환 선생님과 책이 출간될 수 있도록 많은 힘을 주신 계명사 신효철 대표님께 진심으로 감사드린다.

2008년 2월 남효창

일러두기

계통도 특정한 나무가 어느 계통에 속하고, 어떤 나무와 유사한지를 한눈에 볼 수 있는 도표이다.

검색표 나무를 쉽게 구분하기 위해 약 100년 전에 고안해 낸 것이다. 검색표의 기본은 제시되는 두 개의 물음을 읽고 그 중 하나를 선택하는 것이다.
● 에 해당하는 물음 두 개를 읽어본다. 살피려고 하는 나무가 첫 번째 ● 에 해당이 안 되면, 그 다음 ● 로 가면 된다. 해당 문장의 끝에 나무이름이 올라 있다면 그 나무이름인 것이고, ●●가 나온다면 아래의 ●●로 가서 확인하라는 뜻이다. ◆은 ●가 다섯 개임을, ★은 ●가 열 개임을 축약한 기호이다. 나무의 특징에 따라 두 물음 가운데 하나를 계속 선택해 기호를 쫓아가다 보면 정확한 이름을 알게 될 것이다.

그림으로 보는 나무 용어해설 식물 분류학 용어에는 낯선 한자어가 많아서, 나무에 관심을 가졌다가도 흥미를 잃어버리는 경우가 종종 있다. 그러나 올바른 용어 이해야말로 정확한 나무 식별의 지름길이다. 낯선 용어가 나올 때는 이 책 뒤에 실린 용어해설이 도움이 될 것이다.

나무와 숲

나무는 무엇으로 살아가는가 | 개정판을 내면서 5
숲과 나무를 만나러 가면서 | 초판 머리말 9
일러두기 12

1부 숲의 교향곡

1 숲 속 세상 19
한 알의 열매에서 숲이 | 빛, 그리고 광합성
흙, 그리고 땅속 세계 | 한 그루의 나무에도 마을이

2 숲과 인간 35
자연이란 무엇일까? | 생태와 환경의 차이
나무의 기원 | 지구 공동체 | 숲 해설가가 되려면

3 숲의 구조 51
숲과 산림이란 무엇인가 | 숲의 구조와 다양성 | 나무의 형태
침엽수와 활엽수 | 숲의 종류 | 양수와 음수 | 숲의 천이

4 나무의 생리 71
나무의 구조 | 나무의 운반 시스템
나무의 생장 | 나무의 호흡과 증산

5 나무의 이름과 특징 97
나무 이름의 유래 | 정확한 나무 식별법

6 잎, 겨울눈, 가시 111
잎의 형태와 구조 | 겨울눈과 어린가지 | 가시의 발달 | 피목

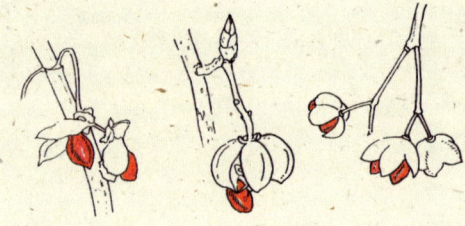

7 나무와 꽃 137
꽃의 의미 | 꽃의 수분 | 꽃의 배열

8 나무와 열매 163
열매의 형태 | 진과 | 가과 또는 위과
뛰어난 전략가들 | 뛰어난 항해사들
열매와 동물 | 열매의 여행

9장 숲의 사계 181
나무의 사계 | 계절과 색깔 | 적지 적수

2부 우리 나무 식별하기

1 솔방울 나무들 207
구과목, 주목목, 은행목

2 밤송이, 도토리 나무들 241
너도밤나무목

3 물가 나무들 265
버드나무목

4 짝궁둥이 잎 나무들 275
쐐기풀목

5 감나무와 때죽나무 289
감나무목

6 장미과 나무들 295
장미목

7 목련꽃 나무들 325
목련목

8 염주 나무들 339
아욱목

9 인동 나무들 345
꼭두서니목

15 독을 지닌 나무들 411
통꽃식물목

10 향기가 강한 나무들 355
운향목

16 윤기 나는 나무들 419
도금양목

11 우산 꽃 나무들 367
산형목

17 이나무는 무슨 나무 425
측막태좌목

12 진달래과 나무들 375
진달래목

18 가래 나무들 433
가래나무목

13 무환자나무목 나무들 383
무환자나무목

TIP1. 유일하게 떡잎이 한 장인 덩굴나무 | 백합목 438
TIP2. 나무에 기생하는 나무들 | 단향목 계통도 439

14 개나리와 수수꽃다리 401
용담목

참고문헌 441
그림으로 보는 나무 용어해설 444
찾아보기 478
향명 – 학명 490
학명 – 향명 500

1부
숲의 교향곡

1
숲 속 세상

숲에 귀를 기울여 보자.
숲은 언제나 그들의 교향곡을 연주하고 있다.
막 싹을 틔우고 있는 나무는 어떤 소리를 내고 있을까?
반짝이며 쏟아지는 아침햇살은 숲과 어떤 화음을 이루고 있는 걸까?
땅 속에서는 어떤 일이 일어나고 있을까?
나무는 모두를 품어 기꺼이 삶의 터전이 되어 준다.

한 알의 열매에서 숲이

열매에서 돋아난 싹이 세상 바깥으로 나오고 있다. 말간 얼굴엔 미처 떨어지지 못한 흙고물이 묻어 있다.

이렇게 막 기지개를 켠 새싹이 가장 먼저 하는 일은 무엇일까? 땅속에 퍼져 있던 실낱 같은 뿌리들이 부지런히 물을 빨아들이고 있다. 그러나 계속 성장하기 위해서는 물만으로 살 수 없다. 아무리 많은 물과 양분을 뿌리로부터 받아들인다 할지라도 엽록체에서 광합성을 하지 못하면 생명을 유지하고 성장하는 데 꼭 필요한 탄수화물을 얻을 수 없다. 광합성을 하기 위해서 새싹은 먼저 제 얼굴을 초록색으로 만든다.

모든 나무들이 떡잎을 땅 위로 내밀지는 않는다. 어떤 나무는 떡잎이 없이 올라오기도 한다. 그러나 실제로 떡잎이 없는 것은 아니다. 땅속을 들여다보면 떡잎은 그 안에 그대로 머물러 있다. 이것을 땅속발아라고 한다. 크기가 크고 양분이 많은 열매가 주로 땅속발아를 하는데 대표적인 것으로 도토리나 밤, 호두 등이 있다.

땅속발아를 하는 도토리는 누가 땅속에 심었을까? 아무도 심지 않았는데, 저 혼자 바람에 굴러가고, 저 혼자 땅속으로 들어가 싹을 틔우는 것만은 아니다. 한 알의 도토리가 싹을 틔우기까지는 수많은 산 속 친구들의 도움이 있어야 가능하다. 만일 도토리가 다람쥐나 청서와 같은 친구를 만나면 살아남기가 어렵게 된다. 이가 발달한 이들은 겨우내 먹을 양식을 땅속에 저장할 때 도토리가 뿌리를 내리지 못하도록 뿌리가 발생할 부분을 제거하고서 땅속에 묻어두는 습관이 있기 때문이다. 가으내 부지런히 도토리를 물어다가 땅속에 숨겨두는 어치(산까치)들이 일등 공신이다. 그러나 이들이 계산 능력이 뛰어난 구두쇠처럼 숨겨둔 열매들을 장부에 적어 두었다가 모두 찾아 먹었다면 어떻게 됐을까? 아마 지금처럼 많은 참나무가 생겨나지는 못했을 것이다. 먹이를 저장해 두고 미처 기억해 내지 못한 어치 덕에 온 산에 참나무가 울창하다.

어린 잣나무가 밝은 햇살 속으로 막 얼굴을 내밀고 있다.

야생동물의 도움 없이 땅 위에서 스스로 뿌리를 내린 도토리들도 있다. 이런 도토리들은 다른 동물들이나 장마, 혹한 등 나쁜 기후에 노출되거나, 뿌리가 깊이 발달하지 못해서 상대적으로 건강하게 자랄 수 있는 삶을 보장받기 어렵다.

땅위발아를 하는 나무로는 단풍나무가 있다. 단풍나무 열매는 어떻게 싹을 틔웠을까? 바람을 타고 날아온 단풍나무 열매도 비바람 또는 숲 속 친구들의 도움으로 흙에 덮이고, 마침내 적당한 시기에 땅위발아를 하게 된다.

싹을 틔운 어린 나무들은 모두 큰 나무로 성장하게 될까? 자연 속에는 결코 평탄함만 존재하지 않는다. 싹이 자라 크게 성장하기까지는 충분한 햇빛을 받을 수 있는 환경과 뿌리가 뻗어나갈 수 있는 대지가 필요하다. 귀엽고 사랑스러운 새싹 하나가 제대로 자라기 위해서는 수많은 난관을 통과해야 한다.

한 줄기 가느다란 빛이 스며드는 숲 기슭에 키 작은 오이풀이 아침을 시작한다. 밤과 아침의 극심한 온도 차이를 오이풀은 일액현상으로 극

왼쪽_**어치** | 오른쪽_**뿌리내린 도토리** 도토리가 땅 위에 노출된 채 뿌리를 내렸다. 어치의 도움으로 땅속에 숨겨진 도토리보다 각종 동물들과 가혹한 기후로부터 보호받기 어렵다.

오이풀 Sanguisorba officinalis**의 일액현상** 뿌리의 압력(근압)에 의해 물이 상승하는 현상. 땅속 온도가 높아지면 뿌리의 수분 흡수가 왕성해진다. 물은 줄기를 타고 잎까지 올라와 기체 상태로 증산이 되지만, 대기의 온도가 낮으면 잎의 가장자리에 발달한 배수조직hydathode에 이슬처럼 맺히게 된다. 일액현상guttation이다. 일액현상은 대부분 초본류에서 나타나며, 기온변화가 심한 봄날 아침에 쉽게 관찰할 수 있다.

박새 Parus major

주둥이노린재 Picromerus lewisi(위)
뒤흰띠알락나방 애벌레
Chalcosia remota(아래)

들쥐 Sylvaemus sylvaticus

복한다. 둥지의 아기박새들은 어미의 기척을 느꼈는지 주둥이를 벌려 먹이를 보채고, 노린재는 노린재나무 잎만을 고집하는 뒤흰띠알락나방 애벌레를 노리고, 땅속에선 시장기를 느낀 들쥐가 주변을 두리번거리며 먹이를 찾고 있다. 소나무는 이 모든 광경을 지켜보면서 늘 그랬듯이 좋은 자손을 갖기 위해 자가수분을 막고, 가능한 한 멀리 송홧가루를 날리는 데 주력하고 있다. 저마다 제 할 일을 시작하면서 숲의 교향곡이 울려 퍼진다.

빛, 그리고 광합성 나무는 엽록소를 통해 햇빛을 받아들이고 유기물을 합성한다. 생물 가운데 식물만이 유일하게 무기물을 유기물로 합성해낼 수 있는데 이는 식물이 지닌 엽록소 때문에 가능하다. 이처럼 무기물에서 유기물을 만들어 내는 과정을 광합성이라고 하며, 광합성을 통해 얻은 에너지는 나무가 살아가는 데에 중요하게 쓰인다. 생장을 하고, 열매를 맺고, 외부 환경에 저항하기 위한 각종 방어물질들을 생산하는 데 대부분의 에너지를 소모한다.

포도당을 만드는 과정에서 이산화탄소는 절대적으로 필요하다. 그 대신 산소는 필요 없는 부산물로 대기 중에 발산된다. 산소뿐만 아니라 수증기도 함께 내뿜는다. 그러니까 나무가 발산하는 산소는 나무의 입장에서는 쓰레기인 셈이다. 결국 우리는 나무가 버린 쓰레기로 지금까지 생명을 이어온 것이다. 나무는 산소를 전혀 필요로 하지 않는 것일까? 그렇지는 않다.

식물도 동물과 마찬가지로 산소호흡을 한다. 호흡은 산소를 소비하는 작용이다. 그러나 생장단계의 식물들은 소비하는 에너지보다 더 많은 에너지를 생산한다. 생장이란 호흡작용으로 소비하는 것보

나뭇잎의 아랫면 산소와 이산화탄소가 들고나는 기공이 있다.
광합성 과정 $6CO_2$(이산화탄소)+$12H_2O$(물) → $C_6H_{12}O_6$(포도당)+$6O_2$(산소)+$6H_2O$

다 광합성으로 생산하는 것이 더 많은 것을 의미한다. 나무가 생장을 계속하는 한 광합성으로 얻는 에너지가 호흡작용으로 소비하는 에너지보다 많다는 뜻이다.

생장단계가 끝나고 균형단계로 접어들면 나무는 더 이상 자라지 않는다. 균형단계의 나무는 스스로를 유지하기 위해 필요한 꼭 그만큼의 에너지만 생산한다. 광합성을 통해 생산하는 에너지와 생명을 유지하기 위해 소모하는 에너지가 +− = 0이 됨을 의미한다. 이 상태에서 나무는 산소를 대기 중으로 발산하는 만큼 소비한다. 더 이상 생장하지 않는 숲은 대기 속 산소를 유지하는 데 도움이 되지 않는다는 의미이다. 하지만 숲은 하나의 커다란 유기체로서 변화를 멈추지 않는다. 늙은 나무가 죽으면 다시 어린 나무가 싹을 틔우고, 줄기를 뻗으며, 숲은 스스로 성장해 가기를 멈추지 않는다.

흙, 그리고 땅속 세계

새싹이 막 돋아난 어린 나무 곁에 있는 흙을 한 번 만져 보자. 흙은 무엇으로 이루어져 있을까? 흙은 딱딱한 고체 성분과 액체 그리고 기체로 이루어져 있다. 고체 성분을 이루는 광물질과 부엽토는 지구상에 존재하는 흙의 절반 정도를 차지한다. 나머지는 흙 알갱이 사이의 빈 공간이며, 그 공간은 물과 공기로 채워져 있다. 흙 속에 있는 물과 공기는 그 속에서 살아가는 모든 생물들에게 결정적인 역할을 한다. 흙 속 친구들이 먹고, 마시고, 숨을 쉴 수 있도록 해 주기 때문이다.

흙이 만들어지기까지는 얼마나 많은 시간이 걸렸을까? 불과 1센티미터의 층이 만들어지는 데 수백 년의 세월이 흘러야 한다는 사실을 믿을 수 없을지도 모른다. 바위는 하루에도 수십 번씩 바뀌는 온도 변화를 겪는다. 때문에 바위에 틈이 생기게 되고, 틈 사이로 나무뿌리가 파고들고, 암석 틈으로 녹아내린 물이 식물에게 좋은 양분이 되어 주면서, 점차 흙으로 풍화되어 간다. 땅 위에 떨어진 나뭇가지나 죽은 동물의 잔해는 부엽토를 만드는 데 중요한 역할을 한다.

흙 속에는 박테리아, 곰팡이, 버섯 등과 같은 미세한 생물들이 있다. 죽어 가거나 이미 죽어 버린 생물의 사체를 먹고 살아가는 이들을 분해자라고 부른다.

좀 더 큰 흙 속 동물로는 지렁이, 굼벵이, 두더지, 땅강아지 등이 있다. 이들은 그냥 땅속에서 사는 것이 아니라 흙을 부드럽게 하고, 구멍을 내어 밭갈이를 해 주는 친구들이다.

나뭇잎이 초록색으로 보이는 이유?
바로 엽록소 때문이다. 엽록소는 인간의 눈과 마찬가지로 태양광선 중에서 가시광선 부근의 햇빛을 주로 흡수하는데 그 중에서도 적색 부근과 청색 부근의 빛은 흡수하고 초록색 부근의 빛을 반사하기 때문에 초록색으로 보인다.

건강한 토양은 각종 잔해들이 얼마나 빨리 분해되느냐에 달려 있다.
산성 토양에선 곰팡이나 버섯균이, 염기성 토양에선 박테리아가 각종 사물들을 분해한다.

콩과식물의 뿌리에 함께 자라는 뿌리혹박테리아Leguminous bacteria

지렁이는 온도와 습도에 따라 땅속과 땅 위로 수없이 드나든다. 깊게는 몇 미터 깊이까지 파고들어갔다가 올라오기도 하는 지렁이의 길은 다른 생물들이 살 수 있는 공간이 되어 준다. 습도가 너무 높아 호흡이 곤란해진 지렁이는 땅 위로 올라오기도 하는데, 비 온 뒤 땅 위에서 많이 발견되는 것은 바로 이 때문이다. 비가 그치고 해가 나왔는데도 미처 땅속으로 들어가지 못한 지렁이들이 빛에 의해 화상을 입고 말라죽는 경우가 허다하다.

두더지가 땅속을 헤집고 다닌 공간도 공기와 물이 스며들어서 식물들이 뿌리를 통해 쉽게 물과 양분을 빨아들이게 된다(물론 때로는 두더지가 식물의 뿌리를 손상시키기도 한다). 땅속에 있는 뿌리도 물과 양분만 빨아들이는 것이 아니라 계속해서 생장을 한다. 뿌리의 생장은 줄기가 활동하기 전인 이른 봄부터 시작하여 줄기보다 더 늦게 가을까지 지속된다.

한 그루의 나무에도 마을이

참나무 한 그루를 떠올려 보자. 땅속에 퍼진 뿌리와 신전 기둥 같은 아름드리 둥치와 하늘로 뻗어나간 잔가지들, 그리고 헤아릴 수 없을 만큼 많은 이파리들이 바람에 흔들리고 있다. 참나무 한 그루에도 수많은 생명들이 깃들어 살고 있다. 누가 참나무를 터전으로 살아가고 있는지 살펴보자.

> **지렁이**
> 지렁이는 최대 7m까지 땅속을 파고들어 가며, 처음 들어간 곳으로는 나오지 않고 다른 길로 나오기 때문에 땅속에 물과 공기가 스며들게 만드는 1등 공신이다. 그 덕분에 많은 생물들이 살 수 있다. 비가 오면 지렁이는 땅 위로 나와 짝짓기를 한다. 암수 구분이 없는 지렁이들은 서로 몸을 부딪치며 지나가는 것으로 짝짓기가 끝난다. 지렁이나 민달팽이는 사람이 손으로 잡으면 화상을 입는다. 지렁이를 안전한 곳으로 옮길 때는 나뭇잎 같은 것으로 감싸서 이동시켜야 한다.

땅속 뿌리 근처에는 개미와 지렁이와 굼벵이와 땅강아지와 두더지들이 살아가고 있다. 나무둥치에는 어떤 것들이 있을까? 습기가 있는 쪽으로는 이끼와 버섯이 자라고 있다. 움푹 패여 들어간 구멍 속은 어떤가? 사마귀의 집도 보이고, 거미의 집도 보인다. 그곳은 작은 동물들이 몸을 숨기는 피난처가 되기도 한다. 얇은 나무껍질을 들춰 보자. 갑자기 들이닥친 빛 때문에 화들짝 놀라 달아나는 흰개미들과 지네 같은 것이 보일 것이다. 작은 못으로 뚫어 놓은 듯한 구멍 속에는 하늘소나 딱정벌레 애벌레가 살고 있을 것이다. 좀 더 큰 구멍도 있다. 딱따구리 같은 새가 곤충의 애벌레를 잡아먹으려고 파 놓은 것들이다.

좀 더 위쪽으로 올라가 보자. 잔가지에 매달려 있는 빈 누에고치도 보인다. 나비나 나방이 우화를 기다리고 있을 것이다. 어떤 잎에는 구멍이 숭숭 나 있다. 얇은 잎 속으로 터널을 만들어놓은 것도 보인다. 아주 작은 진딧물의 흔적일 것이다. 어떤 잎자루에는 불룩한 혹도 있다. 그 속에도 그 누군가 자리를 잡고 있는 게 틀림없다.

나무의 가장 상층부에는 마치 까치집처럼 보이는 둥지도 있다. 다람

땅속발아와 땅위발아

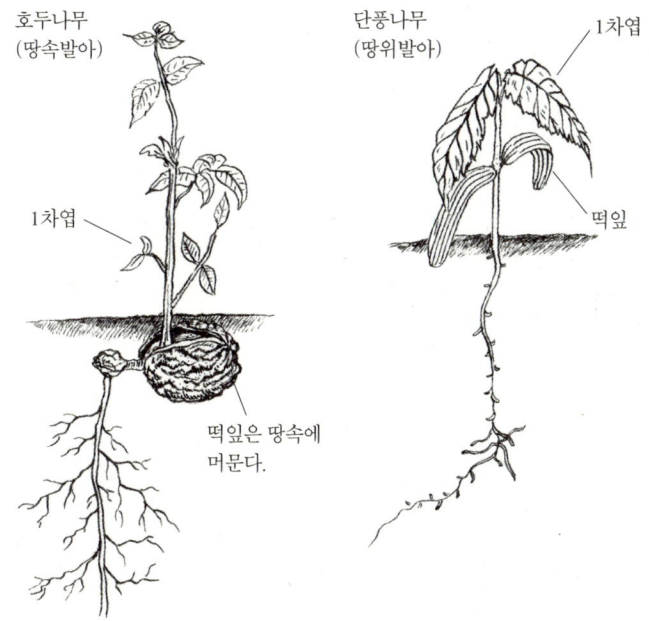

마가목

장미과의 나무로 열매가 풍성하여 마가목 한 그루에 살 수 있는 새의 종류만 해도 50종이 된다고 한다. 아침마다 산새들이 찾아오는 집, 그 마당엔 마가목 한 그루면 족하리라!

딱따구리

딱따구리는 나무줄기에 구멍을 파고 긴 혀를 내밀어 곤충의 유충을 잡아먹기도 하고 거미나 나무의 열매를 먹는다. 하나, 둘, 나선형을 그리며 올라가다가 나무 위쪽에 다다르면 다른 나무로 옮겨간다. 딱따구리의 성격이라고 해야 할까, 습성이라고 해야 할까. 둥지를 파다가 이내 포기하고, 결국 남이 파놓은 구멍을 쓰기도 한다.

쥐는 땅속에 집을 짓고 살지만 청서는 나무 위에 집을 짓고 산다. 열매를 찾느라 재빠르게 줄기를 타고 내려오는 청서를 보고는 먼저 도토리를 주워 문 다람쥐는 재빨리 달아나 버린다.

다람쥐가 달려간 숲 속엔 노루귀와 뱀딸기 같은 들풀들 사이에 막 싹을 틔운 어린 참나무도 자라고 있다. 떨어진 나뭇잎이나 부러져 썩어가는 나무토막에는 달팽이나 다른 곤충들이 살고 있다.

참나무 그늘 아래 아이들이 뛰놀고 있다.

오색딱따구리 Dendrocopos major

청딱따구리 Picus canus

쇠딱따구리 Kizuki deudrocopus

까막딱따구리 Dryocopus martius

땅바닥에 누워 숲의 소리를 듣는 아이도 있고, 나무줄기에 도화지를 대고 크레용으로 문지르는 아이도 있고, 확대경을 통해 나무구멍을 들여다보고 있는 아이도 있다. 참나무 한 그루는 이 모든 곤충과 동물과 아이들이 살아가는 하나의 마을이다.

갈참나무 Quercus aliena

도토리를 먹고 있는 다람쥐 Tamias sibiricus

나무 속에 사는 흰개미들 Isoptera

2
숲과 인간

생태와 환경의 차이점은 무엇일까?
자연 속에서 우리의 존재는 어떤 것일까?
들풀이나 야생동물들, 그리고 곤충들은 그야말로 자연스럽게
자연의 일부로 살아 가는데 과연 우리도 자연의 일부로
조화롭게 살아 가고 있는 걸까? 만약 아니라면 왜 그럴까?
숲의 구조를 살펴 보고 우리들의 존재를 되짚어 보자.

자연이란 무엇일까

자연은 추상이 아니라 구상이며, 은유가 아니라 생생한 실재이다.

하늘에는 만물을 비추어 주는 태양과 달이 있고, 땅에는 산과 호수와 강이 있고, 숲에는 나무와 들풀과 새와 곤충들이 살고 있다. 자연 속에는 우리가 생각할 수 없을 만큼 많은 생물들이 살고 있다.

도대체 무엇이 자연이고 무엇이 자연이 아닐까? 사람이 심어서 만든 소나무 숲은 자연일까? 계곡에 사는 날도래의 건축물이나 딱따구리의 나무 구멍, 사람이 지은 집들은 자연이 아닐까? 이것들은 어떤 점이 다를까?

자연은 '인간에 의해 창조된 것이 아닌 것'이라고 사전에는 나와 있다. 그러면 인간은 자연의 한 구성원이 아니란 말인가? 인간도 지상에 깃든 여느 생명들과 마찬가지로 자연의 한 구성원임에는 틀림없다. 그런데 날도래의 집은 자연이고 사람의 집은 자연이 아니라고 여겨지는 것은 왜일까?

그것은 인간과 자연의 상호관계에서 인간이 자연을 자원으로만 간주하고 지나치게 착취해왔기 때문이다. 이제 인간의 자원은 풍부해졌지만 자연의 범위는 그만큼 좁아지게 되었다. 인간은 자연을 이해하고 나면 곧 그것을 지배하고 통제하려는 경향을 보인다.

과학은 '자연을 대상화'함으로써 자연에 대한 인간의 소외를 부추겨 왔다. '환경'이라는 말 속에는 인간이 모든 것의 중심이며, 인간 이외의 모든 것들을 '주변'으로 보는 이데올로기가 숨어 있다. 인간의 편리성을 위해서는 마음대로 가꾸고, 마음대로 재배하고, 마음대로 사육해도 된다는 생각을 낳게 된다. 하지만 '생태'란 생물과 무생물을 모두 포함하며, 특정한 생명체가 아니라 모두가 존재의 의미와 가치를 지니고 있다는 뜻이다. 생태적으로 살아간다는 것은 이 세상 만물에게 무릎을 꿇을 용기를 내는 일이며, 모두를 받들어 볼 수 있는 존중의 마음을 갖는 작업이다. 다행스럽게도 우리에겐 무릎을 꿇고 아름다움을 발견할 수 있는 앙증맞은 들풀들이 있다. 모든 생명에게 존중하는 법을 가르쳐주는 거대한 나무들이 아직 우리 곁에 있다.

우리나라 사람들은 유난히도 숲을 사랑한다. 오랜 역사와 문화 속에서, 예술작품에서든 실제 삶 속에서든 숲을 사랑해온 단서를 찾아 내는 것은 어려운 일이 아니다. 그러나 숲에 대한 사랑과는 대조적으로 숲에 대한 지식은 보잘것없다는 사실 또한 부인할 수 없다. 숲을 어떻게 만나야 하고, 숲의 뭇 생명들과 어떻게 소통해야 하는지에 대해서는 더욱 그렇다.

한때는 숲이 거의 존재하지 않을 만큼 숲을 집약적으로 이용한 적도 있다. 숲을 그저 나무의 집합체 이상으로 보지 못한 생태치가 대세였던 것이다. 그러나 숲이 황폐해진 결과 어떤 일이 벌어질지 그 누가 상상이나 했을까? 숲을 이루고 있는 나무가 만드는 그늘은 자신을 위한 것이 아니다. 나무는 새들을 불러 모아 즐겁게 노래를 부르게 한다. 살아갈 집이 필요한 딱따구리에게 기꺼이 제 몸을 도려내게 한다. 진딧물에게는 잎의 부드러운 부분을 내어 주고, 거위벌레에겐 자식을 키울 수 있는 자신의 아이 격인 도토리까지도 내어 준다. 나무좀벌레에게는 자신의 속살까지도 양식으로 제공하고, 요람으로 사용하도록 허락한다. 그러니 나무는 천 년, 만 년 이 땅에서 살아야 하는 명분을 갖는다.

숲은 인간의 정서적 휴식처일 뿐만 아니라 생존을 위한 물과 공기의 정화처이자 공급처이다. 또, 인간과 더불어 살아가야 할 수많은 야생동물들이 서식하고 있는 공간이므로 숲은 미래의 우리 후손들에게 잘 보존해 주어야 할 가장 소중한 유산이다. 이 시대에 필요한 숲은 인간의

단순화와 직선화된 환경은 위태롭다.

이용가치에 의한 것보다 생태적 균형을 이루고 있는 숲이다.

환경과 생태
환경은 직선적 개념이며, 생태는 순환적 개념이다.

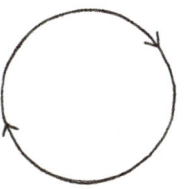

생태와 환경의 차이 생태란 동식물들이 살아가는 자연 상태를 말한다. 개념상으로 보면 생태 안에서 인간은 수많은 생물 중 다만 한 종의 동물에 불과하다. 만물의 영장도 아니며, 가장 진화되었다거나 가장 귀한 존재 같은 것은 더더구나 아니다. 모든 생명체를 자연의 눈으로 바라보면, 경이로운 존재가 무수히 많다. 그들은 생태계 안에서 저마다

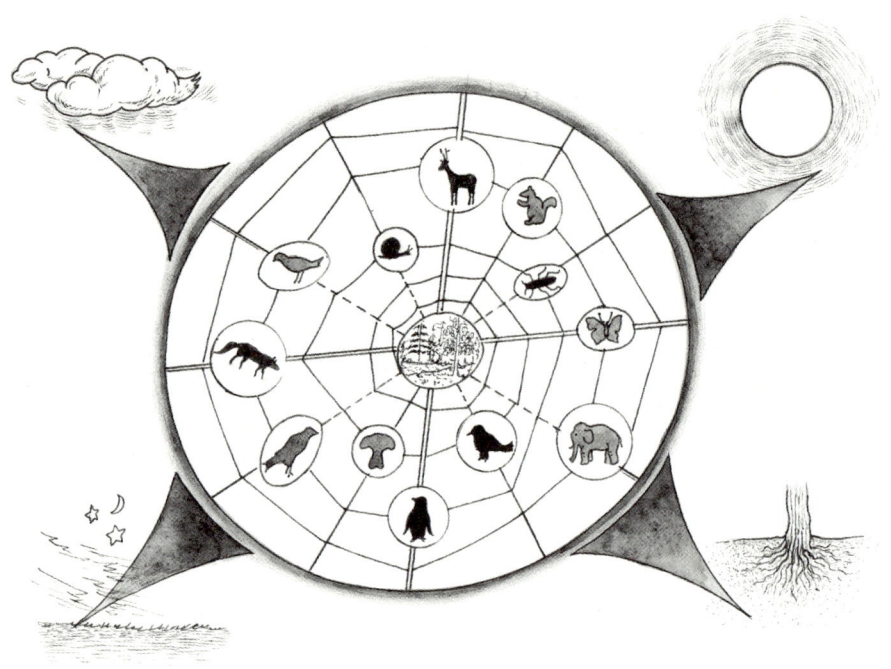

생태계의 관계성 생태계는 수직적 서열의 개념이 아니라 순환적 관계의 개념이다.

생태계의 관계성
모든 생물은 서로에게 영향을 미치는 관계에 있다. 이것을 먹이사슬로 보기도 하지만, 관계사슬로 보는 것이 좋다. 한 종이 다른 한 종하고만 관계하는 것이 아니라 수많은 종들이 복잡하게 영향을 주고받는다. 이것을 관계사슬이라고 한다.

소중한 역할을 하며 살아가고 있다. 그들이 이어 주고 있는 생명의 고리 하나만 끊어져도 전체 생태계는 큰 위험에 처할 것이다. 누가 감히 그들은 하찮고, 인간은 귀한 것이라고 말할 수 있을까?

세상에 존재하는 모든 것들은 누구나 자연의 섭리를 지키며 살아간다. 하지만, 인간만은 그렇지 못하다. 인간은 저만의 이익과 편리를 위해 자연을 마음대로 부려왔다. 그 결과는 이상기온, 산성비, 오존층의 파괴 등으로 나타나고 있고, 이대로 계속 간다면 우리에게 남는 것은 참혹한 자연뿐일 것이다. 여기에 우리가 왜 생태에 대해 배워야 하는지 그 이유가 담겨 있다.

환경이란 무엇일까? 환경이란 인간이 살고 있는 주변의 자연을 말한다. 가깝게는 마을이 있고, 농경지가 있고, 들판이 있고, 숲이 있다. 멀리는 나무를 베어 수입해오는 열대우림도 있다. 이 모두는 인간의 환경이다.

우리 인간은 편리한 환경을 만들고 싶어한다. 보다 안락한 집을 짓고, 빠르게 질러갈 수 있는 교량을 짓고자 한다. 이때에 우리는 한 번 더 고민하고 신중한 선택을 해야 한다. 인간의 잘못된 삶의 방식은 잘못 인식한 경제관념에 있다. 생물이든 무생물이든 모든 것의 가치판단은 오로지 손익에 있다는 그런 경제관념 말이다. 마침내 자기 자신까지도 고유한 가치를 따지기 전에 경제적 가격을 매긴다. 생태계를 파괴하지 않으면서 인간과 자연이 조화를 이룰 수 있는 방법을 찾아야 한다. 모든 건설이 생태 파괴적인 것은 아니다. 제대로 된 방법을 찾기 위해서 우리가 해야 할 일은 자연 생태를 바르게 아는 일이다. 나무의 초록색은 자신을 위한 색이 아니다. 관계하는 모든 생명체들을 위한 빛깔이다. 나무가 수억 년을 살아올 수 있었던 지혜이다. 나무의 삶을 배우는 일이다.

나무의 기원 나무가 땅 위에 뿌리를 내리게 된 것은 언제부터일까? 나무는 지상에 사는 모든 생물체의 근원이다. 거대한 나무들이 지상에서 왕성한 생명 활동을 함으로써 대기의 성분을 변화시켜 왔으며 이로 인해 산소호흡을 하는 생물들이 존재할 수 있었기 때문이다. 지금으로부터 약 4억 년 전의 일이다. 지구가 탄생한 뒤 오랫동안 격렬한 지각운동이 계속되었다. 대기는 대부분 산소나 질소로 이루어져 있는 지금과는 달리 탄소가 주성분이었다. 차츰 지각운동이 줄어들면서 지구는 안정을 찾았다. 지구에 첫 생명체가 나타나게 된 것은 지구가 생겨난 지 약 41억 년이 지나고 난 다음의 일이었다.

바다에만 살고 있었던 생물들이 지상으로 올라오게 되면서 지구는 새로운 모습으로 바뀌기 시작한다. 오랫동안 바다에서 살던 생물들이 왜 지상으로 올라왔을까? 바닷속 식물들은 바다의 일부분이 융기하는 과정에서 육지로 올라오게 된다. 그들은 생존에 필요한 원소들이 육지에 더 풍부하다는 사실을 알게 된다. 바닷속 산소와 물과 빛은 지상보다는 적지만 바닷속에 살던 식물들이 살아가는 데 부족한 것은 아니었다. 바다에서도 큰 불편을 느끼지 않는 식물들은 여전히 바다에 머물러 있고, 토양에 있는 원소를 갈구한 식물들이 삶의 터전을 옮겨왔다. 이렇게 뭍으로 올라온 최초의 식물은 녹조류와 같은 단세포 식물로 약 1억 년 동안 육상생활에 적응해 왔다.

지금으로부터 3억 년 전쯤 최초의 나무들이 지구에 그 모습을 나타내기 시작했는데 바로 오늘날 살고 있는 침엽수의 조상들이다. 이들은 현재 존재하지 않는다. 이미 멸종되었거나 그 모습을 완전히 달리해서 살아가고 있다.

식물들의 발달은 계속 이어졌고, 약 2억 7천만 년 전인 석탄기 때에 숲은 매우 번창한다. 그러나 갑작스런 환경 변화로 울창하던 숲은 죽음에 이른다. 분해자인 미생물들이 미처 다 분해할 수 없을 만큼 한꺼번에 죽는다. 울창하던 숲이 사라지자 그곳에 살던 생물들이 연쇄적으로 죽게 된다. 잘 알려진 공룡의 멸종은 숲의 죽음에서 비롯된 것이다. 먹이식물인 나무들이 사라지자 초식공룡들이 죽고, 초식공룡을 먹이로 하던 육식공룡들이 죽어갔다.

나무들과 동물들의 사체는 유기물의 형태로 토양에 머물게 되는데 이것이 바로 오늘날 우리가 사용하는 화석연료인 석탄과 석유인 것이다. 지금으로부터 약 1억 5천 년 전에 나타나 그 모습 그대로 유지하고 있는 나무도 있다. '살아 있는 화석'이라고 불리는 은행나무가 그것이다.

약 1억 년 전인 백악기 때 육상 식물계에는 또 한 번의 큰 변화가 나타난다. 바로 활엽수의 등장이다. 약 2천5백만 년 전, 지상에는 침엽수 시대를 넘어 활엽수의 전성시대가 활짝 열린다.

지상 생물의 근원은 바다에서 출발했다. 지상에 생물이 살 수 있었던 것은 육안으로는 관찰할 수 없을 정도로 작은 녹조류의 활약 덕분이다. 녹조류는 둥글거나 젓가락 모양을 하고 있는 아주 작은 생물로, 작은 배 모양으로 뭉쳐서 살아간다. 이 녹조류는 자신이 가지고 있는 엽록소를 이용해 태양빛을 에너지로 바꾸고, 물과 대기 중에 있는 이산화탄소를 흡수해서 단당류를 만드는 놀라운 일을 한다. 그 과정에서 산소를 대기 중으로 발산하는데, 나뭇잎이 광합성을 하는 것과 같다.

녹조류의 놀라운 활동은 지상의 지의류나 이끼, 고사리와 같은 식물이 살 수 있는 기회를 부여했고 거대한 나무들이 자리잡을 수 있는 발판이 되었다. 오늘날 볼 수 있는 다양한 들풀들도 결국은 이 녹조류의 활동 덕분이다.

지구 공동체 숲은 하나의 거대한 녹색 댐이다. 그곳에는 물이 담겨 있다. 생명체들의 생존에 반드시 필요한 것은 물이다. 거의 모든 생명체는 3분의 2 이상이 물로 구성되어 있다. 그러므로 숲을 구성하고 있는 생명체들이 지닌 물의 양을 환산하면 상상을 초월할 정도로 엄청나다. 그러나 우리가 활용할 수 있는 물은 대개 숲 속의 토양이 품고 있다.

숲이 어떻게 이루어지고 어떠한 수종으로 구성되어 있는가에 따라 숲 토양이 물을 함유할 수 있는 양이 크게 다르다. 다양한 수종으로 형성된 숲은 토양발달이 활발하다. 토양발달이 잘 이루어진 숲 $1m^2$(물이 스며들 수 있는 깊이까지)는 약 200리터의 물을 저장하고 있다. 이는 무려 성인 100명이 하루 동안 사용할 수 있는 식수이다.

당장 사용할 물이 모자란다고 해서 댐을 건설하는 것은 대단히 위험한 발상이다. 주변의 자연생태를 파괴하는 것은 기후변화와 또 다른 피해를 불러올 수도 있다. 자연을 훼손하지 않으면서 장기적으로 물 부족

지의류 Cetraria islandica 수분공급이 전혀 없을 때는 수년 동안 인내하는 능력을 보인다. 수분공급이 되면 엽록소가 활발하게 활동을 하기 시작한다.

지의류地衣類와 이끼

건조기에 나무줄기에 물을 뿌려 보면 초록색으로 변하는데 이것은 지의류가 마른 채로 생존해 있음을 말해 준다. 길을 잃었을 때 방위를 알 수 있는 방법이 되기도 하는데, 햇빛이 덜 드는 북쪽에 더 많은 지의류나 이끼가 있기 때문이다. 지의류는 물이 있으면 광합성 작용을 하고, 없으면 활동을 멈춘다.

이들은 수분이 없는 상태에서 몇 년 동안이라도 죽지 않고 견딜 수 있는 능력을 지니고 있다. 즉, 건조 인내성이 대단히 강한 생물이다. 때문에 지상에서 살게 된 41억 년이란 긴 세월 동안 멸종되지 않았을 뿐 아니라 형태의 변화도 거의 없는 상태로 살아남아 있다. 지의류는 곰팡이(수분 제공)와 녹조류(광합성)가 공생하고 있는 모습이며 환경 변화에도 잘 견딘다.

고산지에 있는 죽은 나무

원인은 산성비와 지구 온난화 때문이다. 산성비가 내릴 때 고산지에 있는 나무가 더 빨리 죽는 이유는 높은 지역이 낮은 지역보다 자주 비가 오고, 강수량이 높기 때문이다.

종자 확산기관인 솔방울은 기후 상태를 알리는 습도계 역할도 한다.

현상을 극복하는 길은 바로 녹색 댐을 가꾸는 일이다.

숲은 또한 하나의 거대한 산소 댐이다. 육안으로는 볼 수 없지만 나뭇잎을 통해 일어나고 있는 광합성 작용은 우리에게 반드시 필요한 산소를 공급해 주고, 이산화탄소를 조절하여 대기의 기온을 안정시켜 준다. 이 놀라운 자연 현상은 인간이 모방할 수 없는, 숲만이 할 수 있는 능력이다. 우리가 숲을 알아야 하는 이유는 숲이 주는 몇 가지 이점들 때문만은 아니다. 숲은 지상 모든 생명의 근원이자 그 생명들을 사라지게 하는 열쇠를 쥐고 있다.

숲의 입장에서 인간이 없으면 숲은 위협을 받을까? 아니다. 오히려 그 반대이다. 사람이 없다면 숲은 더욱 숲답게 존재할 수 있다. 그러나 인간은 숲이 없으면 인간답게 살 수 있기는커녕, 존재할 수도 없다.

유감스럽게도 숲은 인간이 살 수 없을 정도라고 말해 주지 않는다. 마치 사람 몸의 간처럼 아프다는 통증을 보내왔을 때는 이미 회복하기 힘들 만큼 훼손되었을 때이다. 숲은 훼손되기 전에 보살펴야 한다.

고사한 구상나무들 Abies koreana

연리지

종류가 같은 두 그루의 나무가 자라면서 가지가 엉겨붙어 마치 한 그루처럼 자라는 것을 말한다. 이들은 모든 양분을 공유한다. 본래는 지극한 효성을 나타냈으나 현재는 남녀 사이 혹은 부부애가 남다른 것을 비유하곤 한다.

나뭇가지가 서로 이어지면 연리지連理枝, 줄기가 이어지면 연리목連理木이다. 연리목은 가끔 만날 수 있으나 가지가 붙은 연리지는 매우 드물다. 가지는 다른 나무와 맞닿을 기회가 적을 뿐만 아니라 맞닿더라도 바람에 흔들려서 좀처럼 붙기 어렵기 때문이다.

혼인목

같은 종류, 또는 다른 종류의 나무 두 그루가 자라면서 자리를 내어 주기도 하고, 필요하면 뻗어 나가기도 하면서 서로 조화를 이루고 살아가는 한 쌍의 나무를 일컫는 말이다. 어느 한 나무가 먼저 죽으면, 다른 한 나무도 서서히 죽어 가는데 그 이유는 한 나무가 없어진 공간에 갑작스럽게 변한 자연 조건 때문이다. 햇빛이나 비, 바람 모두 그 강도가 달라지게 된다.

숲 해설가가 되려면

요즘 자연과 생태, 그리고 숲에 대해 공부를 하는 사람들이 늘어나고 있다. 이와 관련된 전문 직업들도 생겨나고 있다. 숲을 보존하는 숲 지킴이라거나 숲을 찾는 사람들에게 나무와 들풀, 그리고 무수히 많은 생물들이 유기적 관계를 맺고 살아가는 숲에 대한 이야기를 들려주는 숲 해설가가 그것이다. 숲 해설가는 단순한 나무 해설이나 들풀 해설에만 그쳐서는 안 된다. 만약 이런 전문 직업을 갖고 싶다면 나름대로 준비가 필요하다. 먼저 나만이 할 수 있는 연구나 기록을 하는 것이 좋다. 자주 만나는 나무나 풀과 곤충을 관찰하고 기록하는 것이다. 내가 사는 곳이 효창동이면 효창공원, 안양천이면 안양천변, 대구라면 팔공산 등 접근하기 쉬운 곳부터 시작해 보자. 내가 만든 자료를 지역학교에 보내어 쓸 수 있도록 한다든지, 지역단체에 가입하여 환경보호 활동을 할 수도 있을 것이다. 만약 컴퓨터 게임 개발자라면, 자연을 이용한 게임을 만들 수도 있을 것이다. 물론 게임 속에는 생태를 배려한 사고가 담겨야 할 것이다.

숲 해설가는 숲이라는 자연을 지식적으로만 전달해서는 안 된다. 숲은 머리로만 이해될 수 없는 영역이다. 무엇보다 중요한 것은 숲을 가슴으로 느껴야 한다는 것이다. 숲의 모든 것은 느낌으로 살아간다는 것을 숲을 배우는 사람이 우선 느껴야 한다. 머리에서 가슴으로가 아닌 가슴에서 머리로 받아들이는 것이 살아 있는 숲의 실제를 이해하는 길이다.

피할 수 없는 공간에서 느티나무와 회화의 공존 전략

서로 다른 두 그루의 잣나무가 하나가 되어가는 연리목 현상을 나타내고 있다.
Pinus koraiensis

숲 해설은 자연에 대한 단순한 지식과 기술을 연마하는 작업이 아니다. 꿈과 희망을 타자에게 전달하는 작업이다. 무엇을 꿈꾸어야 하는지를 미처 모르는 아이들과 청소년들에게 희망을 주는 것이다. 일상생활에 지쳐 잠시 치유가 필요한 이들에게 삶의 위안을 이야기할 수 있는 따뜻함을 전달하는 일이다. 숲 해설은 숲이란 자연을 총체적으로 이해함은 물론이거니와 어떻게 숲을 전달할 것인지에 대한 방법론과 교육학, 나아가서는 심리적 상황을 파악하기 위한 공부도 필요하다. 숲 해설은 자연과학과 인문과학을 만나게 하는 통합과학이다. 숲을 통해 삶을 이야기할 수 있는 생태철학자이다.

파브르는 원래 수학과 물리학을 공부하였다. 하지만 곤충에 대한 지대한 관심으로 그는 곤충학자가 되었고, 우리는 그를 곤충학자로만 알고 있을 정도이다. 내가 현재 사회학자면 어떻고, 세일즈맨이라면 또 어떠랴. 숲이 좋아서 숲에 풍덩 빠진다면 숲은 또 다른 세계로 우리를 인도해 줄 것이다.

소나무 혼인목 Pinus densiflora 서로 마주보는 쪽에는 가지가 없다.
서로의 존재를 인지하고 있는 것이다.

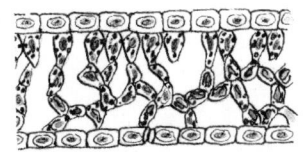

3
숲의 구조

적지적수(適地適樹)라는 말이 있다.
제게 맞는 땅에 뿌리를 내려야 그 나무도 잘 자랄 것이며
그 나무로 인해 살아 가는 다른 생물들도 평온할 것이다.
숲이 어떻게 변하는지 그 천이과정을 살펴 보고
나무를 심어야 할 때가 오면 그곳에 맞는
나무를 심을 수 있는 안목을 키워 보자.

숲과 산림이란 무엇인가 인간의 간섭을 받지 않은 전형적인 숲의 예를 들어보자. 많은 나무들이 더불어 살면서 숲을 일구어 간다.

숲 속 나무들은 이웃하는 다른 나무들보다 좀 더 높게 자라기 위한 노력을 게을리 하지 않는다. 빛과 양분을 더 좋은 조건으로 얻기 위해서이다.

때죽나무와 같은 친구는 아무리 자라도 상수리나무의 키를 넘지 못하는 유전적 한계를 지니고 있다. 대신 때죽나무는 응달에서 견디는 인내력이 상수리나무보다 강하다. 단풍나무와 서어나무는 참나무들을 능가할 수 있는 유전적인 형질을 지니고 있어서 더 높이 자라기도 한다.

이들 다양한 성격을 지닌 활엽수들이 숲을 점령하기 전에 빛을 매우 선호하는 침엽수인 소나무가 쑥쑥 자라 현재는 가장 높이 올라가 있다. 그러나 응달에 견딜 수 있는 참나무 종류들이 점점 소나무 아래에서 자라 올라오고, 응달에서 더 잘 견디는 단풍나무나 서어나무들이 자라면 소나무는 마침내 그들에게 자리를 내어 주어야만 하는 상황을 맞게 된다.

숲 더 아래에 빛이 아주 적게 스며드는 곳에서는 개암나무나 진달래, 철쭉 그리고 어린 서어나무, 단풍나무 등이 자라고 있으며, 숲 아주 밑바닥에서는 습도가 매우 높은 곳에서도 잘 자라는 이끼류나 고사리류들이 번창하고 있다.

숲을 가만히 살펴보면 4개 또는 5개의 높이 층을 구분해 낼 수 있다. 아주 드물지만 높이 층을 10개 이상으로 나눌 수 있는 숲의 구조가 나타날 수 있다. 이처럼 다양한 층으로 이루어진 숲은 그만큼 안정적이고, 다양한 생물들이 서식할 수 있는 풍부한 생태적 공간이 된다.

복잡한 숲의 세계에 살아남기 위해 나무들은 저마다의 능력을 발휘

하고 있다. 때로는 잎의 모양과 크기를 조절하거나, 때로는 가지에서 나오는 잎의 각도나 위치 등을 조절하기도 한다. 진달래나 철쭉 같은 친구들은 이른 봄, 아무도 깨어나지 않은 시기에, 서둘러 꽃과 잎을 피워내 경쟁을 피하는 자신만의 생존 전략을 구사하고 있다.

숲의 구조와 다양성 숲은 자연 속에서 스스로 재구성된다. 한 종류의 나무만 자라고 있다고 해서 언제까지 변함없는 것은 아니다. 소나무로 가득 찬 숲에도 어린 참나무나 단풍나무가 자라나기 시작하면, 언젠가 그 숲은 활엽수가 우거진 숲으로 변하게 될 것이다.

소나무가 빽빽한 숲을 상상해 보자. 주로 인공림에 소나무가 많은데 그 이유는 건조하고 척박한 땅에서도 잘 자라서 많이 심었기 때문이다. 그러나 소나무가 많은 숲은 작은 불씨에도 산불이 나기 쉽고, 토양도 척박하다.

다양한 종류와 다양한 크기의 나무들이 가득 찬 숲은 그늘이 지고, 그 아래에는 각종 음지성 들풀들이 많이 자라고 토양이 비옥해진다. 그런 토양은 많은 양의 수분을 함유하고 있어 서식하는 동식물도 다양해진다. 이른바, 종의 다양성을 지닌 숲이 된다. 구조가 다양한 숲은 종이 다양한 숲이다. 이렇게 구조적으로 다양한 숲이야말로 많은 생명이 깃드는 아름답고, 안정된 숲이다.

나무의 형태 나무의 수관은 같은 나무라고 해도 그 변화가 매우 심하다. 그러한 현상은 유전적인 요인으로도 나타날 수 있으며, 환경적인 요인도 큰 작용을 한다. 홀로 자라는 나무의 수관과 밀집해서 사는 나무의 수관은 같은 종이라 할지라도 매우 달리 나타난다. 그것은 서로 넓은 공간을 확보하기 위한 경쟁뿐 아니라 양보와 타협으로 형성되기

산림의 정의

산림이란 엄격한 정의를 내리기는 어려우나, 관점에 따라 다음과 같이 정리를 해 볼 수 있다.

첫째, 나무가 자라는 곳이 일정한 면적 이상일 때를 말하는 경제적 관점. 둘째, 산림법 제1조 2항에 규정되어 있는 행정적, 제도적 관점. 셋째, 면적과 제도적인 기준을 넘어 순수하게 산림의 군락을 스스로 유지해 갈 수 있는 상태를 의미하는 생태적 관점이다. 생태적 관점에서의 산림은 숲이란 의미와 일맥상통한다.

숲을 바라보는 관점
- 경제적 관점: 1ha 이상의 면적을 지니는 숲
- 제도적, 행정적, 법적 관점: 경제적, 제도적 관점에서 생긴 산림법 상에 규정된 숲
- 사회적 관점: 여가, 휴양, 교육의 터전이 되는 숲
- 생태적 관점: 생물들의 삶에 절대적인 기후와 토양을 스스로 만들고 유지해 나가는 숲

숲의 특징
- 숲은 자신만의 독특한 기후와 온도를 유지한다.
- 숲은 스스로 비옥한 토양을 만들어 낸다.

숲과 숲 바깥의 온도는 5도 이상의 차이를 보인다. 숲 속에서는 낮과 밤의 온도 차이가 5도 이상 나지 않는다. 그러나 숲이 아닌 논이나 밭 또는 도시나 들판의 밤과 낮은 심할 경우 20도까지 큰 차이를 보일 때도 있다. 많은 야생동물들이 숲을 자신의 보금자리로 삼는 커다란 이유 중의 하나는 숲이 온도 변화에 민감하지 않은 안정적인 기후를 보여 주기 때문이다. 숲이 우거질수록 토양이나 계곡의 물 함량이 많아진다.

도 한다. 그 밖에도 수관형은 빛, 바람 그리고 동물들의 피해로 인해 다양한 모습을 보이게 된다.

일반적으로 침엽수의 수관은 중심 줄기가 힘차게 하나로 뻗는 주축성간형을 보이며, 활엽수는 줄기가 여러 갈래로 갈라지는 분지성간형으로 나타난다.

나무의 나이가 많아지면서 수관형이 변하기도 한다. 소나무의 경우 어린 시절에는 원추형을 보이지만 점점 자라면서 구형으로 바뀌어 가기도 한다.

나무의 줄기(수간)는 침엽수와 활엽수가 크게 차이가 난다. 침엽수인 가문비나무, 전나무, 잣나무 등은 환경에 큰 영향을 받지 않고 곧게 자라는 성질을 지니고 있는가 하면, 활엽수의 대부분은 나무의 줄기가 구불구불하게 자라는 특성을 나타낸다.

나무의 줄기 생장은 토양조건과 기후조건에 많은 영향을 받는다. 소나무는 환경이 좋지 않으면 특히 줄기가 구불구불하게 자란다. 줄기가 굽게 자라는 원인으로는 영양설, 수분통도설 그리고 기계적설 및 식물 호르몬설이 있다. 가장 설득력을 가지는 것은 기계적설이다. 나무는 살아가면서 때로는 강한 수직적 압력과 수평적 압력을 받을 경우가 있다. 수직적인 압력은 위에서 누르는 무게를 말한다. 겨울철 눈이 오면, 특히 침엽수의 경우 상록의 나뭇가지에 쌓인 눈의 압력에 의해 줄기가 구부러지거나, 정아가 죽게 된다. 또, 강한 바람을 맞아 쓰러지지 않으려고 저항하는 가운데 줄기가 휘어지는 현상이 발생하게 된다.

산림, 삼림, 숲의 개념적 차이

산림이란 일정한 기울기가 있는 산지에서 자라는 숲을 말하며, 삼림이란 평지에서도 일정한 면적의 나무들이 숲을 이루고 있는 지역까지 포함한다. 대개 산림과 삼림은 인간이 목재와 그 부산물을 이용한다는 측면을 내포한다. 그러나 '숲'은 이용의 측면보다는 '나무들이 더불어 살아가는 자연 생태계'를 의미한다.

독일과 일본은 우리와는 달리 산림이란 용어 대신 삼림이란 말을 사용한다. 삼림을 가장 잘 가꾼 대표적인 국가로 독일을 드는데, 독일에서는 삼림Forest과 숲Wald의 개념을 엄격히 구분해서 사용한다. 삼림이 인공적인 숲이라면, 산림은 보다 자연적인 숲을 가리킨다.

탄생과 죽음이 공존하는 숲

숲에서는 탄생과 죽음이 함께 일어난다. 그곳에서 죽음이란 새로운 개체의 탄생을 위한 밑거름이 되는 것을 의미한다. 한때 인간의 삶도 그러했다. 건넌방에서는 갓난아이의 울음소리가 들려오고, 앞집에선 곡소리가 흘러나왔다. 하지만 지금 우리는 갓난아이의 울음소리를 듣기 위해서는 산부인과 병원으로 가야 하고, 곡소리를 듣기 위해서는 장례식장으로 가야 한다.

침엽수와 활엽수

침엽수의 특징

침엽수는 역사적으로 활엽수보다 약 1억 년 정도 먼저 세상에 뿌리를 내려 살아오고 있는 나무이다. 자방이 밖으로 노출되어 있는 나자식

위_**혼효림** 다양한 나무들이 더불어 사는 숲
아래_**단순림** 소나무 순림

인간에겐 혼란스럽게 보일지 몰라도, 야생동물들이 가장 좋아하는 숲의 전형이다.
가장 지속적이고 자연에 가까운 숲은 반드시 죽은 고사목이나 죽어 가는 나무들이 존재해야 한다.

물인 침엽수는 대부분 구과를 생산하기 때문에 구과식물이라고 하지만, 반드시 그렇지는 않다. 주목, 은행, 소철처럼 침엽수에 속하지만 구과를 만들지 않는 나자식물도 있기 때문이다. 나자식물에는 소철목, 은행목, 주목목 그리고 구과목이 있다. 침엽수의 대부분은 추위와 건조에 강하며 위도가 높은 북반구나 고산지대에서 잘 자란다. 상록성이 거의 대부분이지만, 잎갈나무나 메타세쿼이아 같은 낙엽성 침엽수도 있다.

활엽수는 자엽(떡잎)이 두 장인 쌍떡잎식물인 반면, 구과를 만드는 침엽수들은 자엽이 여러 장인 다떡잎식물이다. 침엽수는 잎이 뾰족한 것이 대부분이지만, 나한송처럼 예외적인 것도 있다. 침엽에는 페놀 성분이 많아서 다른 생물들이 먹어도 분해가 잘 되지 않는다.

우리나라에서 자라는 침엽수는 모두 14속 44종이다. 설악눈주목, 구상나무, 풍산가문비 등은 특산종으로 한라산, 지리산, 설악산, 덕유산 등 고산지대에 분포한다. 곰솔은 중부 이남의 바닷가에서 자라며, 소나무는 도처에서 자라지만 특히 내륙에서 흔히 볼 수 있다. 눈잣나무와 눈측백은 고산지대 일부에서 자라고, 솔송나무는 울릉도에서 자란다. 그 밖에 잣나무, 전나무, 분비나무, 가문비나무, 종비나무, 잎갈나무, 주목 등이 우리나라를 대표하는 침엽수들이다.

소나무 침엽수 중 우리나라 전체에 가장 널리 퍼져 있는 것이 소나무이다. 우리나라에 자라는 소나무류에는 소나무, 곰솔, 잣나무, 눈잣나무, 섬잣나무 등 자생종과 원산지가 북아메리카인 방크스소나무, 스트로브잣나무, 중국에서 도입된 백송 등이 있다.

소나무는 다른 식물들이 자라지 못하도록 페놀이나 탄닌 성분이 많이 함유된 낙엽을 두껍게 쌓거나 송진을 내뿜어 싹을 죽이기도 한다. 하지만 소나무 아래에서 싹이 튼 참나무가 자라기 시작하면, 숲은 서서히 참나무숲으로 변하기 시작한다. 그곳에는 산나물과 약초 같은 식물도 자라게 된다.

우리나라는 조선시대에 소나무 보호정책을 강력하게 펼쳤다. 나무 중에 우두머리라는 뜻으로 '수리'라고 부르다가 '술'로 바뀌었고, 오늘날의 '솔'로 변했다. 소나무는 나무의 모든 부분이 골고루 쓸모 있다. 뿌리, 줄기, 잎, 꽃가루, 솔씨, 송진 등 하나도 버릴 것이 없다. 목재, 차와 술, 때로는 구황식물로, 병을 고치는 약용식물로도 쓰인다. 소나무를 많이 심은 이유 중에 하나는 소나무에서만 자라는 송이버섯 때문이기도 하다.

해송 바닷가에서 자라는 소나무를 해송, 또는 곰솔이라고 한다. 나무껍질이 검고, 겨울눈의 색깔은 흰빛이 나고, 잎이 길고 뻣뻣하다.

반송 반송은 소나무의 변종으로 줄기가 여러 개 갈라져 나오면서 부채나 쟁반 같은 모양으로 자라는 관목형이다.

금강송 태백산 일대에서 자라는 소나무로 강송이라고도 하며 줄기가 곧고 수관이 좋다.

춘양목(중곰솔) 곰솔과 소나무 사이에서 태어난 자연 잡종으로 줄기가 곧고 재질이 매우 단단하여 예부터 궁궐이나 고택을 지을 때 선호해 온 소나무의 일종이다. 경북 춘양이란 지역에서 많이 자란다고 해서 붙여진 이름이다.

활엽수의 특징

자방이 속에 있는 피자식물인 활엽수는 쌍떡잎식물이다. 물론 청가시덩굴이나 청미래덩굴은 활엽덩굴식물임에도 불구하고 떡잎이 하나인 외떡잎식물이지만, 이들을 제외하고는 모두가 떡잎이 두 장인 식물들이다. 잎이 침처럼 생기지 않고 평평하고 넓은 잎을 지니고 있는 나무를 활엽수라 한다. 말 그대로 잎이 활짝 펴 있다는 의미이다. 활엽수에는 상록성인 것과 낙엽성인 것이 있는데, 이들을 각기 상록활엽수, 낙엽활엽수라고 한다.

　상록활엽수는 대부분 연평균 온도가 14도 이상인 난대림에서 자란다면, 낙엽활엽수는 연평균 온도가 9도 정도인, 봄과 겨울의 사계절이 있는 곳에서 자라는 나무를 말한다. 현재 지상에는 침엽수보다 활엽수들이 절대적으로 많이 살고 있다. 현재의 숲의 역사는 활엽수의 전성시대라 할 수 있으며, 우리나라의 경우에는 활엽수 중에서도 참나무류의 전성기가 진행되고 있는 상황이다.

　상록활엽수가 많은 숲은 깊이가 있어 보이고, 낙엽활엽수가 많은 숲은 경쾌한 느낌을 준다. 상록활엽수림은 대개 열대우림 또는 난대 및 아난대에 많고, 낙엽활엽수림은 온대에 많다. 침엽수림은 한대, 아한대에 발달한다.

교목喬木과 관목灌木

　교목이란 높이 자라는 나무이며, 관목은 낮게 자라는 떨기나무를 말한다. 높이가 5m 또는 6m 이하인 나무를 관목이라 하고, 그 이상 자라는 나무를 교목으로 규정하고 있다. 그러나 이러한 규정은 정확치 않다. 키가 큰 교목도 어린 시절의 수년 간은 키가 5m 이하의 시절이 있을 것이다. 그때는 관목이었다가 나중에는 교목으로 승격시켜야 하는 모순이 생긴다. 따라서 교목과 관목을 정의하는 데는 나무의 생리로 구분을 하는 것이 더 타당하다. 땅속에서 줄기가 하나로 나오는 것을 교목이라 하고, 줄기가 밑동이나 땅속 부분에서부터 갈라져 나오는 나무를 관목이라고 한다.

　나무의 줄기가 여러 갈래로 자라는 대표적인 나무로는 개나리, 국수나무, 싸리, 꽝꽝나무, 눈잣나무, 댕강나무 등이 있다. 관목과 교목의 수

침엽수
활엽수
관목

교목 지상부의 줄기가 하나로 자라는 형태의 나무
관목 지상부의 줄기가 여러 개로 갈라져 자라는 형태의 나무
침엽수 교목형 중심 줄기가 끝까지 하나로 유지되면서, 옆으로는 가지와 잎만 있는 형태의 나무
활엽수 교목형 중심 줄기가 하나로 시작되나, 어느 시점에서는 여러 갈래로 갈라지는 형태의 나무

형은 유전적으로 나타나는 현상이나 가끔은 주목처럼 교목인 경우와 눈주목처럼 관목형을 하고 있는 경우도 있다. 대부분 관목은 줄기의 수명이 비교적 짧고 죽은 줄기의 밑동에서 새 줄기가 나오기도 한다.

숲의 종류

교림 Hochwald, **중림** Mittelwald, **저림** Niederwald

익숙하지 않은 용어들이 숲을 알고 싶어 하는 데 걸림돌이 되는 경우가 있다. 예를 들어 교림이니 저림이니 중림이니 하는 말들이 그것들이다. 이것은 교목과 관목의 차이를 구분할 수 있다면, 간단하게 이해할 수 있다. 즉, 교림은 거의 대부분 교목으로 된 숲을 말한다. 굵은 줄기로 된 나무들이 숲을 이룬 경우를 뜻하며, 당연히 많은 목재를 생산할 수 있는 숲이 된다.

저림은 관목들로 이루어진 숲이다. 즉, 여러 개의 가는 줄기가 땅에서부터 올라온 나무들이 모여 있는 숲을 말한다. 이는 대부분 인위적으로 사람들이 나무를 잘라 이용한 후에 남아 있는 그루터기에서 다시 줄기들이 올라와 이루어진 숲이다. 과거 땔감이나 숯을 생산하기 위해 의도적으로 맹아발생이 잘 되는 참나무류 등을 이용해서 발생시키던 숲을 예로 들 수 있다. 물론 인간의 간섭 없이도 관목의 형태로 자라 올라오는 나무들이 저림을 형성할 수도 있다. 중림은 교목과 관목들이 함께 있는 교림과 저림의 중간형태의 숲을 말한다.

원시림, 천연림, 인공림, 자연림

원시림과 천연림은 대개 비슷한 뜻으로 해석을 하지만, 엄격히 따지면 조금 다르다. 원시림은 태풍이나 산불 등 외부의 환경요인에 의해 전혀 손상을 받지 않고 존재하는 숲을 의미하며, 처녀림이라고도 한다. 천연림은 사람이 나무를 심거나 이용하지 않은 상태의 숲을 말한다. 인공림은 사람들이 적극적으로 심고 가꾼 숲을 말한다. 인공림을 만드는 방법으로는 묘목을 직접 심는 인공조림과 종자를 심어서 숲이 되도록 유도하는 천연갱신이 있는데, 천연갱신으로 이루어진 숲은 자연림에 가깝다. 자연림은 종자가 스스로 발아해서 이루어진 숲을 의미한다.

숲은 다양한 종류와 다양한 크기의 나무들이 더불어 살아가는 공간이다. 물론 사람에 의해 인위적으로 가꾸어진 숲은 그 다양성과 크기가 획일적인 경우가 왕왕 있다. 환경조건이 나쁜 추운 고산지대나 매우 건조하고 온도가 높은 지역에서도 다양한 나무들이 나타나지 않는다. 온대지역이나 적합한 기후와 토양조건이 주어진 경우에는 다양한 나무들과 다양한 나이를 가진 나무들이 함께 살아가게 된다.

간략히 나무와 숲에 관한 용어들을 살펴보자. 숲은 환경조건에 따라 특정한 곳에 특정한 나무들이 군락을 이루며 살아가는 모습을 보이는데, 이것을 임분 stand 이라 한다. 나무 아래에서 위를 올려다보면 나뭇가지들이 복잡하게 뻗어 하늘을 가리고 있는데, 이것을 수관 forest canopy 이라 한다. 수관층 아래에는 나무의 긴 줄기가 발달해 있는데 이것을 수간 stem 이라고 한다. 큰 나무 아래에 좀 더 작은 모습으로 수관층이 만들어진 경우도 있다. 이것을 하층수관이라고 한다. 그리고 숲의 아랫부분에는 관목류들이나 들풀들이 또 다시 낮은 층을 이루고 있다. 이것을 지피식생이라고 한다. 숲의 가장 밑바닥을 임상 forest floor 이라고 한다. 숲의 수관층이 빽빽하게 밀집되어 있으면, 숲의 임상에는 낙엽이나 가지만 쌓여 있거나, 내음성이 매우 강한 식물들 이외에는 전혀 나타나지 않는다.

순림 pure forest 과 혼효림 mixture forest

순림은 인공적이든 자연적이든 숲을 이루고 있는 큰 나무들이 오로지 같은 수종으로 이루어진 숲을 의미한다. 숲을 이루고 있는 나무들의 약 90% 이상이 같은 나무로 되어 있다면, 그것은 순림으로 본다. 반면 혼효림은 다양한 종류의 나무들이 함께 자라고 있는 숲을 말한다.

동령림 even-aged forest 과 이령림 uneven-aged forest

동령림이란 같은 나이의 나무들이 모인 숲이다. 사실상 이러한 숲은 자연상태에서는 찾아보기 힘들다. 이령림은 서로 다른 나이를 가진 나무들이 모인 숲을 말한다. 여기에는 반드시 모든 연령을 가진 나무들이 존재해야 하는 것은 아니다. 이상적인 숲은 나이가 1년생에서부터 100년 또는 200년이 된 나무들이 함께 존재하는 경우일 것이다. 하지만 자연에서도 그처럼 이상적인 숲이 나타나기는 어렵다.

보안림 protection forest 은 산사태를 방지할 수 있거나, 수자원을 풍부하게 할 수 있거나 그 밖의 자연재해를 예방할 수 있는 차원에서 관리하는 숲을 말한다. 방풍림은 보안림의 한 종류이다.

소유에 따른 산림

그 밖에 소유관계에 따라 국유림 national forest, 사유림 private forest 및 공유림 non-national forest 으로 구분할 수 있다. 공유림은 민유림이라고도 하며, 지자체에 속해 있는 도유림이나 군유림 등을 말한다.

우리나라의 숲은 약 19%가 국유림이며, 74%가 사유림으로 개인이 소유하고 있는 면적이 다른 나라에 비해 매우 높다.

양수陽樹와 음수陰樹

나무의 크기나 형태 같은 것으로 양수와 음수를 구분하는 명확한 기준은 없다. 그러나 보편적으로 음수의 잎은 양수의 잎보다 짙은 녹색이다. 이유는 더 많은 빛을 흡수해야 하기 때문이다. 음수와 양수는 그늘 아래서 죽지 않고 생존할 수 있는 저항성으로 판단한다. 즉, 얼마나 내음성이 강한가가 기준이다. 내음성이 강한 나무를 음수라 한다면, 그 반대인 것을 양수라 한다. 양수는 응달에서 견딜 수 없는 나무이며, 음수는 응달에서 견딜 수 있는 나무이다. 같은 나무에서도 그늘 쪽에 있는 잎과 햇빛 쪽에 있는 잎은 약간 다른데, 이는 잎이 광합성을 효율적으로 하기 위해 적응한 결과이다.

나무가 음수인지 양수인지 판단할 수 있는 방법은 없을까? 나무는 광합성 작용을 위해 햇빛을 필요로 한다. 그러나 모든 나무가 같은 양

양엽과 음엽의 구조적 차이

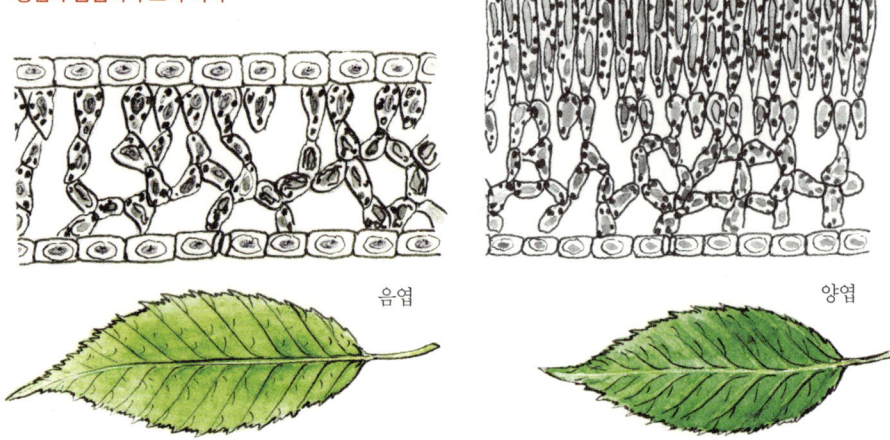

음엽   양엽

의 햇빛을 좋아하는 것은 아니다. 나무에 따라서 빛이 잘 들지 않는 어두운 곳에서도 잘 자라는 나무가 있다. 같은 종류의 나무라도 대개 어릴 때는 강한 햇빛을 싫어하고, 자라면서 햇빛을 좋아한다.

음수도 커갈수록 어두운 것을 싫어하게 되는데, 나무가 오래될수록 어둠을 견디는 내음성이 약해지기 때문이다. 그러므로 음수라고 해도 자연적으로 큰 나무가 사라지거나, 인위적으로 나무를 솎아 주어 햇빛이 잘 들어오는 환경이 조성되면 더 잘 자라게 된다.

음수는 음지에서도 잘 자라는 극음수와, 양지에서도 자라지만 어릴 때는 높은 내음성을 지니는 조건적 음수로 구분된다. 극한 그늘에서 잘 자라는 식물로는 주목, 나한백, 사철나무, 호랑가시나무, 회양목 등이 있으며, 어느 정도의 응달에서도 살아 갈 수 있는 나무로는 솔송, 너도밤나무, 가문비나무류, 단풍나무류, 서어나무류 등을 들 수 있다. 음수는 대체로 잎 색깔이 짙고, 두께가 얇고, 줄기는 길게 뻗으며, 눈에 잘 띄지 않는 꽃을 피우는 경우가 많다. 조금의 빛으로도 광합성을 할 수 있도록 진화되어 왔다.

어떤 나무는 빛이 많은 곳에서는 잘 자라지만 그늘진 곳에서는 자라지 못하는 성격을 띠고 있는데 이러한 나무를 양수라고 부른다. 양수는 하루에 3~5시간 정도 직사광선을 받아야 하는 식물로 양지에서 활발하게 자란다. 직사광선과 같은 충분한 광조건에서는 잘 자라지만, 약광조건에서는 생육이 나빠지거나 불가능하다. 전형적인 양수의 잎은 너비가 좁고 미세한 털이 있으며 거의 양엽으로 음엽은 잘 발달되지 않는다. 많은 빛을 반사시켜야 하고, 체내의 수분증발을 억제시켜야 하기 때문에 미세한 털을 만들곤 한다. 물론 털은 작은 생물들이 잎을 먹지 못하도록 방어역할을 하기도 한다.

대개의 1년생 식물이나 재배식물은 양지성이다. 하지만 다년생 수목들에게는 다양한 차이가 발생한다. 수수꽃다리, 무궁화, 배롱나무, 밤나무, 튤립나무, 쥐똥나무, 플라타너스, 층층나무 등은 양수성을 띤다. 생장을 위해 빛을 강력하게 요구하는 극양수로는 잎갈나무, 버드나무류, 자작나무류, 붉나무, 두릅나무 등이 있다. 그 밖에 양수성과 음수성의 중간 정도의 빛을 요구하는 나무들이 있는데, 이들을 반음수 또는 중성수라고 한다. 양지와 음지의 중간 상태의 광선이나 부분적으로 그늘이 지는 광조건에서 잘 자라는 식물들이다. 우리 주변에서 자주 만나는 잣나무류, 참나무류, 물푸레나무류, 진달래류 등이 여기에 속한다.

한 나무에 있는 잎들도 양엽과 음엽이 있다. 빛을 많이 받는 쪽에 있는 잎이 양엽이라면, 그렇지 못한 곳에 있는 잎은 음엽이다. 나무의 위쪽에서 아래로 내려올수록 양엽에서 음엽이 형성되며, 바깥쪽에서 안쪽으로 들어가면서 양엽보다 음엽이 더 많아진다. 음엽은 낮은 광도에서 광합성을 효율적으로 하기 위해 양엽보다 더 넓고 얇은 것이 보편적이다.

양엽은 높은 광도에서 광합성을 효율적으로 할 수 있도록 적응한 잎으로 엽 면적은 작고, 두께는 두껍다. 강한 빛에 의해 증산요구가 높아지게 되자 이것을 억제하기 위해서 잎의 표피가 두꺼워지고, 표피 위에 각피(큐티클 cuticle)층과 각피 위에 다시 지질성분인 왁스wax층이 잎 표면 위에 생긴다. 빗물이 나뭇잎 위에서 구슬처럼 돌돌 말리는 현상은 나뭇잎 표면의 왁스 성분 때문이다.

숲의 천이 遷移

숲도 끊임없이 제 모습을 바꾼다. 이것을 일컬어 천이라 한다. '천이'란 옮겨간다는 뜻이다. 우리는 봄 여름 가을 겨울에 따라 바뀌는 숲의 색을 보고 감탄하지만, 그 속에 살고 있는 식물들이 바뀌고 있는 것까지 관찰하기는 쉽지 않다.

다양한 환경요인에 영향을 받으며 살아가는 식물들의 천이는 대체로 다음과 같이 진행된다. 먼저 식물이 전혀 살고 있지 않은 나지에 처음으로 지의류나 선태류 등이 등장한다. 1~2년생 초본류들이 나타난 후, 다년생 초본류들이 살아가게 된다. 이러한 과정을 거쳐 비로소 목본류인 키 작은 관목들이 나타나게 된다. 관목들의 전성기가 지나면 양수성을 띤 키 큰 나무들이 등장하고, 마침내 음수성을 띤 키 큰 나무들이 숲의 마지막을 장식하게 된다. 온대 중부와 남부지역에서 천이를 거쳐 극상림climax에 최종적으로 남는 대표적인 나무로는 서어나무와 개서어나무를 들 수 있다.

인간의 간섭을 받거나 이상기후로 인해 숲에 피해를 받게 되면, 이 천이과정은 다시 전 단계로 되돌아가게 된다. 이를 퇴행천이라고 한다.

우리나라 숲에서 일어나는 천이과정은 대

서어나무와 개서어나무
서어나무는 강인한 생명력을 지니고 있으며 온대중부지역의 천이과정에서 가장 늦게까지 살아남을 수 있는 대표적인 음수이다. 조금 더 따뜻한 온대남부지역에서는 개서어나무가 천이과정의 마지막 단계인 극상림에서 군림하게 된다.

다양한 종류의 나무들이 다양한 굵기로 자라는 숲은 건강성과 영원성을 의미한다.

체로 다음과 같다. 소나무에서 참나무로 바뀌고 나면 참나무보다 더 내음성이 강한 서어나무, 단풍나무 등이 참나무 아래서 싹이 트고, 성장한다. 그들이 흙 속의 양분을 빼앗기 시작하면 참나무는 차츰 쇠퇴해 간다. 인간의 손길이 닿지 않고 잘 보존되어 있는 국립공원이나 사찰 주변에 가면 점점 참나무가 사라지고 단풍나무나 서어나무로 교체되어 가는 것을 확인할 수 있다.

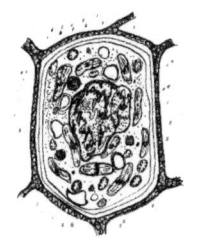

4
나무의 생리

나무는 몇백 년, 아니 몇천 년을 살기도 한다.
나무는 어떻게 하여 그렇게 오래 살 수 있을까?
무엇이 그토록 키가 큰 그들을 똑바로 서 있게 하고
양분을 빨아올리게 할까? 나무의 내부 구조에 답이 있다.
나무도 사람처럼 숨을 쉰다는 소리를 들어 본 적이 있는가?
그렇다. 그들도 호흡을 한다. 왕성하게 성장하는 나무와
성장을 멈춘 나무가 내뿜는 산소의 양에는 큰 차이가 있다.

나무의 구조 나무와 풀이 구분되는 기준은 '크게 그리고 오래' 살 수 있는가의 여부이다.

나무가 어떻게 오랜 세월 성장하며 살 수 있는지 알기 위해 먼저 나무의 구조를 살펴보자. 나무는 외형적으로 크게 줄기, 뿌리, 잎의 생장기관과 꽃, 씨앗, 열매의 생식기관으로 나뉜다.

먼저 씨앗부터 관찰해 보자.

씨앗은 종자식물의 확산기관이다. 씨앗은 그것을 둘러싸고 있는 껍질(종피)과 장차 나무의 줄기와 뿌리와 잎이 될 배(胚 embryo)와 배를 둘러싼 배유endosperm로 이루어져 있다.

아까시나무와 같은 경우 배유가 발달해 있지 않다. 이를 무배유종자라 한다.

씨앗의 껍질(종피)이 하는 역할은 종자가 발아할 때까지 기후의 변화나 다른 동물들로부터 피해를 막아 주는 일이다. 특히 곰팡이 등의 피해를 막기 위해 빨리 황색으로 산화하는 역할도 한다. 사과 씨앗, 밤 또는 도토리 등이 황갈색으로 되는 이유가 바로 곰팡이와 같은 외부 침입자의 공격이나 자외선으로부터 조직이나 세포가 파괴되는 것을 막기 위해서이다.

유배유 종자 = 배embryo + 배유endosperm + 종피
무배유 종자 = 배embryo + 종피

종자는 암술의 자방 속에 있는 밑씨(배주)가 발달한 것이다. 밑씨는 난핵(배 embryo)과 극핵(배유 endosperm), 그리고 주피로 되어 있다. 주피는 종피가 된다. 자방벽이 발달하여 과피pericarp가 되고, 과피는 종자를 둘러싼 과실이 된다.

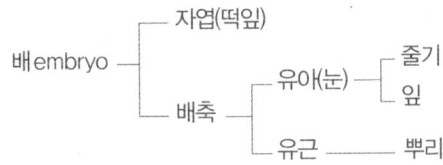

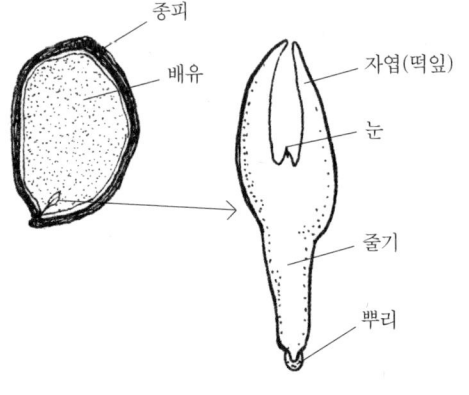

배胚는 장차 뿌리로 성장할 어린뿌리(유근), 어린 줄기, 떡잎(자엽), 이렇게 세 기관으로 나눌 수 있다. 배유는 영양조직으로 전분, 지방, 단백질이 대부분을 차지하고 있다.

떡잎(자엽 cotyledon)은 식물이 발아하는 초기 단계에 어린뿌리와 줄기에 양분을 공급해 줌으로써 장차 큰 나무로 자랄 수 있게 해 주는 아주 중요한 조직이다.

모든 나무는 떡잎을 지니고 있다. 단풍나무와 같이 떡잎이 지상으로 올라오는 땅위발아(상배축 epicotyl)를 하는 나무도 있고, 도토리나 밤과 같이 지상으로 떡잎이 올라오지 않는 땅속발아(하배축 hypocotyl)를 하는 나무도 있다. 이런 떡잎은 땅속에 오래 머물면서 영양 공급만을 담당한다.

거의 모든 나무와 들풀은 한 쌍의 떡잎으로 되어 있지만, 소나무와 같은 침엽수는 여러 장의 떡잎을 가지고 있다. 또 보리, 잔디, 대나무 등 벼과나 사초과에 속하는 식물들은 떡잎이 한 장만 있는 외떡잎식물이다. 활엽수와 들풀은 쌍떡잎식물이며, 소나무 같은 침엽수는 다떡잎

떡잎을 명명한 사람은 괴테

괴테는 숲이나 나무에도 해박한 지식을 가지고 있었다. 그는 작품을 위해 숲 속 산책을 하면서 숲을 관리하는 전문인과 친분을 갖게 되었다. 두 사람은 오랫동안 서신을 주고받으며 숲 생태에 관한 지식과 우정을 나누었다.

나무의 주요 성분

셀룰로오스: 높게 그리고 넓게 자라게 하는 성분(탄수화물)

리그닌: 오래 살게 하는 성분(지질)

식물이다.

나무는 크게 160m까지도 성장 가능하다. 어떻게 나무가 크게 자라고 그 높이까지 에너지 소모가 전혀 없이 물을 운반해서 광합성을 할 수 있는지 신비롭기 그지없는 현상이다. 나무가 크게 성장하고 물을 운반할 수 있는 것은 나무의 세포벽을 단단하게 지탱해 주는 셀룰로오스라는 성분과 물과 양분의 운반 시스템이 있어서 가능하다. 만일 나무의 물을 올려주는 정교한 운반 시스템이 발달되지 않았다면 큰 나무로 자라는 것은 생각할 수 없는 일이다. 셀룰로오스 생성과 운반 시스템의 동시 발달은 필연적이었다.

나무의 운반 시스템

나무의 줄기

나무들은 한번 성장한 높이를 계속 유지하려는 속성이 나타나게 되었다. 그래서 3억 년 전의 식물계에는 수명이 길고 몸집이 큰 나무들이 지상을 점령하는 승리자가 되었다. 이렇게 나무가 견고하고 높게 자랄 수 있는 것은 탄수화물로 만들어진 셀룰로오스^{cellulose}란 성분 때문이고, 나무가 오래 살 수 있는 이유는 리그닌^{lignin}이라는 성분 때문이다. 리그닌은 지질^{lipid}인 지방^{fat} 성분으로 셀룰로오스와 함께 식물 세포벽을 구성하는 주요 성분이다. 셀룰로오스의 미세섬유들 사이를 채워 압력에 견디는 기능을 담당하게 된다. 또한 뿌리에서 수십 미터 또는 수백 미터 높이까지 물이 이동하는 데 도움을 주기도 한다.

페놀 화합물로 된 리그닌은 동물들이 쉽게 분해할 수 없는 물질이므로 각종 미생물이나 동물들의 먹이원이 되는 셀룰로오스를 보호하는 방어역할을 한다. 이렇게 셀룰로오스와 리그닌이 결합하여 오래도록 분해가 되지 않는 단단한 나무로 존재할 수 있다. 사람들이 나무를 켜서 집을 짓거나 각종 가구를 만들어 오랫동안 사용하거나 보존할 수 있는 것도 이 때문이다.

나무가 숲을 이루고 번창할 수 있게 된 것은 나무의 뛰어난 운반 시스템 덕분이다. 나무는 운반 시스템의 발달로 거대한 면적 위에 숲을 이루게 되었다.

나무의 운반 시스템은 나무가 환경에 더 잘 적응할 수 있는 방향으로 발달과정을 밟아왔다. 처음에는 세포벽을 가진 세포의 끝부분이 단순하고 긴 세포로 연결되어 있었지만, 점차 고무 호스 같은 모양으로 변화하면서 더욱 쉽고 빠르게 물을 운반할 수 있게 되었다. 이러한 것들을 도관 및 가도관이라 한다.

침엽수의 경우 가도관만 발달되어 있는데, 가도관은 도관보다 길고 양쪽 끝부분이 침처럼 뾰족해서 물을 수직으로 운반하는 데 많은 어려움이 있으며, 운반 속도도 매우 느리다. 활엽수에 발달되어 있는 도관은 양쪽 끝이 둥글게 뚫려 있고, 그 위에 천공판이란 세포조직이 발달해 있어 서로 이웃하고 있는 도관으로 자유롭게 물을 수직으로 이동시킬 수 있다.

활엽수에는 도관만 발달해 있는 것이 아니라 가도관도 동시에 발달되어 있는 나무들이 많다. 이러한 물 운반 시스템의 정교한 발달은 물뿐만 아니라 물에 녹아 있는 각종 무기영양소들까지도 나뭇잎이 있는 높은 곳까지 신속하게 운반할 수 있게 해 준다. 활엽수는 크고 넓은 잎에 발달된 기공^{stoma}을 통해 잎의 표면적이 작은 침엽보다 훨씬 많은 물을 증산시킨다. 때문에 낮의 길이가 짧아지고, 온도가 내려가는 가을이 오면 활엽수들은 잎을 버리고 휴지기에 접어들게 된다. 반면 침엽수는 상황이 다르다. 침엽은 잎의 표면적이 작고, 잎 자체가 추위에 견딜 수 있는 특수한 구조로 발달해 있다. 겨울철에도 빛이 있고 적당한 온도가 유지되는 낮 시간에 광합성을 하면서 적은 양의 수분을 증산시키기도 한다.

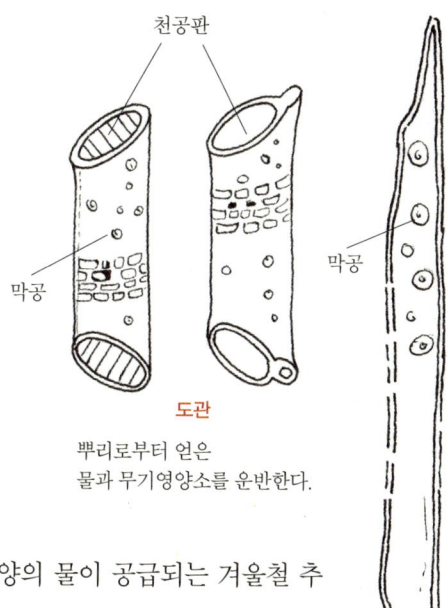

도관
뿌리로부터 얻은 물과 무기영양소를 운반한다.

가도관

　정리하자면, 침엽수는 적은 양의 물이 공급되는 겨울철 추운 지역에서도 살아 활동할 수 있지만, 활엽수는 물이 얼어버리는 빙점 이하의 추운 지역에서는 활동을 중지하고 휴지기를 맞이하게 된다. 보편적으로 활엽수가 따뜻하고 물 공급이 원활한 곳에서 잘 자라는 나무라면, 침엽수는 춥고 건조한 지역에서도 살 수 있는 나무이다. 세계적으로 식생분포를 보면 활엽수는 아열대우림, 열대우림 및 온대지역에서 주로 나타나고, 침엽수는 위도가 높은 지역이나 고산지대에 주로 분포하고 있다. 이런 이유로 수목의 식생대가 서로 구분된다.

　계절에 따른 온도의 변화는 나무들이 살아가는 생활방식이나 생리적 현상을 좌지우지하게 된다. 나무는 내부적으로 계절의 변화를 알리는 나이테가 겹겹이 형성된다. 일반적으로 짙고 옅은 색이 반복되는데, 짙고 가는 부분은 늦여름과 가을에, 옅고 넓은 부분은 봄과 여름에 만들어진다. 전자를 추재 late wood, 후자를 춘재 early wood라 부른다. 이 둘을 합하면 나무가 1년 동안 자란 두께가 된다.

나무는 수십 년 또는 수백 년 동안 반복적으로 이러한 나이테를 만들어 내는데 오래된 나이테일수록 나무의 안쪽으로 밀려들어가게 된다. 그리고 언젠가 물과 양분을 더 이상 운반하지 못하게 되면, 그 부분은 대체로 어두운 색을 띠게 된다. 그것을 심재$^{heart\ wood}$라 한다. 심재가 어두운 색을 띠는 이유는 활동을 더 이상 하지 않는 세포들과 유지, 탄닌 등의 성분이 모이기 때문이다. 보편적으로 나이테는 1년에 춘재와 추재가 1개씩 만들어지나, 가끔 건조하거나 병충해나 산불 등에 의해 추가될 수도 있는데, 이를 위연륜$^{falsche\ ring}$이라 한다. 상대적으로 바깥 부분의 나이테는 밝은 색깔을 나타내는데, 아직까지 많거나 적게 물과 양분을 이동시키고 있다는 증거가 된다. 이것을 변재$^{sap\ wood}$라 부른다. 변재 부분에는 물과 탄수화물이 이동하는 목부^{xylem}와 사부^{phloem}가 활발하게 살아 있다. 나무의 심재 부분은 오래 전에 활동을 했지만, 이제는 더 이상 물과 탄수화물을 이동시킬 수 있는 살아 있는 부분이 아니다.

수피

나무를 둘러싸고 있는 조직을 말한다. 수피는 활엽수와 침엽수가 서로 다르게 발달해 있다. 활엽수의 수피에는 코르크형성층이 있고, 그것을 중심으로 밖으로는 코르크세포$^{cork\ cell}$를, 안쪽으로는 코르크피층^{phelloderm}을 만들어 낸다. 이 모두를 주피^{periderm}라고 한다. 주피의 역할은 지나친 수분증발을 막고, 태양광이나 추위로부터 내부조직의 손상을 막고 버섯균이나 곤충들의 공격을 방지하는 역할을 한다.

침엽수의 수피는 활엽수의 수피와 조금 다르다. 코르크형성층을 중심으로 밖으로는 플로바펜코르크^{phlobaphencork}와 코르크피층이 발달해 있다. 또 프로바펜코르크의 밖으로 해면코르크^{schwammcork}와 암석코르

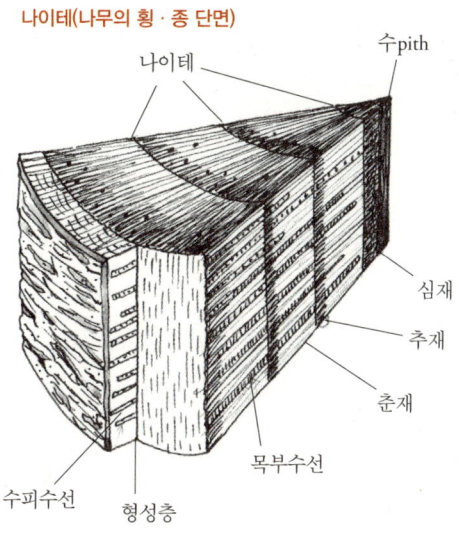

나이테(나무의 횡·종 단면)

나무의 나이테는 무엇일까?

나무는 매년 줄기와 가지가 한 마디씩 자라며 그곳에 세월을 기록한다. 봄과 초여름에 자란 흔적은 넓고 밝은 색으로 나타나고, 늦여름과 가을에 자란 흔적은 좁고 어둡게 나타난다. 밝은 부분과 어두운 부분을 합쳐야 하나의 나이테가 된다. 나무의 나이테를 통해서 몇백 년 전의 기후라든가 살아온 조건들까지도 알아 낼 수 있다.

나이테

심재: 형성층 세포가 죽은 곳(대체로 안쪽에 있는 어두운 부분)
변재: 세포조직이 대부분 살아 있는 곳(바깥쪽의 밝은 부분)
춘재: 나이테에 나타난 넓고 밝은 부분(봄과 초여름에 만들어짐)
추재: 나이테에 나타난 좁고 어두운 부분(늦여름과 가을에 만들어짐)

크steincork가 발달해 있다는 점이 다르다. 자작나무의 수피가 종이처럼 조각 조각 갈라지는 이유는 서로 다른 두께의 막이 교대로 형성되어 있다가 죽어서 떨어지기 때문이다. 수피가 두꺼운 참나무류의 경우에는 주피에서 코르크세포와 코르크피층이 다 떨어져 나가고, 코르크형성층만 비대해져서 코르크조직이 두껍게 발달하게 된다. 수피가 수직방향으로 길게 갈라지는 것과 감나무처럼 잘게 조각으로 갈라지는 이유는 바로 주피가 어떻게 발달하느냐에 따라 나타나는 현상이다.

노각나무　　　　　　　　느티나무　　　　　　　　갈참나무

벽오동　　　　　　　　　가죽나무

물박달나무　　　　　　　다릅나무　　　　　　　　양버즘나무

황벽나무　　　　　　　　잣나무

체관부(사부)

체관 + 반세포 + 유조직 + 섬유 ⇒
양분 이동, 저장 및 지지 역할

도관부(목부)

도관 및 가도관 + 유조직 + 섬유 ⇒
물 이동, 저장 및 지지 역할

나무의 생장

세포에서 생명체까지

생장이란 씨앗의 발아에서 나무가 죽기까지 계속 한 방향으로 자라는 과정을 말한다. 생장과정에서 개체의 부피와 물질이 증가하게 된다. 수목들은 주변 환경의 영향을 받으며 생장한다. 같은 종인데도 서로 다른 모양과 크기로 자라는 것은 환경 때문이다. 나무들은 기후나 토양 같은 환경적인 요인과 개체 자체의 유전적인 요인, 그리고 서로 다른 종들 간에 주고받는 요인들로부터 영향을 받는다.

세포^{cell}로 이루어진 생물은 세포들이 생장을 계속하기 때문에 크기가 커진다. 세포는 물과 양분을 받아들이면서 부피가 늘어나고, 세포 내에 있는 각각의 핵, 미토콘드리아, 엽록체 등의 소기관들이 뚜렷하게 분리가 되면서 분화한다. 마침내 성숙한 세포는 똑같은 다른 세포를 만들어내는 분열을 한다. 이것을 각각 세포신장, 세포분화, 세포분열이라 한다.

결국 생장이란 각각의 세포가 신장하고, 분화하고, 분열해 간다는 의미이다. 이때 새

물과 양분의 운반 도로
목부: 물과 무기영양소가 이동하는 조직
사부: 양분, 즉 탄수화물이 이동하는 조직

형성층 cambium
모든 조직과 기관은 형성층 세포조직, 정확하게 말해서 전형성층 procambium 에서 시작된다. 형성층의 가장 중요한 기능은 세포분열이다. 형성층조직이 계속 분화해서 목부와 사부뿐만 아니라 도관, 가도관 및 사관세포 등이 만들어진다.

롭게 만들어진 세포를 딸세포, 딸세포를 만든 세포를 모세포라 한다. 이러한 각각의 세포들은 나뭇잎, 줄기, 뿌리 등을 형성한다. 나뭇잎을 형성하는 세포들은 잎의 엽맥을 형성하는 세포들, 잎자루를 형성하는 세포들, 잎에 있는 기공stoma을 형성하는 세포들, 잎에 나 있는 털을 형성하는 세포 들로 다시 나뉜다.

같은 일을 하는 세포들의 집합을 조직tissue이라 한다. 나뭇잎이 잎의 기능을 다할 수 있기 위해서는 각각의 조직들이 자신의 역할을 다해야 한다. 조직들이 모이면, 비로소 하나의 기관organ이 된다. 나무의 줄기와 뿌리 그리고 잎은 기관들이다. 기관은 저마다 고유의 임무를 수행한다. 나뭇잎은 광합성과 증산작용을 수행하며, 줄기는 거대한 몸을 지탱하면서 물과 양분을 뿌리와 잎으로, 잎에서 뿌리로 원활하게 운반하고 배분하는 임무를 수행한다.

나무에는 모두 6개의 기관이 있는데, 잎과 줄기와 뿌리는 나무의 생장에 관여하기 때문에 영양기관이라 하고,

주목
'살아 천 년, 죽어 천 년'이라는 말을 듣는 나무이다. 주목나무에는 리그닌이라는 성분이 많아서 죽어서도 잘 썩지 않아 부패가 되지 않는다.

나무와 들풀의 차이
• 나무는 에너지를 자신을 지탱하기 위해 더 많이 쓰는 반면, 들풀은 에너지의 거의 전부를 꽃을 피우는 데 쏟는다.
• 나무는 장차 꽃과 잎과 줄기가 되는 눈bud을 가지고 있는 반면 들풀에는 없다.
• 나무는 나이테를 만들어 내는 형성층cambium이라는 살아 있는 조직이 반복적으로 나타나지만, 들풀에는 원시적 형태의 형성층이 한 번만 만들어지고 만다.
• 나무는 셀룰로오스와 리그닌을 만든다.

세포cell + 세포 = 조직tissue
조직 + 조직 = 기관organ
기관 + 기관 = 생명체organism

세포 - 조직 - 기관

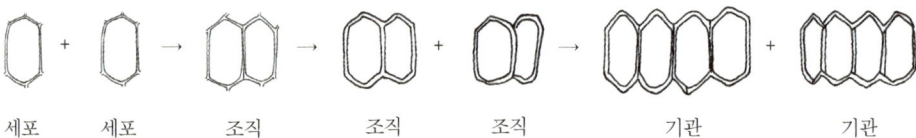

세포   세포   조직   조직   조직   기관   기관

꽃과 열매와 종자는 생식을 담당하는 역할을 지니고 있기 때문에 생식기관이라 한다. 꽃이 하나의 기관인 이유는 열매와 씨앗을 생산해야 하는 분명한 역할이 있기 때문이다. 꽃은 일반적으로 꽃잎, 꽃받침, 수술 및 암술이 있는데, 이들 각각은 조직들이다. 조직은 동일한 성질을 가진 세포들이 모여 있는 집단이다.

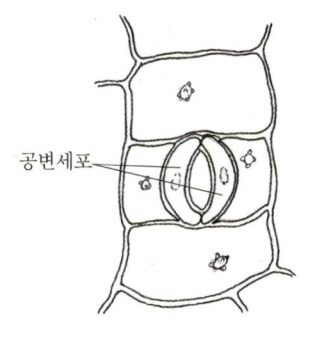

기공
기공도 공변세포가 모인 하나의 조직이다.

식물의 생장을 여러 가지로 나누어 볼 수 있다. 영양기관생장은 나무의 줄기와 잎과 뿌리가 증가하는 것을 말하며, 생식기관생장은 꽃이 피고, 열매를 맺고, 씨앗이 만들어지는 것을 의미한다.

자유생장과 고정생장

수고생장이란 해마다 나무의 줄기가 높게 자라는 것을 말하며 고정생장과 자유생장으로 나누어 볼 수 있다. 고정생장은 겨울눈 속에 다음 해에 자랄 줄기의 원기를 가지고 있다가 봄에 싹이 트고 여름에 일찍 생장을 멈추는 것을 말한다. 고정생장을 하는 나무는 소나무, 잣나무, 가문비나무, 참나무류 등이 있다.

자유생장은 겨울눈 속에 있는 원기가 봄에 자라 봄잎이 되고, 새로 만든 어린 원기가 여름 내내 새 잎을 생산하면서 가을까지 자라는 것을 말한다. 자유생장을 하는 나무는 팽나무, 은행나무, 낙엽송, 포플러, 버드나무, 자작나무 등이 있다. 이들이 봄에 만든 잎을 춘엽이라 하며, 여름에 다시 만든 잎을 하엽이라 하는데 자세히 보면 초록색의 밝기로 식별이 가능하다.

팽나무의 춘엽(왼쪽)과 하엽

무한생장 및 유한생장

나무의 가지에는 다음 해에 잎과 꽃이 되고 나뭇가지가 될 겨울눈이 있다. 겨울눈 중에서 가지의 끝부분에 발달한 눈을 정아라 하고, 그 옆에 붙어 있는 눈을 측아라 한다. 매년 정아가 죽지 않고 새롭게 자라는 것을 유한생장이라 하는데, 대부분의 침엽수들이 그러한 생장을 보인다. 반면, 정아가 한 번 생장을 한 다음 죽고, 측아가 자라는 것을 무한생장이라 한다. 대부분의 활엽수들이 이에 속한다. 때문에 침엽수와 활엽수의 수형이 서로 다른 모습으로 나타나게 되는 것이다.

환경에 따라 다르게 자라는 나무

풍성한 나무 – 주변에 이웃이 없다는 것을 알고 옆으로, 위로 맘껏 제 몸을 뻗치며 자란 나무이다.

하늘로 치솟은 나무 – 주변에 경쟁하는 나무가 많아 위로 자라지 않으면 햇빛을 받을 수 없으므로 하늘로만 치솟은 나무이다.

가문비나무

청개구리 나무이다. 다른 나무들과는 달리 가문비나무나 능수버들 등의 가지는 위를 향하지 않고 중력의 방향으로 자란다.

수목, 나무, 목재의 차이점

수목이란 살아 있는 나무를 말하고, 나무란 살아 있거나 죽은 것 모두를 말하며, 목재란 가공되어 상품화된 것을 말한다.

도장지와 맹아지

갑작스러운 환경의 변화 때문에 나타나는 비정상적인 현상 중의 하나이다. 예를 들어 이웃하고 있던 나무가 갑자기 태풍이나 병충해에 의해 죽게 되면 그 옆에 있던 나무는 줄기 속에 잠재해 있던 눈(잠아 또는 면아)에서 잎 또는 가지를 만들어 내는데, 그렇게 발생된 가지를 도장지라 한다. 반면 맹아지는 베어진 나무의 그루터기에서 새로운 가지가 돋아나는 것을 말한다.

직경생장(부피생장)이란 형성층이 세포분열을 해서 안쪽으로는 목부조직을 만들어 내고 바깥쪽으로는 사부조직을 만들어서 계속 굵어지는 것을 말한다. 환경에 따라 다르지만 목부와 사부의 생장비율은 약 15:1 정도이다. 생장 조건이 양호할 때는 목부를 더 많이 만들고, 나쁠 때는 사부를 더 많이 만들어 낸다. 즉 환경이 나쁘면 같은 소나무라 할

위_삼나무의 도장지
아래_아까시나무의 맹아 갱신

지라도 껍질을 더 두껍게 만든다.

　나무의 수고생장(높이생장)은 어느 시점에서 멈춰 더 이상 자라지 않지만, 직경생장(부피생장)은 나무가 죽음에 이르는 마지막 순간까지 멈추지 않는다. 직경생장이 멈춘다는 것은 곧 나무가 죽었다는 의미이다. 뿌리는 이른 봄, 줄기가 활동을 하기 전부터 직경생장을 시작하여 가을에 줄기보다 더 늦게까지 생장이 지속된다.

　나무들은 세포들이 이루고 있는 분열조직meristem에 의해 생장이 조절된다. 분열조직은 줄기나 뿌리 그리고 잎의 끝부분과 형성층에 위치해 있다. 이러한 분열조직에 의해 높이 그리고 넓게 자라게 된다.

　세포와 조직과 기관들이 서로 유기적인 영향을 미치면서 생장할 수 있는 것은 식물 호르몬이 조절해 주기 때문이다. 식물의 생장을 촉진하는 대표적인 호르몬은 오옥신auxin이다. 생장촉진 호르몬도 있지만, 생장억제 호르몬도 있다. 이것은 식물이 잘못 생장할 때 멈출 수 있도록 해 준다. 엡시스산abscisic acid이 대표적인 생장억제 호르몬이다.

　어떻게 뿌리는 땅을 향해 자라고, 줄기는 하늘을 향해 자랄까? 식물에는 중력을 감지하는 능력이 있어서 뿌리는 중력 방향으로 자라려는 속성이 있고, 줄기는 중력의 반대편으로 자라려는 속성이 있다. 이것을 조정하는 것이 식물 호르몬인 인돌초산(IAA: indoleacetic acid)이란 오옥신이다. 이것은 세포 내에 있는 전분립이 조절해 준다(바다에 사는 가재가 방향을 잡아서 다니는 것도 같은 원리이다). 전분립은 뿌리와 줄기세포 끝부분에 있다. 뿌리세포에 있는 전분립은 뿌리의 아랫부분에 압력을 가해서 중력 방향으로 자라라고 명령을 내리고, 줄기세포에 있는 것은 세포의 아랫부분에 압력을 가하여 그 반대방향으로 자라라고 명령을 내린다.

나무의 호흡과 증산

나무의 호흡

호흡^{respiration}은 저장된 탄수화물을 산화시켜 여러 대사에 필요한 에너지를 공급해 주는 과정이다. 나무의 호흡은 여름철에 더 왕성한데 이는 온도에 비례하기 때문이다.

밤에는 광합성을 중단하고 호흡만 하므로 밤의 온도가 낮보다 5~10도가량 낮아야 호흡량이 적어져 수목의 생장이 원활해진다.

나무가 숲을 이루고 있을 때 숲 전체의 호흡량은 숲의 성숙 정도와 위도에 따라서 다르게 나타난다. 어린 숲일 경우 왕성한 대사로 인하여 단위 건중량(식물 체내에 있는 물을 모두 뺀 나머지 물질의 무게)당 호흡량이 증가하는데 이것은 성숙한 숲에 비하여 엽량이 많고 살아 있는 조직이 많기 때문이다. 생장이 왕성한 젊은 숲에서는 전체 광합성량의 삼분의 일가량을 호흡작용에 이용하고, 성숙한 숲에서는 절반가량을 이용하며, 노화단계의 숲에서는 광합성량의 90%까지도 호흡작용으로 소모한다. 마침내 호흡량이 광합성량을 초월하게 되면 나무들은 병들고 죽음을 맞이하게 된다.

음수는 양수에 비해 광합성량이 적지만 호흡량도 낮은 수준을 유지하여 효율적으로 그늘에서 살아갈 수 있다. 생장은 상대적으로 느릴 수밖에 없다. 그늘에서 살아가는 식물들의 생존전략은 호흡량을 적게, 천천히, 조금씩 하는 것이다.

호흡
$C_6H_{12}O_6 + 6O_2 + 6H_2O \rightarrow 6CO_2 + 12H_2O + 에너지(38APT)$

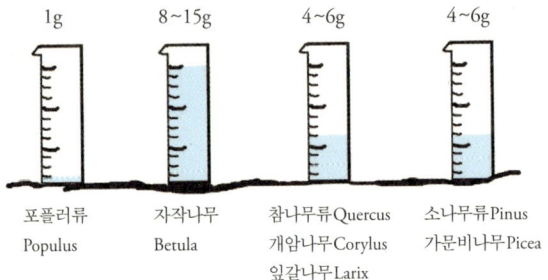

1g의 잎이 증산시키는 물의 양

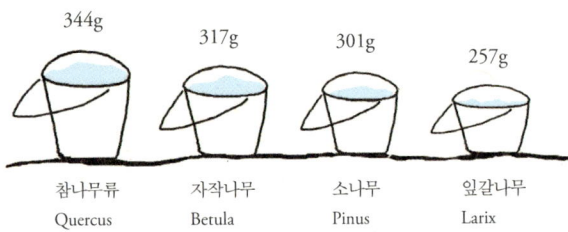

1g의 탄수화물을 만드는 데 소요되는 물의 양(증산량)

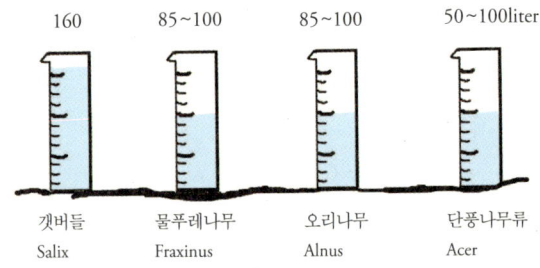

물의 소비량(증산량liter)
(부족함 없이 물이 제공될 경우)

* 자료: Hans-Juergen Otto, *Waldoekologie*, 1994

나무의 증산

수분흡수는 가는 뿌리(잔뿌리)에서 활발하게 이루어진다. 뿌리가 토양에서 수분을 흡수하는 메커니즘은 두 가지가 있다. 잎에서 왕성하게 증산작용을 하여 수분을 잃어 버리면, 잃어 버린 물을 보충하기 위하여 물을 끌어올리는 힘, 즉 장력이 도관이나 가도관 내에 생겨서 뿌리가 수분을 흡수하게 되는 수동흡수 원리와, 겨울철 잎을 떨어뜨린 낙엽수들이 뿌리의 삼투압에 의해서 수분을 흡수하는 능동흡수가 있다.

증산작용transpiration은 식물 체내에 있는 수분이 잎의 표면을 통해 수증기의 형태로 외부로 방출되는 것을 말한다. 잎에 정교하게 발달된 기공을 통해서 대부분 이루어지지만, 잎의 표피로도 일어난다. 나무가 광합성을 하기 위하여 기공을 열면 이산화탄소는 들어가지만 대신 수분을 잃게 된다. 식물에게 증산작용은 피할 수 없는 작용이며, 증산작용을 함으로써 햇볕을 받아 뜨거워진 잎의 온도를 낮출 수 있고 뿌리로부터 무기염의 흡수를 원활히 할 수 있다.

잎의 수와 잎의 면적을 엽량이라 한다. 어린 나무의 잎의 수는 놀라울 정도로 많다. 높이가 대략 3~4m 정도 되는 3년생 버드나무를 보면 무려 30,000장의 잎을 생산해 낸다.

나무가 높이생장과 부피생장을 원만하게 하기 위해서는 무엇보다도 광합성과 증산작용을 통해 탄수화물을 만들어 내는 일이 중요하며, 충분한 수분공급을 통해 물 속에 녹아 있는 무기영양소를 공급받는 일 또한 중요하다. 무기영양소는 나뭇잎을 통해서가 아니라 오로지 땅속에 있는 물을 통해서만 공급받을 수 있는 물질이기 때문에 뿌리로 물을 흡수하는 일은 매우 중요하다. 질소N나 인P과 같은 무기영양소는 아미노산과 단백질 또는 핵산을 만드는 데 절대적으로 필요한 원소들이기 때문이다.

빛과 온도 그리고 이산화탄소의 농도는 광합성량을 결정짓는 중요한 환경인자이다. 하지만 지나치게 강한 빛은 오히려 나무의 생장에 방해가 되기도 한다. 나무가 정상적으로 생장활동을 하기 위한 최적 온도는 12도에서 25도 사이이다. 물론 온도가 낮은 추운 지역에서 살 수 있는 침엽수의 경우는 이미 그 환경에 적응했기 때문에 -7도에서 -30도 사이에서도 멈추지 않고 계속 생장할 수 있다. 하지만 온도가 48도 이상이 되면 침엽수나 활엽수도 예외 없이 고사하게 된다.

광합성 못지않게 중요한 것은 증산력이다. 자작나무는 대략 20만 장의 잎을 만들어 내는데 하루 평균 60~70리터의 물을 증산시킬 수 있다. 나무는 아주 무더운 경우 한나절에 400리터의 물을 증산시키기도 한다. 그만큼 환경에 적응하기 위해 잎의 기공이나 표피의 발달이 특별하게 이루어진다.

나무의 수분관리는 생사를 결정짓는 매우 중요한 메커니즘이다. 결국 수분의 요구에 따라 나무들 자신이 살아가는 영역이 정해지기 때문이다. 소나무의 경우 수분요구에 대한 인내력이 다른 나무에 비해 강하기 때문에 건조한 지역에서도 살아남을 수 있는 능력을 갖추게 된 것이다.

보편적으로 같은 양의 물질을 생산하는 데, 음수가 양수보다 더 적은 물을 요구하게 된다.

무기영양소는 나무가 건강하게 생장하는 데 필요한 각종 영양소를 공급한다. 그 밖에도 세포의 건강이나 외부의 침입에 대한 방어물질을 만들어 내는 데도 필요하다.

광합성, 물의 소비, 생장 등은 대부분 나무의 생장기 때 일어나는 현상이다. 무기영양소는 물과 함께 토양으로부터 공급받게 되는데, 고분

용문산 은행나무 1,100년 동안 증산작용으로 얼마나 많은 물을 뿜어 올렸을까.

위_진딧물이 먹은 흔적
아래_**왜 벌레는 잎을 요만큼만 뜯어먹었을까** 한 잎을 다 뜯어먹어도 될 텐데
듬성듬성 뜯어먹다 다른 잎으로 옮겨간 이유가 있다. 삼분의 일 이상을 넘지 않고
다른 잎으로 옮겨간 까닭은 다 뜯어먹으면 나무가 죽어 버릴지도 모르기 때문이다.
먹는 과정에서 나무가 방어물질을 발산해서 맛이 없어졌기 때문이기도 하다.
왕거위벌레가 먹은 흔적이다.

3차원의 세계를 이용한 방어전략 위험을 느낀 애벌레가 긴 줄을 뽑아 내어 공중에 매달려 있다. 무언가를 먹는 것도 아니고, 나뭇잎에 엎드린 채 쉬어도 좋을 텐데 왜 이러고 있을까? 애벌레들은 새들에게 가장 좋은 먹이이다. 새들을 피하기 위해 3차원을 이용한 눈가림이다.

나무는 무얼 먹고 사나요?

나무도 당분(포도당)으로 살아간다. 당분은 나뭇잎에 있는 엽록소가 뿌리로 빨아올린 물과 대기 중에 있는 이산화탄소를 받아들여 만들어 낸 나무의 에너지원이다. 나무의 나뭇잎과 뿌리는 자연이 만들어 낸 놀라운 천연화학공장인 셈이다.

자 무기영양소에는 질소, 황, 인, 칼륨, 칼슘, 마그네슘과 탄소, 산소, 수소가 있다. 이 중 탄소, 수소, 산소는 광합성을 통해 얻어지는 물질이며, 그 밖의 것은 반드시 토양의 물과 함께 공급되어야만 하는 물질이다. 물론 나무가 정상적으로 건강하게 살기 위해서는 그 밖에도 토양 공기나 토양수 및 pH 값 등이 필요하다.

5
나무의 이름과 특징

우리나라에 살고 있는 나무의 가짓수는 줄잡아 1,000여 종이 된다.
이 많은 나무들을 모두 알기란 쉬운 일이 아니다.
가장 빠르고 정확하게 익혀 가기 위해서
각 나무들이 가지고 있는 특징을 살펴 보는 것이 무엇보다 중요하다.
대부분의 나무들은 자신만의 고유한 특징을 지니고 있다.
그것을 어떻게 찾고 기억하느냐가 쉽고 흥미롭게 접근하는 길이다.

나무 이름의 유래 조금만 관심을 갖고 나무를 만나 본다면 나무의 이름이 꽤나 다양하다는 것을 알 수 있을 것이다.

꽝꽝나무, 댕강나무, 새우나무처럼 흥미로운 이름을 가진 나무들도 있다.

이름이 어떻게 붙여졌는지를 아는 것은 나무를 이해하는 데 도움이 된다. 나무가 지니고 있는 고유한 특징이나 특색이 잘 드러나 있기 때문이다. 특징과 특색만으로 이름이 붙여진 것은 아니다. 나무들은 다양한 경로를 통해 고유의 이름을 갖게 되었다.

나무 이름이 붙여진 경로는 크게 6가지 정도로 정리할 수 있다. 먼저 나무의 열매나 잎 또는 뿌리를 식용이나 약용으로 이용하면서 붙인 이름이 있다. 밥처럼 식용으로 이용한다고 해서 밤나무(밥나무 → 밤나무), 나무에서 나는 향을 이용한다고 해서 향나무, 나무의 껍질이 몸에 좋다고 해서 피나무 등등.

나무가 지니고 있는 고유한 습성에 따라 붙여진 이름도 있다. 갯가에 산다고 갯버들, 물가에 산다고 물오리나무, 누워서 자란다고 눈향나무, 눈주목 등등.

나무가 지니고 있는 고유한 특성으로 붙여진 이름도 있다. 잎이나 가지에 생강 냄새가 난다고 해서 생강나무, 잎에 흰 분말가루가 묻어 있다고 해서 분비나무, 잎이나 어린가지를 물에 비비면 푸른 색소가 나온다고 해서 물푸레나무 등등.

나무가 어디에 사는지 지역(산지)을 암시하는 이름들도 있다. 고향이 금강산인 금강송, 고향이 속리산인 속리말발도리, 백운계곡이 고향인 백운물푸레나무, 설악산 정상에서 누워 자라는 설악눈주목 등등.

전설과 같은 이야기를 통해 붙여진 이름도 있다. '너도밤나무냐?' 해서 너도밤나무, '그래, 나도밤나무다'라고 해서 나도밤나무 등등.

외국에서 들어오면서 자신의 라틴어 학명을 그대로 부르게 된 플라타너스처럼 미처 우리말 이름을 붙여 줄 시간이 없어 외래어 이름을 가지게 된 나무들도 있다.

이 중에는 이용이나 약용으로 쓰이는 나무이지만, 엉뚱한 이름으로 불리는 경우도 있다. 그것은 이미 이름이 붙여진 후에 나무의 이용성이나 약용성을 알게 된 까닭으로 이해해야 할 것이다.

당연한 말이지만 나무의 이름이 이른바 향명common names으로만 불리는 것은 아니다. 같은 나무를 가지고 각 지방마다 서로 다른 이름을 부르는 경우가 왕왕 있다. 초피나무를 남쪽지방에서는 제피나무라 하고, 호랑가시나무를 범의발나무라고 부르는가 하면, 먼나무를 좀감탕나무라고도 부르는데 이것을 방언이라 한다. 국경을 넘어 서로 다른 언어를 가진 타국에도 같은 종의 나무가 자라고 있는 경우가 있다. 이때 한 국가나 지역에서만 불려지는 것을 향토 이름, 즉 향명이라 한다.

세계적으로 통용되는 것은 학명scientific names이다. 사람들은 언어가 다른 민족 간의 의사소통을 위해 라틴어를 학명으로 사용하게 되었다. 라틴어를 학명으로 채택하게 된 이유는 그것이 이제는 생활어로 사용되지 않기 때문이다. 영어나 프랑스어 또는 독일어처럼 현재 왕성하게 사용하는 언어는 언젠가 변할 수 있기 때문에 뒷날 학명 또한 바꿔야 하는 문제가 생길 수 있다. 1753년 식물학자인 린네Linnaeus가 이명법bionomial nomenclature을 쓰기 시작하면서부터 이것을 학명이라 하게 되었다.

학명은 반드시 '속명'genus과 '종명'species 그리고 이름을 처음으로 붙인 사람 이름인 '명명자'로 표기된다. 또는 학명은 '속명'과 '종소명' 및 명명자로 사용하는 경우도 있다. 예를 들어 잣나무는 Pinus koraiensis Sieb. et Zucc.으로 쓰인다. 속명인 Pinus는 '송진이 나는 나무' 또는 '산에서 자라는 나무'란 뜻이다. 종명인 코라이엔시스^{koraiensis}는 한국산이란 뜻이며, 명명자 Sieb. et Zucc.은 잣나무를 가장 먼저 학계에 등재한 사람의 이름이다. 그러니까 지금까지 밝혀진 모든 나무와 생물에는 이와 같이 속명과 종명 그리고 명명자가 따라붙는다.

나무의 학명 앞에 오는 속명은 반드시 대문자로 시작하고 종명은 소문자로 표기해야 한다. 예외의 경우도 있다. 소문자로 표기되는 종명이라 할지라도 발견한 사람의 이름으로 발표되거나 방언으로 표기될 때는 대문자를 쓴다. 남쪽 지방 바닷가에서 흔히 자라는 소나무의 일종인 곰솔은 Pinus Thunbergii Zea Mays로 표기한다. 곰솔을 처음으로 명명한 툰베르기아누스^{Thunbergianus}란 스웨덴 학자 이름에서 왔다.

학술적으로 정확한 표현이 필요한 경우를 제외하고는 일반적으로 나무의 학명을 이야기할 때 속명과 종명 또는 종명과 종소명만을 거론하는 것이 보편적이다.

비슷한 종들끼리 교잡하여 새로운 종이 나타나거나, 환경변화에 의해 형태나 색깔이 바뀌어 나타나는 경우들을 잡종, 변종, 품종이라 한다. 변종은 나무의 형태가 변해서 나타나는 경우를 말하며, 그 변한 형태가 다음 세대로 유전된다. 품종은 대개 꽃이나 열매의 색깔 및 수가 서로 다르게 나타나는 경우를 말한다. 잡종은 서로 가까운 유연관계가 있는 종들 사이에서 태어난 것이다. 상수리나무와 굴참나무 사이에서 태어난 정릉참나무는 자연 잡종이다. 강원도 울진이나 경북 봉화에서 자라는 소나무의 일종인 춘양목(중곰솔)은 소나무$^{Pinus\ densiflora}$와 곰솔 $^{Pinus\ Thunbergii}$ 사이에서 태어난 자연 잡종^{hybrid}이다. 춘양목의 학명을 Pinus densiflora x thunbergii 또는 Pinus densi-thunbergii로 표기하기도 한다(X: 잡종이란 뜻임).

우리가 말하는 소나무는 Pinus densiflora란 학명을 지니고 있는데, 일정하면서도 특별한 지역에 자라다 보니, 소나무의 줄기가 곧게 자라는 금강소나무 또는 강송이란 변종이 탄생하게 된다. 금강소나무는 Pinus densiflora for. erecta로 표기된다. 향나무는 Juniperus chinensis란 학명을 지니고 있지만, 섬향나무는 Juniperus chinensis var. procumbens 라 하여 변종을 의미한다.

복잡한 나무의 학명을 공부한다는 것은 우리에게 익숙하지 않을 뿐만 아니라, 나무에 관심을 갖고 있다가도 자칫 흥미를 잃어버릴 수 있는 이유가 될 수 있다. 하지만 학명의 대부분은 나무의 유래나 고유한 특징을 알 수 있는 중요한 단서가 되기 때문에 상황에 따라 그때 그때 표기된 학명을 살펴보는 것은 필요한 일이다.

정확한 나무 식별법 나무를 분류하는 가장 기본이 되는 단위는 종 species이다. 종이란 자신의 고유한 형질이 다음 자손에게 유전되어야만 비로소 독립된 종으로 간주한다. 고유한 형질의 유전이라 함은 나무가 형태적, 생태적 및 생리적으로 뚜렷한 특징을 2세에게 전달해야 한다는 뜻이다. 솔잎이 2장씩 나 있는 나무가 있는가 하면, 3장씩 나 있는 나무와 5장씩 돋아나 있는 나무들이 있다. 이들은 형태적으로도 이미 다르다. 살아가는 장소와 습성도 다르며, 열매(구과)의 모양 또한 큰 차이를 보이기 때문에 각자 다른 독립된 종으로 분류한다.

하지만 이들은 잎의 숫자는 서로 다르지만 솔잎이 묶여 난다는 공통점이 있다. 때문에 서로 같은 종은 아니지만 종보다 한 단계 상위 개념인 속으로 분류하여 소나무속이라 한다. 잎이 두 장 이상 묶여 나는 나무는 모두가 소나무속에 속한다. 전나무나 가문비나무 등은 솔잎이 묶여 나지 않고 한 장씩 돋아나는 차이가 있기 때문에 소나무속에 포함시키지 않는다. 하지만 침엽을 가지고 있다는 점과 솔방울인 구과를 가지고 있다는 점에서 같은 과로 분류한다. 이들을 모두 묶으면 목이라는 높은 단위가 된다. 이른바 구과목이라 한다.

 구과목에 속하는 나무들은 모두 배주가 겉으로 드러나 있다는 공통점을 지니고 있는데, 이것을 나자식물이라 한다. 즉, 나자식물강에 속한다.

 이것의 반대되는 피자식물은 배주가 심피 안에 있다는 점 때문에 피자식물강으로 분류한다. 나자식물과 피자식물은 이끼나 지의류와는 달리 관속식물이란 공통점을 가지고 있어서 관속식물문이라 한다. 그리고 엽록체를 가지고 광합성을 하는 생물 모두를 식물계라 한다. 소나무는 소나무속, 소나무과, 구과목, 나자식물강 그리고 관속식물문에 속한다. 모든 나무는 유사성에 따라 자신이 소속된 계통으로 분류된다. 은행나무는 나자식물강에 속하며 1목, 1과, 1속, 1종이다.

'아니냐' '맞냐'로 나무를 검색하라

 우리나라에 살고 있는 나무의 가짓수는 줄잡아 1,000여 종이 된다. 이 많은 나무들을 모두 알기란 쉬운 일이 아니다. 가장 빠르고 정확하게 익혀가기 위해서 각 나무들이 가지고 있는 특징을 살펴보는 것이 무엇보다 중요하다. 대부분의 나무들은 자신만의 고유한 특징을 지니고 있다. 그것을 어떻게 찾고 기억하느냐가 쉽고 흥미롭게 접근하는 길이다.

 종들 간에 무엇이 어떻게 다른지에 관해 식별 indentification 하고, 어떻

분류 = 식별 + 명명 + 계급화
Taxonomy = indentification + nomenlature + classification

게 명명nomenclature되었는지를 살피고, 서로의 유연관계에 따라 유사한 종들끼리 어떻게 묶을 것인지classification를 연구하는 학문을 분류학Taxonomy이라 한다.

명명에 대해서 너무 깊이 있게 접근할 필요는 없다. 이것은 식물분류학자들의 연구 분야이며, 정확한 식물의 명칭을 붙이는 것은 국제식물명명규약에 따라 진행되기 때문이다. 여기서 우리에게 필요한 것은 각각의 식물들이 어떻게 다르고, 어떻게 가까운지를 밝히는 일이다. 그것을 우리는 식물 동정specimen determination이라 한다.

유사한 종들끼리 묶는 계급화는 형태적, 생리적 또는 유전적인 유연관계에 따라 종들 간에 얼마나 가깝고 먼지를 따져서 정리하는 일이다. 예를 들면 아까시나무와 돌콩 또는 회화나무와 고삼은 목본과 초본이라는 점에서는 다르다. 하지만 이들은 모두 꼬투리 열매(협과)를 맺는 콩과식물로 유연관계를 맺고 있다는 점에서 같은 과(family 콩과 Fabaceae)라는 계급에 편입된다.

소나무와 잣나무는 구과를 생산하고, 침엽을 만든다는 점에서는 같은 속genus에 들지만, 자세히 보면 이들은 형태적으로도, 생리적으로도 서로 같지 않다는 점을 발견하게 된다. 첫째, 소나무와 잣나무가 살아가는 공간이 매우 다르며 둘째, 소나무는 양수성을 띠고 있는 반면 잣나무는 음수성을 띠고 있고 셋째, 형태적으로 소나무는 침엽의 한 묶음이 2장인 반면, 잣나무는 5장이란 점에서 서로 다르다.

식물 동정의 가장 기본은 무엇이 동일하고, 무엇이 다르냐에 대한 식별이다. 서로 유사한 점과 상이한 점을 가려 내기 위해서는 현재까지 가장 체계적으로 정리한 식물검색표가 도움이 된다. 식물검색표는 2개의 질문을 동시에 던지고 그 중 맞다고 생각되는 하나를 취하면서 계속

추적해 나가는 방법을 취하는데, 이것을 차상분지형 검색표라 한다.

뽕나무 가족의 예를 들어 보자. 뽕나무 집안에는 뽕나무뿐 아니라 산뽕나무, 돌뽕나무, 몽고뽕나무가 있다. 서로 비슷한 나무를 식별하기 위해서는 식물의 각 기관을 잘 관찰하고 이해해야 하는데, 뽕나무들은 잎만 가지고도 식별이 가능한 나무들이다. 잎의 가장자리가 어떻게 생겼으며, 털이 있는지, 잎끝이 꼬리처럼 길게 발달해 있는지 등에 따라 서로 다른 뽕나무들을 구분할 수 있다. 우선 다음과 같은 질문으로 시작해 보자.

잎은 어떤 모양을 하고 있는가?
잎의 가장자리는 어떻게 생겼는가?
잎에는 털이 있는가?
잎의 끝(엽선)과 잎의 아래(엽저)는 또 어떻게 생겼는가?

우선 잎의 모양과 가장자리와 잎끝과 잎저 등 각각의 명칭을 알아야 한다. 다음 검색표의 도움으로 직접 식별해 보자. 검색표를 읽는 방법은 이 책의 12쪽 일러두기를 참조하면 된다.

[뽕나무속Morus 검색표의 예]
- ● 잎의 톱니가 날카롭지 않다 ▷ ● ●
- ● 잎의 톱니가 날카롭고, 잎의 표면이 거칠다 **몽고뽕나무**
- ● ● 잎 표면에 털이 없다 ▷ ● ● ●
- ● ● 잎 표면에 털이 있다 **돌뽕나무**
- ● ● ● 잎끝이 꼬리처럼 길다 **산뽕나무**
- ● ● ● 잎끝이 꼬리처럼 길지 않다 **뽕나무**

다음 검색표를 보면 위의 것보다 좀 더 복잡하고, 관련 단어를 이해해야만 식별이 가능하다. 가문비나무속의 예를 들어보자.

[**가문비나무속 Picea 검색표의 예**]

- 잎의 횡단면은 렌즈모양이고, 윗면에는 기공조선이 있으나, 뒷면에는 없거나 약간 있다 **가문비나무**
- 잎의 횡단면은 거의 사각형이다 ▷ ● ●
- ● 열매의 길이는 10cm 이상이다 **독일가문비나무**
- ● 열매의 길이는 8cm 이하이다 ▷ ● ●
- ● ● 과지의 잎은 길이가 20~33mm이지만 보통 15~17mm이며, 실편 끝은 좁아지고, 가장자리에 톱니가 있거나 이와 비슷하다 **풍산가문비나무**
- ● ● 과지의 잎은 길이가 10~12mm이며, 실편 끝은 넓어지며 밋밋하다 **종비나무**

가문비나무속에는 가문비나무, 독일가문비나무, 풍산가문비나무와 종비나무가 있다. 서로 비슷한 나무를 식별하기 위해서는 식물의 각 기관을 잘 관찰하고 이해해야만 가능하다.

잎의 횡단면은 어떤 모양인가?
구과의 크기는 어느 정도인가?
기공조선이 있는가? 없는가?
실편은 어떻게 생겼는가? 등의 의문을 갖고 식별해 보자.

위의 검색표를 보면 우리에게 익숙하지 않은 용어들이 많이 있을 것이다. 낯설다고 해서 모르는 용어를 무심코 넘겨서는 안 된다. 이들 용어를 이해하지 못하면 검색표는 무의미해지고 만다. 천천히 그 의미를 숙지할 필요가 있다.

과지란 열매를 매달고 있는 꼬투리란 뜻이다. 톱니란 잎의 가장자리가 톱니처럼 되어 있거나, 치아모양이거나, 밋밋하거나, 결각이 있거나, 파도모양이거나, 물결모양을 한 것들을 가리킨다. 또, 실편이란 솔방울을 이루고 있는 하나하나의 비늘조각을 말하며, 기공조선이란 침엽수의 잎 뒷면에 난 흰줄을 가리킨다.

자, 이제 뜻을 알게 되었으니 검색표로 다시 돌아가 보자. 딱딱한 검

독일가문비나무 숲

독일가문비나무의 침엽

독일가문비나무의 구과

색표가 조금 말랑해진 기분이 들지 않는가? 식물검색을 위해 단어를 익히는 것만으로도 우리는 식별을 위한 한 걸음을 내딛게 된 것이다.

  용어를 익히고 검색표를 이용하게 되면 더 이상 나무의 이름을 암기하지 않아도 나무의 특징을 정확히 파악하는 데 도움이 될 것이다. 많은 용어들이 일상생활에서 거의 사용하지 않는 한자어이기 때문에 귀찮고 번거로울 수 있지만 수목의 바른 이해를 위해 반드시 거쳐야 하는 과정이다. 용어들이 우리말로 순화되어 훨씬 쉽고 재미있게 공부할 수 있는 날을 기대해 본다.

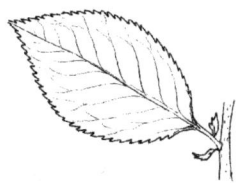

6
잎, 겨울눈, 가시

잎은 나무에서 가장 중요한 기관 중의 하나이다.
화려한 꽃을 피워 낼 수 있는 것도
건실한 열매와 씨앗을 만들어 낼 수 있는 것도
잎에서 필요한 양분을 만들어 내지 못한다면 생각할 수 없는 일이다.
나무의 줄기나 가지에 잎이 배열되는 것은 우연이 아니라
내적인 잎의 배열기작에 의해 조정된 결과이다.

잎의 형태와 구조

잎의 구조

나무는 숲에만 있는 것이 아니라 우리들 주변에 늘 있어 왔다.

우리는 그들의 꽃이나 열매, 가지, 잎의 모양과 특징에 따라 각기 다른 이름을 붙이고 비슷한 것끼리 그룹을 짓기도 한다. 나무 이름의 유래와 나무 모양을 구분하는 기준점을 알아보는 것은 흥미로운 일이다. 잎이 몇 장인지, 잎의 궁둥이가 어떻게 생겼는지를 보고 나무의 이름을 알아맞힐 수도 있다.

나무의 잎은 광합성과 호흡과 증산작용을 하는 매우 중요한 기관이다. 또, 나뭇잎은 어느 정도까지 나무를 식별할 수 있는 기준이 되기도 한다. 잎은 크게 잎몸(엽신)과 잎자루(엽병)로 분류할 수 있다. 잎자루는 사시나무와 같이 아주 긴 것과 병꽃나무나 떡갈나무처럼 전혀 없거나 거의 없는 경우도 있으며, 쪽동백나무나 버즘나무처럼 잎자루의 안쪽이 겨울눈의 크기만큼 비어 있는 것도 있다. 잎자루는 매우 튼튼하게 발달한 것이나 연하게 발달한 것, 둥근모양이나 모가 나 있는 것, 평평한 것 등이 있다. 잎자루 밑의 좌우에 비늘 같은 작은 잎이 달려 있는 것을 탁엽(턱잎)이라 한다. 탁엽은 모든 나무가 반드시 가지고 있는 것은 아니다. 아까시나무처럼 탁엽이 가시로 변한 경우도 있다.

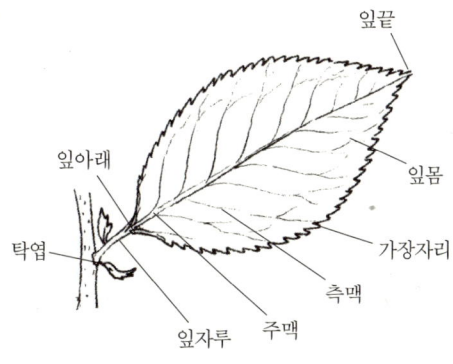

수련

잎의 배열 순서 – 엽서

나무의 줄기나 가지에 잎이 배열되는 것은 우연이 아니라, 내적인 잎의 배열기작에 의해 조정된 결과이다. 빛의 효율적 이용을 위해 나무는 나뭇잎의 모양과 크기를 조절할 뿐 아니라, 잎의 배열 상태를 마주나기, 어긋나기, 돌려나기, 모여나기 또는 묶여나기 등으로 자신에게 가장 효율성이 높은 방법을 선택한다. 꽃은 근본적으로 생장이 중단된, 가지를 더 이상 뻗지 않는 줄기로 표현할 수 있다. 줄기의 잎들이 생식을 위해 꽃의 기관으로 변형된 것이다. 잎이 꽃잎으로 변형된 사실은 수련이나 연꽃잎에서 찾아 볼 수 있다. 식물 몸체의 발달사에서, 진화한 꽃들은 분명하게 서로를 식별할 수 있는 기관을 지니고 있다. 꽃의 진화는 아래에서 위쪽으로, 바깥쪽에서 안쪽으로 진행된다.

꽃이 꽃대(화축)에 돋는 모양을 화서라고 했다면, 엽서는 잎이 가지

 병꽃나무
 떡갈나무

 쪽동백나무
 버즘나무

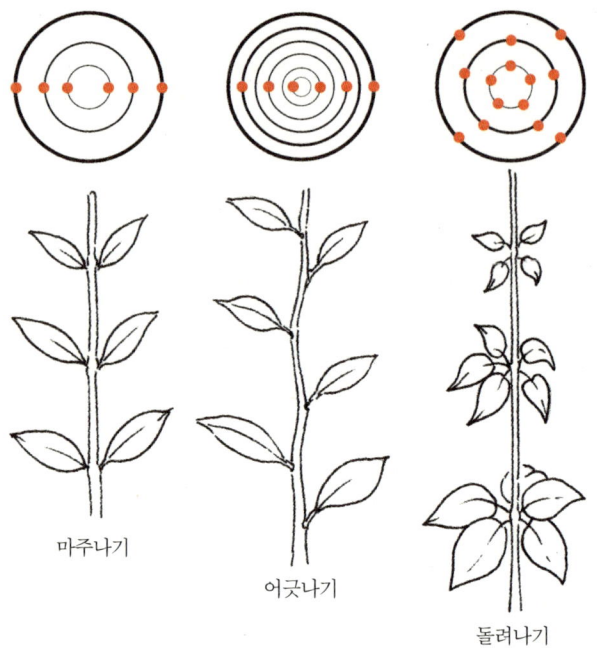

마주나기

어긋나기

돌려나기

에 붙어나는 배열의 모양을 말한다. 다시 말하자면 가지에 붙은 잎의 규칙적 배열이 엽서이다. 나무마다 잎이 돋아나는 형태가 다르다.

대개 가지의 마디에 1개만 돋아나는 경우가 있는데 이를 어긋나기(호생)라 하며, 가지 한 마디에 2개가 돋아나는 것을 마주나기(대생), 한 마디에 3개 이상이 돋아나는 것을 돌려나기(윤생)라 한다.

단풍나무나 덜꿩나무는 잎이 마주나기를 하는 대표적인 경우이다.

어긋나기를 하는 나무로는 국수나무, 밤나무, 참나무류 등이 있다. 한 마디에 1개의 잎이 돋아나며, 그것은 나무마다 조금씩 다르게 나타난다. 느릅나무와 자작나무 등은 어긋나기의 전형적인 형태를 보여 준다. 한 마디에 잎이 돋아나서 다음 마디에 다시 잎이 돋아나는 곳까지의 각도를 보면 180도이다. 오리나무와 같은 경우에는 세 번째 잎이 다시 그 방향에 돋아난다. 즉, 다음 마디에 잎이 돋아나는 것은 시작점에서 120도가 되는 지점이다. 참나무류와 포플러류는 가지를 두 바퀴 돌아야만 다시 같은 지점 위에 돌아오게 된다. 즉 720도를 돌아오는데 잎은 5개가 돋아나게 된다. 그러니까 시작한 지점의 잎에서 다음 돋아나는 잎까지의 각각의 각도는 144도가 되는 규칙적 배열을 하고 있는 것이다. 나무들은 가장 효율적으로 빛을 이용하기 위해 잎의 배열을 규칙적이고 정교하게 발달시켰다.

단엽單葉과 복엽複葉

나무의 잎은 단순한 모양과 복잡한 모양의 두 가지 형태를 하고 있다. 단순한 잎이란 한 장의 잎이 나뉘지 않은 잎이며, 복잡한 잎은 한 장의 잎이 여러 장으로 나뉜 잎을 말한다. 전자를 단엽, 후자를 복엽이라 한다. 단풍나무, 밤나무, 상수리나무, 은행나무, 버즘나무의 잎은 한 장으로 된 단엽이며, 아까시나무, 옻나무, 호두나무, 회화나무는 복엽이다. 나뭇잎이 단엽과 복엽으로 나타나는 이유는 첫째, 빛을 효율적으로 이용하기 위해서 둘째, 나무 내부의 물순환 시스템을 효과적으로 관리하기 위해서이다. 칡나무는 잎이 세 장으로 나뉜 삼출복엽이지만, 상황에 따라 미분화된 잎을 나타내는 경우가 종종 있다.

단엽과 복엽을 나누는 기준은 나뭇가지에 있는 겨울눈의 유무이다. 아까시나무 같은 경우, 작게 나누어진 작은 잎(소엽)이라 하고, 작은 잎들이 모인 전체를 한 장으로 본다. 나뭇가지와 잎의 잎자루가 붙어 있는 바로 그 사이 지점에 겨울눈이 있다. 하지만 단풍나무나 은행나무와 같은 것들은 한 장의 잎이지만, 가지와 잎자루 사이에 겨울눈이 발달해 있다. 이것을 우리는 단엽이라 한다.

복엽 중에서도 칠엽수는 작은 잎이 7개로 나뉘었다고 해서 붙여진

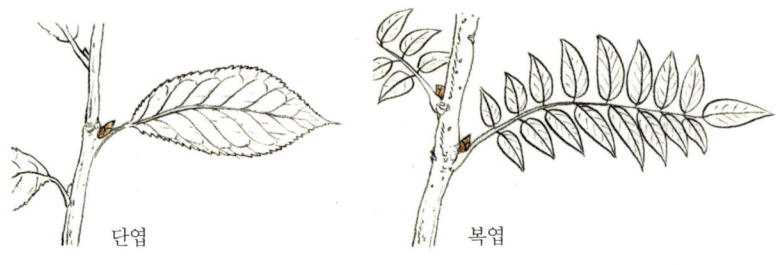

단엽　　　　　　　　　복엽

단엽(홑잎)과 복엽(겹잎)　단엽은 단풍나무나 벚나무처럼 잎이 한 장으로 발달된 잎을 말하며, 복엽은 아까시나무나 물푸레나무와 같이 여러 개의 작은 잎(소엽)으로 발달된 나무를 의미한다. 단엽인지 복엽인지를 구분하는 방법은 겨울눈의 위치에 있다.

이름이다. 한 지점에서 마치 손바닥처럼 잎이 나뉘었다고 해서 장상복엽이라고도 한다. 하지만 아까시나무와 같이 총잎자루에서 한쪽으로 자라면서 작은 잎들이 나뉜 모양을 하고 있는 것은 우상복엽이라 부른다. 또는 싸리나무와 고추나무와 같이 소엽이 3장으로 분화된 것은 삼출복엽, 혹은 삼출엽이라 한다.

　아까시나무의 소엽은 반드시 홀수로 끝나는데, 이를 기수우상복엽이라 한다. 주엽나무처럼 소엽이 짝수로 끝나는 것은 우수우상복엽이라 한다. 회화나무와 같이 짝수와 홀수의 잎이 함께 있는 것도 있다.

　복엽인 소엽들이 다시 한 번 또는 두 번 더 나뉘는 경우가 있는데, 이를 2회 또는 3회 우상복엽이라 한다. 복엽에는 귤나무의 잎처럼 마치 한 장처럼 보이나, 자세히 보면 잎 아래에 또 작은 잎이 하나 더 분리되어 있는 것도 있는데, 이를 단신복엽이라 한다.

나뭇잎의 맥

　잎에는 물과 양분이 이동하는 통로인 맥이 있다. 맥은 다시 잎의 중앙을 가로지르는 주맥이 있고, 주맥과 이어져 옆으로 뻗어나가는 측맥이 있으며, 측맥을 중심으로 아주 작은 맥들이 다시 발달한 것을 볼 수 있는데 이것은 세맥이라 한다. 맥은 양분과 물을 이동시킬 뿐 아니라 잎이 잎으로서의 기능을 다하도록 지탱시켜주는 역할을 한다. 전나무, 주목 등 침엽수의 경우에는 하나의 주맥만이 발달해 있는데, 이를 단맥이라 한다. 그에 비해 대부분의 활엽수들은 다맥으로 발달되어 있다.

맥의 유형은 수종마다 다양하게 나타난다. 산수유, 층층나무, 산딸나무, 말채나무 등은 측맥이 주맥을 따라 나란히 잎의 끝을 향해 발달해 있다. 이러한 맥을 평행맥 또는 나란히맥이라 하고, 단풍나무와 같이 손가락 개수만큼의 주맥이 발달해 있는 것은 손바닥을 닮았다 해서 장상맥이라 한다. 까치박달이나 서어나무와 같이 발달된 맥은 우상맥이라 하고, 복숭아, 살구, 두충나무 등은 망상맥(그물맥)이라 한다. 은행나무처럼 엽맥이 두 개씩 갈라지는 것은 차상맥이라고 한다.

잎의 모양

잎은 나무의 종마이다. 그리고 나무의 어느 부위에 붙어 있느냐에 따라, 또 나무가 어떤 자연환경에 놓여 있는지에 따라 매우 다양한 형상으로 나타난다.

서로 다른 나무들의 경우 확연히 잎의 모양이나 형태가 다르다. 잎을 어떻게 관찰하고 식별해야 하는지 알아 보기로 하자. 이는 식물도감을 쉽게 이해하고 활용하기 위해서도 매우 중요한 개념들이다.

소나무의 잎처럼 가늘고 길며, 끝이 뾰족한 것을 침형이라 한다. 향나무의 침엽처럼 밑부분이 넓고 위로 갈수록 짧아지며, 송곳처럼 갑자기 뾰족해지는 잎은 송곳형이라 한다. 잎의 길이가 나비보다 몇 배 더 길며, 양쪽 가장자리가 나란하면서 끝이 좁아지는 모양을 선형이라 한다. 창처럼 생겼으며, 길이는 너비의 몇 배 이상 되고, 나뭇잎의 아랫부

잎의 모양

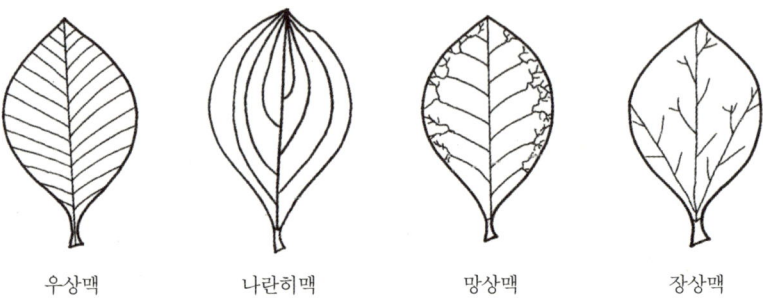

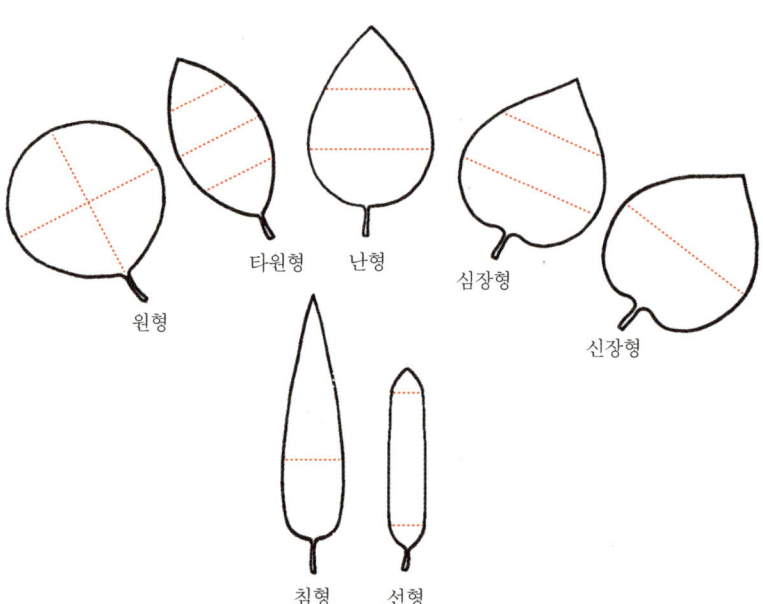

원형: 가로 세로의 길이가 같다
타원형: 1/2 지점의 가로 길이가 가장 길다
난형: 아래 1/3 지점의 길이가 가장 길다
심장형: 아래가 오목하고, 1/3 지점의 길이가 가장 길다
신장형: 아래가 오목하고, 1/2 지점의 길이가 가장 길다
침형: 길이와 넓이 비율이 3:1 이상일 경우이다
선형: 끝지점 직전까지 잎의 양면이 나란한 모양이다

분 1/3 지점이 가장 넓으며, 끝이 뾰족한 것은 피침형이다.

난형은 잎의 아랫부분이 가장 넓고 마치 계란 모양을 하고 있다. 도란형은 마치 계란을 거꾸로 세워둔 모양을 하고 있는데 잎의 끝부분이 가장 넓다. 잎이 둥글거나 거의 둥근 것을 원형이라 한다. 단풍나무의 잎은 결각이 매우 깊이 파여 손가락처럼 발달했지만, 손가락이 갈라지지 않았다고 가정하면, 단풍나무의 잎은 원형이라 할 수 있을 것이다.

수수꽃다리나 계수나무처럼 잎이 심장처럼 생긴 것을 심장형이라 한다. 그 밖에도 세모꼴의 잎을 삼각형, 밥주걱처럼 생긴 잎을 주걱형, 변의 길이는 같으나 내각이 다르며 마치 다이아몬드처럼 생긴 것을 마름모형이라 한다.

잎의 가장자리(엽연)

잎의 가장자리는 나무마다 다채롭게 표현된다. 목련과 벚나무의 가장자리는 어떻게 다를까? 상수리나무와 떡갈나무의 가장자리는 또 어떻게 다를까? 잎의 가장자리는 비슷하게 보이기도 하지만 차이를 지니고 있다. 목련 잎의 가장자리는 밋밋하게 되어 있는 반면, 벚나무 잎의 가장자리는 작은 톱니(거치)가 잘 발달되어 있다. 상수리나무의 잎 가장자리에 침이 발달해 있는가 하면, 같은 참나무 종류라도 가장자리가 천열로 발달해 있는 것도 있다.

잎의 가장자리는 밋밋한 형과, 톱니, 겹톱니(이중톱니), 불규칙 톱니, 물결모양과 파도모양 등으로 나타난다.

너도밤나무의 잎과 같이 거치가 발달되어 있지 않고 약간 물결모양인 형태를 파상이라 하고, 좀 더 큰 물결모양을 심파상이라 한다. 주맥을 중심으로 거치가 잎의 절반 가량 갈라진 것을 중열, 거의 주맥까지 갈라진 것을 심열이라 한다. 중열과 심열은 산사나무나 서양산사나무

잎의 가장자리(엽연)

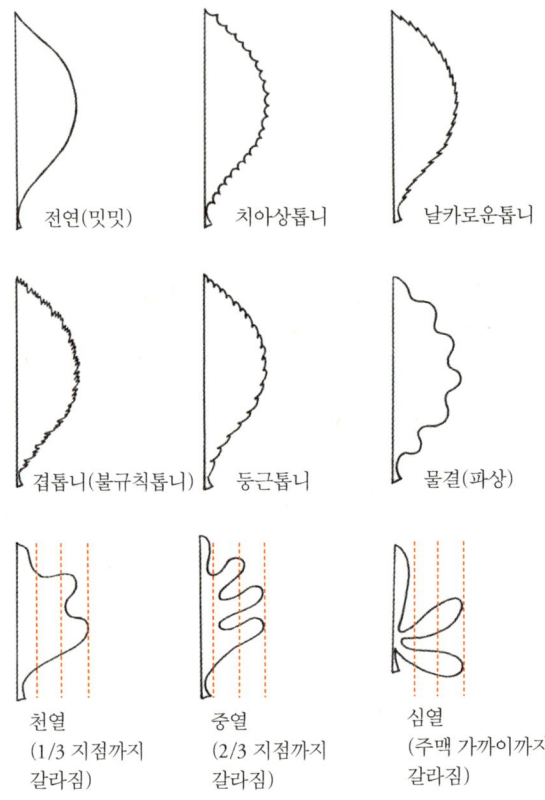

의 잎에서 관찰할 수 있다. 천열은 주맥이 반 이상 갈라지지 않으며, 갈라진 밑이 둥글게 나타나는 것이다. 단풍나무의 잎처럼 손바닥모양으로 갈라진 것은 장상열이라 한다.

잎의 끝(엽선)과 밑(엽저)

잎은 끝의 모양에 따라 점첨두, 예두, 급첨두, 원두, 평두, 요두, 둔두, 꼬리형 등으로 구분한다. 점첨두^{acuminate}는 끝으로 갈수록 점점 뾰족해

잎의 끝(엽선)

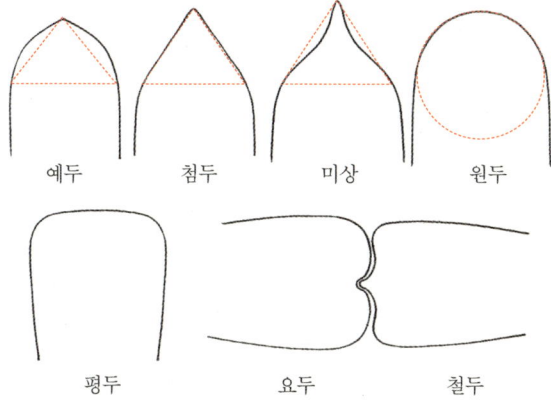

지는 모양이며, 예두acute는 갑자기 좁아져서 꼬리처럼 길게 발달한 것을 뜻한다. 급첨두mucronate는 엽맥만이 자라서 가시 같은 모양으로 보이며, 뾰족하기도 하다. 원두rounded는 끝이 둥글게 발달된 잎의 모양이며, 평두truncate는 튤립나무의 잎처럼 마치 잎끝을 잘라 낸 듯 평평한 모양을 한 잎이다. 요두emarginate는 구상나무나 참싸리의 잎끝처럼 끝이 둥글고 엽맥 끝이 오목하게 파진 형을 말한다. 둔두obtuse는 끝이 둔한 형태이며, 꼬리형 잎의 끝은 거북꼬리나 좀깨잎나무처럼 길게 꼬리처럼 자란 것으로 미상caudate이라고도 한다.

 잎의 밑을 보자. 잎몸의 양쪽 가장자리 밑이 합쳐지지 않고 잎자루의 날개처럼 발달된 것을 유저attenuate라 하며, 쐐기모양으로 점점 좁아져서 뾰족하게 발달된 것을 설저cuneate라 한다. 잎끝의 양쪽이 대칭으로 발달하지 않고 조금 일그러진 모양을 의저oblique라 한다. 의저의 대표적인 잎은 느릅나무과에 속하는 나무들이다. 잎 아래의 양쪽 가장자리가 90도 이상의 각도로 합쳐져 둔해진 것을 둔저obtuse라 하고, 끝이

잎의 밑(엽저)

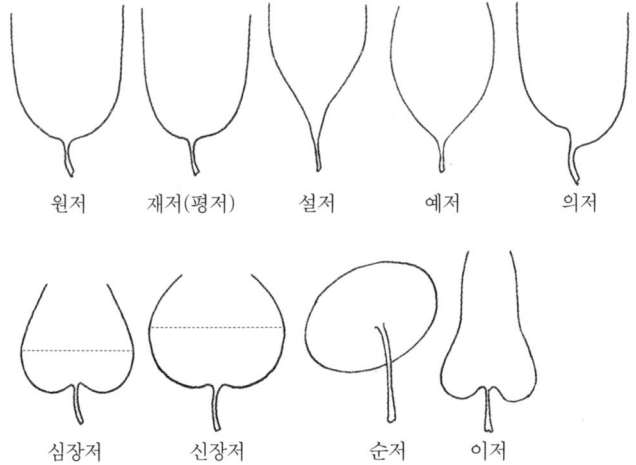

뾰족하게 발달한 것을 예저acute라 하며, 끝이 둥글게 발달한 것을 원저rounded라 하고, 잎의 밑부분이 줄기를 두르고 나와 둘러싼 모양을 관천저perfoliate라 한다. 잎의 밑이 마치 심장의 밑부분처럼 생긴 것을 심장저dordate라 한다. 평저truncate는 잎밑의 양쪽이 180도 정도로 편평하고 넓게 발달된 형태이며, 잎밑이 마치 귀처럼 생겼다 해서 이저auriculate라고도 한다.

잎의 털

잎의 털trichome은 나뭇잎의 몸이나 주맥, 잎자루, 어린가지, 열매 등에 다양하게 나타난다. 털의 형태는 크게 단모simple trichome와 복모compound trichome로 구분한다. 단모는 다시 연모, 경모, 선모 등으로 나누고, 연모는 견모, 면모, 융모 등으로 나눈다. 경모로는 강모와 같이 딱딱한 것이나 점질을 분비하는 선모, 잎 가장자리에 한 줄로 달리는 연모가 있다. 복모에는 갈라진 모양에 따라 인모, 성모, 우상모 등으로 나눈다. 잎의

잎털의 종류

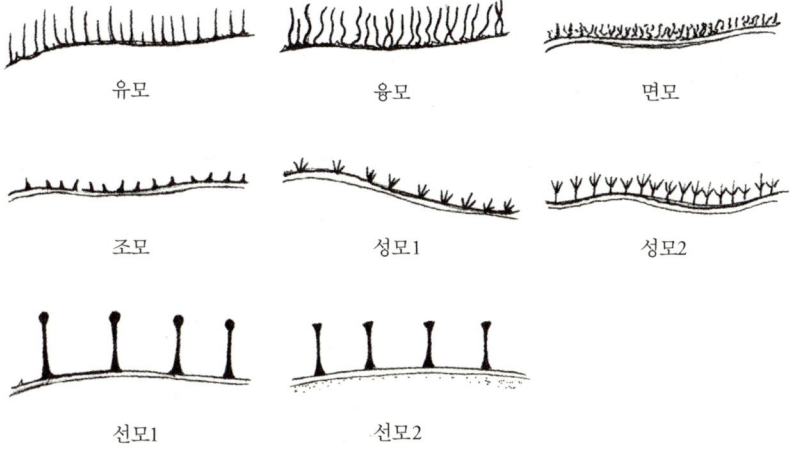

유모　　융모　　면모

조모　　성모1　　성모2

선모1　　선모2

표면이 매끈하고 털이 없는 것을 평활glabrous이라 하고, 표면이 망처럼 된 것을 망상, 주름살, 유두상, 옻두드러기, 주름혹, 유점, 점질, 회청색 등으로 표현한다.

또 잎의 질감texture이 투명한 것, 막질, 혁질, 코르크질, 육질, 납질, 섬유질 등으로 구분한다.

겨울눈과 어린가지

눈bud

들풀에게는 겨울눈이 없지만 나무에게는 겨울눈이 있다. 나무가 어린가지에 남긴 겨울눈은 나무마다 제각기 다른 모습을 하고 있다.

겨울눈이 가지의 끝부분에 있는 것을 정아terminal bud, 가지의 측면에 있는 눈을 측아lateral bud라 한다. 액아axillary bud는 줄기와 잎 사이에 있는 눈이다. 부아accessory bud는 정아 또는 측아의 옆이나 아래에 일반적으로 아주 작은 크기의 눈으로 있기도 하고 없기도 한다. 부아가 정아

위_딱총나무의 겨울눈(혼합눈)
아래_딱총나무의 혼합눈에서 돋아난 잎과 꽃

나 측아 아래에 붙어 있다면 중생부아라 하고, 옆에 붙어 있으면 측생부아라 한다. 눈에서 꽃만 나오게 되는 것을 꽃눈(화아 flower bud), 잎만 나오게 되는 눈을 잎눈(엽아 leaf bud)이라 한다. 또 꽃과 잎이 같은 눈에서 나오는 것을 혼아(혼합아 mixed bud)라 부른다.

눈은 목련처럼 털로 덮여 보호를 받거나, 칠엽수처럼 끈끈한 점액에 의해 보호를 받을 만큼 나무에게 매우 중요한 부분이다.

겨울눈은 잎이 다 떨어지고 앙상한 가지만 남아 있는 상태에서 목본 나무를 식별하는 데 매우 중요한 단서가 된다.

겨울눈(동아)

겨울눈이란 장차 봄철에 잎이나 꽃 또는 가지가 되는 조직이다. 겨울눈은 참나무류처럼 아주 딱딱한 껍질(아린)로 싸여 있거나, 목련 등과 같이 털옷을 입고 있거나, 칠엽수처럼 아주 끈적끈적한 지질성분으로 덮여 있어서 추위나 외부의 공격으로부터 자신을 보호하게 된다. 분꽃나무처럼 겨울눈이 아린 없이 노출되어 있는 경우도 있다. 봄이 와서 잎으로 발달하게 되면 불과 몇 주 후에 다시 새로운 겨울눈이 만들어지기 시작한다. 겨울눈은 차차 무엇으로 변화하느냐에 따라 다음과 같이 구분한다.

잎눈과 꽃눈

생강나무나 산수유와 같은 나무는 잎이 될 눈과 꽃이 될 눈이 분리되어 있다. 잎이 될 눈은 타원형으로 끝이 뾰족하고, 꽃이 될 눈보다 가늘고 작다. 꽃눈은 크고 둥글게 보인다. 많은 나무들은 딱총나무와 같이 한 눈에서 잎과 꽃 모두가 나오는 혼합눈(혼아)을 가지고 있다.

겨울눈이 대개 외부로 노출되어 눈으로 쉽게 식별이 가능한 것이라

위_ 생강나무의 겨울눈
아래_ 생강나무의 꽃

생각하지만 꼭 그렇지만은 않다. 아까시나무나 회화나무처럼 쉽게 볼 수 없을 정도로 가지의 안쪽에 숨어 있는 것도 있다. 이런 눈을 은아라 한다.

나무는 줄기 껍질 속에 숨기고 있다가 정아나 측아가 손상되거나 위급할 때 터지는 잠자는 눈, 잠아(암아)를 가지고 있다. 환경의 변화가 있을 때, 주로 나무의 줄기에서 갑작스럽게 발생하는 맹아지나 도장지가 바로 암아 또는 잠아에서 발생한 것이다.

정아(끝눈)

가지의 끝에 달려 있는 것을 정아라 하고 엽액에 달린 것을 액아 또는 측아라 한다. 정아가 환경변화에 의해 죽게 되면 옆에 있던 측아가 정아의 역할을 하면서 정아처럼 보이게 된다. 이것을 준정아라 부른다. 잎이 떨어진 자리 위에 있는 눈을 측아라 하며, 그렇지 않은 눈들은 모두 부아라 한다. 이 부아가 측아의 좌우에 있을 때 측생부아, 측아 바로 아래에 달릴 때는 중생부아라 한다.

아린 bud scale

보통 나무의 겨울눈은 잎이나 탁엽이 변해 발달한 아린(인편)으로 둘러싸여 있다. 그러나 아린이 없는 겨울눈도 종종 관찰할 수 있다. 아린으로 덮여 있는 눈을 인아 scaly bud라 하고, 없는 눈을 나아 naked bud라 한다. 아린은 다음해에 잎과 꽃이 될 어린 소기관을 보호하는 역할을 한다. 주로 추위나 다른 외부의 야생동물들로부터 피해를 막기 위해 발달되어 있다. 봄이 되어 겨울눈 속에 있던 어린잎과 꽃이 돋아나게 되면 아린은 곧 떨어진다. 이때 작은 아린흔을 남긴다. 이 아린흔으로 나뭇가지의 나이를 측정할 수 있게 된다.

아까시나무의 은아에서
돋아난 잎

회화나무의 은아에서
돋아난 잎

칠엽수의 정아와 측아

피나무 아린　　　　　　　　서어나무 어린가지

어린가지(소지)

당년도에 자란 가지를 어린가지 또는 소지라 한다. 어린가지는 목본 식물을 식별하는 데 가장 좋은 기준 중의 하나가 된다. 어린가지에서 관찰해야 하는 것은 겨울눈, 엽흔, 탁엽흔, 골수의 형태와 빛깔, 맛, 향기, 피목, 털의 유무, 흰 분말가루의 유무, 가시의 발달 유무 그리고 짧은 가지(단지)의 발달 유무 등이다.

수(골수 pith)

골수는 나뭇가지의 중앙부를 이야기하는데, 그 모양이나 빛깔이 서로 다르게 나타날 때가 있다. 골수가 꽉 차는 경우도 있으나, 그냥 텅 비어 있을 수도 있고, 계단 모양으로 중간 중간이 비어 있는 경우도 있다. 골수의 색깔은 흰색부터 황갈색 등 다양한 형태로 나타나기 때문에 최종적으로 나무를 식별하는 데 도움을 주고 있다.

엽흔 leaf scar

엽흔이란 잎이 붙어 있던 자국을 말한다. 엽흔은 나무의 종류에 따라 그 크기와 모양이 서로 다르기 때문에 나무를 식별하는 데 큰 도움이 된다. 또한 엽흔 속을 유심히 살펴 보면 표면에 작고 둥근 또다른 흔적들이 보인다. 이것은 물과 양분을 잎과 가지로 이동시켜 주는 관속조직이 단절된 흔적이다. 이것을 관속흔 bundle scar이라 하는데, 그 배열과 모양이 나무마다 조금씩 다르게 나타나기 때문에, 긴요한 식별 자료가 된다.

탁엽흔

탁엽흔은 모든 나무에 나타나는 현상이 아니다. 탁엽을 가지고 있는 나무에서만 관찰할 수 있지만, 너무 작아서 눈으로 식별하기 어려울 때가 많다. 루페 Lupe가 있으면 관찰하기 쉽다. 보편적으로 탁엽흔은 엽흔의 좌우에 있어서 다른 흔적과 쉽게 구분이 된다. 나뭇가지를 둘러싸고 발달이 된 튤립나무, 오동나무, 버즘나무의 탁엽흔은 가지를 돌며 둥글게 발달해 있다.

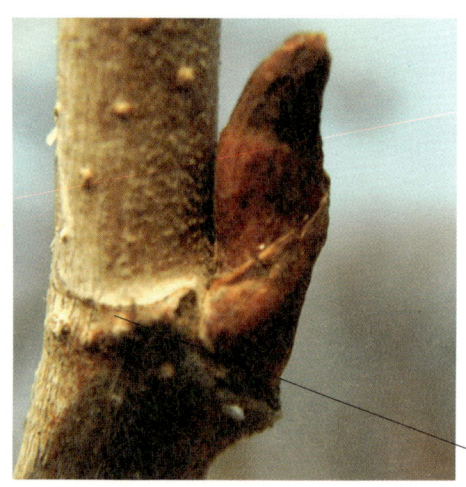

양버즘나무의 탁엽흔

각 나무의 측아와 엽흔

붉나무　　　　　　누리장나무　　　　　　가죽나무

벽오동　　　　　　쪽동백나무　　　　　　칠엽수

목련　　　　　　자귀나무　　　　　　은단풍

가시의 발달 털이 나뭇잎이나 열매, 줄기의 표피조직이 변해서 발생된 것이라면, 가시는 잎이나 껍질 또는 가지의 조직이 변해서 생겨난 것이다.

경침 thorn

나무의 가지나 줄기가 변해 가시가 된 것을 말하며, 탱자나무, 당매자나무, 주엽나무, 갈매나무 등이 대표적이다.

엽침 spine

잎이나 탁엽이 변해 가시가 된 것을 말하며, 아까시나무의 가시는 탁엽이 변한 것이며, 매자나무의 가시는 잎이 변한 것이다.

피침 cortical spine

나무의 껍질이 가시로 변한 것을 의미하며, 장미, 두릅나무, 음나무, 산딸기 등이 이에 속한다.

잎과 수피가 변해 가시가 된 엽침과 피침은 손으로 따보면 쉽게 분리되지만, 가지나 줄기가 변해 가시로 된 경침은 쉽게 떨어지지 않는다.

두릅나무 피침

갈매나무 경침

아까시나무 엽침

피목 lenticel   호흡의 대부분은 잎에서 이루어지지만 뿌리, 그리고 수피를 통해서도 이루어진다. 수피를 통해 호흡을 하는 양은 미량이지만, 무시할 수 없을 정도로 중요하다. 이것은 수피에 발달된 호흡 조직인 피목 덕분이다. 나무 껍질의 표피 밑 코르크를 뚫고 나와 발달한 것으로, 통기작용을 담당한다. 이 피목 또한 나무마다 모양이 다르다. 은사시나무와 같이 다이아몬드 모양을 하고 있는가 하면, 느티나무처럼 점점이 발달한 것과, 렌즈모양을 하고 있는 것, 또는 원주상으로 발달된 것들이 있다. 때문에 나무를 식별하는 데 도움을 얻을 수 있다.

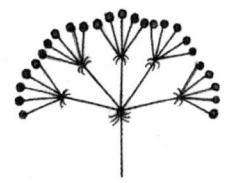

7
나무와 꽃

식물은 꽃을 피우고 열매를 맺고 씨앗은 다시 새로운 생명으로 환생한다.
꽃은 화려함과 기이함으로 우리의 마음을 사로잡지만
모든 꽃은 엄격히 말하면 초록빛의 잎에서 변형된 형태,
그 이상이 아니다. 모든 꽃은 잎에서 시작되었다.
꽃은 나무를 식별하게 해 주는 가장 확실한 기관 가운데 하나이다.
꽃이 피었을 때와 꽃이 졌을 때, 그리고 열매는
어떤 모양을 하고 있는지를 알아 두는 것이 필요하다.

꽃의 의미 꽃이 없던 초기 식물이 번식하던 방식은 단순하게 자신의 몸을 분리시켜 또 다른 생명으로 살아가게 하는 것이었다.

이른바 성이 없는 무성생식에 의존했던 것이다.

무성생식은 꽃가루를 받아 번식하는 유성생식보다 쉽지만, 변해가는 환경이나 여러 가지 외부 침입에 저항하는 능력이 절대적으로 부족했다. 모두가 거의 같은 유전적 성질을 지니고 있기 때문에 갑작스러운 환경변화에 쉽게 전멸할 수 있는 위험성도 가지고 있다. 유성생식처럼 다량의 개체수 번식이 어렵다는 단점 또한 있다. 따라서 식물은 어렵고 복잡하지만 유성생식을 통해 새로운 개체를 발생시키는 방식으로 진화하게 됐다. 바람을 이용해 꽃가루를 이동시키는 소나무의 경우에는 가능한 한 다른 유전자를 갖기 위해 암꽃이 수꽃 위에서 핀다. 같은 가지에 있는 제 꽃가루를 받지 않기 위해서이다.

비슷하지만 서로 다른 유전형질을 지닌 개체가 갑작스러운 환경의 변화에서도 살아남을 수 있다는 점을 유성생식을 하는 식물들은 분명히 알고서 꽃을 발달시켜왔던 것일 게다. 꽃을 이용해서 살아가는 수많은 곤충들도 꽃의 구조와 생리에 따라 다양한 형태와 생활습성을 보이게 되었다. 이들은 때로는 꽃의 약탈자로, 때로는 꽃과 서로 도움을 주는 공생자로 살아가게 된다. 인간도 부분적으로는 꽃과 공생 관계를 맺고 있지만, 대부분은 약탈자로서 그들의 삶을 완전히 바꿔 버리기도 한다. 인간이 바라보는 꽃은 곤충이 꽃과 맺고 있는 관계와는 사뭇 다르다. 현대인들은 꽃의 아름다움과 그들이 주는 마음의 안정에만 주목하였다. 꽃을 자연 그대로 보존하기보다는 감상이란 목적으로 사고팔며 자연으로부터 꽃을 단절시켰다.

꽃은 나무를 식별하게 해 주는 가장 확실한 기관 가운데 하나이다.

소나무의 암꽃과 수꽃

꽃이 피었을 때와 꽃이 졌을 때, 그리고 열매는 어떤 모양을 하고 있는지를 알아 두는 것이 필요하다.

우선 꽃에 대한 기본 용어부터 알아 보자. 꽃은 꽃받침, 꽃잎 그리고 수술과 암술로 발달해 있는 완전화가 있는가 하면, 꽃잎이 없는 것과 꽃받침이 없거나, 때로는 수술과 암술만이 있는 불완전화가 있다. 꽃의 종류는 매우 다양하나 이판화와 합판화로 구분할 수 있다.

꽃잎과 꽃받침은 암술과 수술을 보호하는 보호조직이자 수분을 효율적으로 성공시키기 위한 유혹조직이다. 산딸나무는 꽃잎이 너무 보잘것없어서 꽃받침을 꽃잎처럼 화려하게 변장시킨다. 꽃가루를 수분시켜 줄 곤충을 유인하기 위해서이다. 꽃잎처럼 보이는 보랏빛 꽃받침으로 열매를 멀리 이동시켜 줄 동물들을 유인하는 나무도 있다.

수술과 암술, 꽃잎과 꽃받침을 받치고 있는 것이 화탁이다. 암술은 암술머리, 암술대 및 자방으로 되어 있는데, 이를 심피라고 한다. 심피는 1개 또는 여러 개의 심피로 되어 있다. 수술은 꽃밥과 수술대로 되어 있다. 꽃잎과 꽃받침을 화피라 한다. 화피가 없는 경우를 과피라 하며, 주로 침엽수의 경우에 화피가 발달되어 있지 않다. 꽃잎이 여러 장으로 나뉘어 있는 것을 갈래꽃이라 하고, 꽃의 일부 또는 전부가 갈라져 있지만 나뉘어 있지 않은 것을 통꽃이라 부른다. 암술과 수술이 모두 있는 것을 양성화라 하고, 둘 중 하나만 있는 것을 단성화라 한다.

- 심피(心皮 carpel) = 암술 = 자예 = 자성기 gynoecium
  = 주두 stigma + 화주 style + 자방 ovary
- Σ수술 = 웅예 = 웅성기 androecium = 약 + 화사
- 화피(花被 perianth) = 꽃잎 + 꽃받침
- Σ화판 = 화관(花冠) = 꽃잎 = corolla

왼쪽_ **산딸나무** 꽃받침을 잎처럼 변신시켜 곤충을 유인한다.
오른쪽_ **누리장나무** 꽃받침을 화려한 색으로 변신시켜 매개자를 유인한다.

- 꽃받침 = 악 = kalyx (= calyx)
- 화탁(花托 receptacle)
- 밀선(蜜腺 nectary) = 꽃받침, 꽃잎, 수술, 심피 또는 화탁이 변한 것
- 완전화 = 꽃잎 + 꽃받침 + 암술 + 수술
- 불완전화 = 꽃잎이나 꽃받침이 없는 경우, 또는 둘 다 없는 경우
- 양성화 = 한 꽃 안에 암술과 수술이 있는 꽃
- 단성화 = 한 꽃 안에 암술 또는 수술만 있는 꽃
- 잡성화 = 위의 양성화와 단성화가 한 그루에 있는 꽃
- 1가화 또는 자웅동주 = 암꽃과 수꽃이 한 나무에 있는 꽃
- 2가화 또는 자웅이주 = 암꽃과 수꽃이 다른 나무에 있는 꽃

꽃의 수분 식물들이 수분을 하는 방법은 놀라울 정도로 치밀하고 정교하다. 자연환경이나 다른 동식물의 특징을 기가 막히게 이용해서 진행한다. 수분에는 자가수분과 타가수분이 있으며, 자가수분은 자화수분과 인화수분으로 다시 나뉜다. 자화수분이란 한 꽃봉오리 안에 있는 암술과 수술에서 수분이 이루어지는 것을 말하며, 인화수분이란 같은 식물체이지만, 서로 이웃하고 있는 꽃과 수분이 이루어지는 것을 말한다.

자화수분과 인화수분

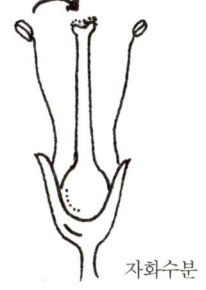
자화수분

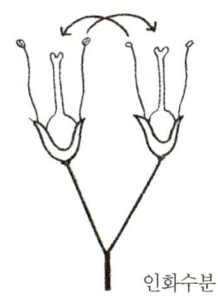
인화수분

곤충이 아직 많이 활동하지 않는 이른 봄에 피는 봄까치풀도 제꽃가루받이를 한다. 튼튼하고 좋은 씨를 남기려면 다른 그루의 꽃가루로 타가수분을 하는 것이 좋으나 이른 봄에는 활동하는 곤충이 드물어 이 무렵에 피는 꽃은 자화수분을 해서라도 자손을 남겨야 한다.

식물들은 가급적이면 다른 유전적 형질을 얻고자 부단히 노력하고 있다. 바람을 이용하는 풍매화인 나무들은 셀 수 없이 많은 꽃가루를 생산해서, 멀리 있는 암술을 만나는 확률을 높이려 노력하고, 동물을 이용하는 경우에는 온갖 색깔과 맛과 향기를 발산한다. 우리 인간도 알게 모르게 식물들의 전략에 한 매개자로 활동을 하고 있다.

충매화

수술에 있는 꽃가루가 암술머리로 이동할 때 곤충을 매개자로 삼는 것을 충매화라 한다. 대개 화려한 꽃잎을 자랑하는 나무들이 충매화인데, 장미, 벚나무, 사과, 배나무 등이 대표적이다. 특정한 곤충에 의해서만 매개되는 것과 그렇지 않은 것이 있다. 충매화는 곤충을 유인하기 위해 아름다운 꽃잎, 꽃받침 등을 가지며 벚나무와 같이 꿀샘(밀선蜜

腺)을 발달시켜 유혹을 하거나 강한 향기가 나는 것이 많다. 꽃가루는 점액이나 돌기 등으로 곤충에 부착하기 쉽도록 되어 있다. 꽃에 날아든 곤충이 꿀을 먹는 동안 꽃밥 속에 들어 있는 꽃가루가 곤충의 몸에 묻는다. 꽃가루를 받아들이는 꽃의 암술머리는 곤충들이 날아올 때 꽃가루를 쉽게 받을 수 있는 곳에 있다.

풍매화

꽃가루가 바람에 날려 수분하는 꽃으로 소나무, 단풍나무, 보리꽃, 벼꽃, 밀꽃 등이 있다. 풍매화는 대개 꽃잎이 잘 발달하지 않고 향기도 약하다. 꽃가루가 작아서 공기 속을 떠다니기 쉽다. 소나무의 꽃가루에는 공기주머니가 2개 달려 있어 멀리까지 이동한다. 소나무 꽃가루는 낙하속도는 1초에 3.9cm이지만, 전나무는 약 39cm이다. 낙하속도가 느리다는 것은 땅에 곧바로 떨어지는 것이 느리다는 뜻이며, 대기 중에 부유하면서 멀리 이동이 가능하다.

풍매화는 벼과, 사초과, 너도밤나무과, 국화과 등에 많고 겉씨식물의 대부분이 이에 속한다. 밤나무는 풍매화와 충매화의 성질을 모두 갖추고 있다. 풍매화는 꽃의 모양새나 꾸밈새 대신 작은 꽃가루를 대량 생산하는 방향으로 진화되어 왔다. 수분의 형식으로 봐서 풍매화는 원시

화분낭 pollen sac

달맞이

달맞이꽃은 해질 무렵부터 피었다가 이튿날 아침이면 시든다. 그래서 달맞이꽃에는 이른 아침에 꿀벌이 찾아온다. 부지런히 꿀을 빨고 꽃가루를 몸에 묻힌 채로 이 꽃에서 저 꽃으로 날아다닌다. 이처럼 달맞이꽃은 밤에 활동하는 나방뿐만이 아니라 낮에 활동하는 곤충도 꾀어 들인다. 밤에 피는 꽃은 하얀색이나 노란색이 많은데, 은은한 별빛만으로도 쉽게 눈에 띈다.

하늘타리

하늘타리꽃도 밤이 되면 피었다가 이튿날 아침에 시든다. 하늘타리는 수꽃만 피는 수그루와 암꽃만 피는 암그루가 따로 있는데, 꽃가루를 날라다 주는 곤충은 나방밖에 없다. 하늘타리의 꽃은 긴 통처럼 생겼기 때문에 입이 긴 나방이 아니면 꿀을 빨 수가 없다. 특히 입이 긴 박각시나방이 주된 매개자이다.

적이지만 충매화는 진화의 단계가 앞서 있으며 현실에 적응하여 번성하고 있는 종류가 많다.

수매화

물에 의해 꽃가루가 암술머리로 이동하여 수분하는 꽃으로 연꽃, 물수세미꽃 등이 있다. 수생식물에서 볼 수 있는 것으로 수중에서 수분하는 것과 수면에서 수분하는 것이 있다. 수중수분은 붕어마름과 같이 실 모양의 꽃가루가 물 속에 퍼져 암술머리에 결합하여 수분되는 형과 나야스속^{Najas}의 나자스말이나 민나자스말처럼 암꽃이 물 밑에 있고 꽃가루가 가라앉아서 수분되는 형이 있다. 암꽃이 물 밑에 있는 높이만큼, 수꽃가루는 비중을 조절하여 암술대를 찾는다. 수면수분은 별이끼와 같이 침수성인 수꽃이 개화하면 꽃가루가 조각조각 갈라져 물 표면에 떠 있다가 부수성인 암꽃과 결합하여 수분된다.

조매화

꽃가루가 새에 의해 운반되어 암술머리에 운반되는 꽃이다. 열대지방에 많이 분포한다. 열대우림 같은 곳에서는 식물의 1/3이 조매화라고 한다. 꽃가루를 매개하는 새는 주로 벌새와 홍작 같은 몸집이 작은 새로, 혀가 피스톤 작용으로 꿀을 빨 때 꽃가루가 새 등에 떨어져서 다른 꽃으로 옮겼을 때 수분된다. 조매화의 특징은 향기는 강하지 않지만

꽃색이 붉고 선명하다. 우리나라에서는 남쪽에 서식하는 동박새가 대표적이다. 직박구리도 조매화의 역할을 나름 수행해 낸다.

색깔이 만든 환상의 세상

계절에 따라 꽃의 색깔은 다양하다. 우리나라의 산천은 노란색으로 봄을 시작해서 흰색 그리고 보라색, 붉은색 등으로 변화시키면서 여름으로 옮겨간다. 물론 다양한 색깔 가운데 노란색과 흰색이 가장 많이 나타나고, 붉은색과 분홍색이 그 다음으로 많다. 가장 적은 색깔은 보라색과 파란색이라 할 수 있다.

일반적으로 우리가 보는 꽃잎의 색깔이나 나뭇잎의 초록빛도, 어느 각도에 서서 보느냐에 따라 그 빛깔이 달리 보인다. 우리가 볼 수 있는 가시광선의 빛은 빛의 세기에 따라 다르게 보이는 것이다.

세포 내 액포에는 광합성으로 얻은 탄수화물 이외에도 염분, 유기산 그리고 소량이지만 색소, 탄닌, 글루코시드, 알칼로이드, 지질, 지방, 방향물질, 송진 등이 포함되어 있다.

개암나무의 잎이 종종 붉은색으로 보이는 이유는 색소체인 안토시안^{anthocyan} 때문이다. 안토시아닌은 일종의 색소체인데, 체내의 수액이 산성을 나타내면 붉은색으로, 알칼리성이면 파란색으로 나타난다.

흰색의 꽃이나 자작나무의 흰색 껍질은 모든 빛을 반사하기 때문에 나타나는 현상이며, 흑장미나 흑구상나무의 구과처럼 검게 보이는 이유는 모든 빛을 흡수하기 때문에 나타나는 현상이다. 흰색과 검은색은 색소가 아니다. 나뭇잎이 초록색으로 보이는 이유는 초록빛만 반사하기 때문이다.

모든 빛이 반사된 상황에서 자작나무의 껍질에 나타나는 현상을 베툴린^{Betulin}($C_{30}H_{50}O_2$)이라 하는데, 자작나무의 라틴어 속명은 베툴라

Betula이다.

탄닌은 다양한 아로마 물질을 말한다. 무엇보다도 수피나 나무 내부의 심재 부분에 황갈색의 플로바펜phlobaphene(산화된 탄닌 성분)으로 나타나는데, 이는 미생물들로부터 피해를 막기 위한 방어기작이다. 발삼이나 송진 역시 부패를 방지하는 비슷한 작용을 한다.

카로티노이드carotinoide는 카로틴karotin($C_{40}H_{56}$)과 크산토필xanthophyll($C_{40}H_{56}O_2$)이란 2가지 종류의 색소로 나뉜다. 산소가 결합되어 있지 않은 카로틴은 붉은색에서 오렌지색을 나타내며, 산소가 결합되어 있는 크산토필은 노란색에서 갈색을 나타낸다. 안토시안은 세포 내 액포에 존재하지만, 카로티노이드는 엽록체 안에 엽록소와 같이 존재하는 색소로, 엽록소의 보조 역할을 하는 조색소이다. 광합성이 원활하게 이루어질 수 있게 한다. 즉, 자외선 등에 쉽게 파괴될 수 있는 엽록소를 보호하는 역할과 특히 곤충으로부터 잎이 먹히는 것을 방지하기 위한 역할을 한다.

엽록소는 카로티노이드와 같이 세포 내 소기관인 엽록체에 있는데, 식물이 살아 존재하기 위해 얻는 화학 에너지를 생산하는 광합성이란 가장 중요한 역할에 참여하는 색소이다.

색깔에 따라 동물들의 움직임이 달라진다. 시각에 매우 의존해서 살아가는 새들은 꽃의 향기보다 빨간색에 민감하다. 벌은 시각에 의존하지만 후각기능도 발달해 있다. 벌은 주로 노란색, 파란색 그리고 흰색에 민감하지만, 향기에도 반응을 하기 때문에 가끔은 다른 색깔의 꽃에도 날아든다. 호랑나비는 주로 빨간색을 선호하고, 배추흰나비는 노란색, 파란색 그리고 보라색을 선호한다.

야간에만 활동을 하는 나방이나 박쥐는 흰색 꽃을 쉽게 찾아 꿀을 먹는데, 박쥐는 청각과 후각 기능이 발달해 있어서 향기가 있는 흰색을 주로 찾는다. 시각기능보다 후각기능이 잘 발달된 장수풍뎅이나 무당벌레와 같은 딱정벌레류들은 색깔보다 향기에 매우 민감하게 반응을 한다. 딱정벌레류를 유인해야 하는 꽃들은 화려한 색깔에 신경을 쓰기보다 향기를 만들어 내는 데 더욱더 노력을 하는 편이다. 때로는 고약한 향기를 만들어 내기도 한다. 마치 고기가 썩어가는 듯한 냄새를 풍겨, 파리 등과 같은 곤충들이 알을 낳아야 하는 곳으로 착각하게 만들어서, 꽃가루를 이동시켜 수정을 성공하게 만들기도 한다.

안토시안은 액포에 존재하기 때문에 물에 잘 희석이 되는 수용성을 띤다면, 카로티노이드는 2중 막으로 된 엽록체란 소기관 안에 알갱이 모양으로 함유되어 있기 때문에, 물에 희석이 되지 않는 불용성이다. 대부분 꽃잎의 색깔을 나타내는 색소는 손으로 문질러 보면 색깔이 묻는데, 이는 수용성을 띠는 안토시안이기 때문이다.

꽃의 진화

씨앗으로 자손을 남기는 식물에게 꽃은 아주 소중한 기관이다. 꽃은 색깔만큼이나 생김새도 여러 가지인데, 그 이유는 꽃가루가 쉽게 옮겨질 수 있도록 진화한 결과이다. 꽃도 수분을 시켜 줄 곤충을 고른다.

동백꽃과 동박새
동백꽃은 이른 봄에 꽃을 피운다. 동박새는 주로 곤충을 먹고 살지만 겨울철이나 이른 봄에는 먹이가 부족하여 동백꽃의 꿀을 먹고 산다. 동박새의 부리와 꿀샘과의 거리가 안성맞춤으로 잘 맞아 꿀을 마음껏 먹을 수 있다. 동박새는 주린 배를 채우고 동백꽃은 완전한 꽃가루받이를 이룬다. 수분 후에 붉은 동백꽃은 꽃잎과 꽃받침과 수술이 통째로 떨어지고, 수정이 된 씨방만 남는다.

꽃의 색과 곤충

호랑나비는 빨간색 꽃을 아주 좋아한다.
배추흰나비는 파란색과 보라색, 그리고 노

위_ **쥐똥나무 꽃** 꽃무지가 쥐똥나무의 향에 취해 있다.
아래_ 동백나무 Camellia japonica에 앉은 동박새 Zosterops japonica

붉은인동 가늘고 긴 통처럼 생긴 꽃받침과 수술

란색 꽃을 좋아하지만 빨간색 꽃은 거의 찾지 않는다.

꿀벌은 하얀색과 노란색 꽃에 잘 모여든다.

꽃의 생김새에 따라 어떤 매개체들이 오기에 편리한가 살펴 보자.

꽃이 그릇처럼 위가 평평하여 벌과 등에 따위가 앉아 가루받이하기에 편하도록 생긴 것이 있다. 망초, 민들레, 국화 등의 설상화가 이에 속한다.

깔때기처럼 생긴 꽃은 벌이 안쪽으로 기어들어가서 꿀을 빤 다음에 수술로 올라가서 꽃가루를 모은다. 대개 가운데에 꿀점이 있어서 곤충을 유도한다. 이런 꽃을 통꽃이라고 하며 메꽃, 나팔꽃, 도라지, 초롱꽃 등이 있다.

꽃이 촘촘하게 모여서 둥근 머리처럼 생긴 꽃을 두상화라고 한다. 꿀벌, 등에, 나비 따위의 여러 가지 곤충이 찾아와서 꽃가루를 날라다 주는 엉겅퀴, 자귀나무 등이 있다.

꽃의 안쪽을 들여다보면 사람이 입을 벌렸을 때 목구멍과 비슷하게 생긴 것이 있다. 꿀점은 아래쪽의 꽃잎에 있는데, 꿀을 빨러 곤충이 들어갈 때에 꽃가루가 등에 묻게 된다. 꿀벌과 박각시나방이 가루받이를 도와 주는데, 광대수염, 물봉선 같은 것들이다.

위쪽의 꽃잎이 깃발처럼 생겼으며 꿀점이 있고 아래쪽 꽃잎에는 수술과 암술이 숨어 있다. 힘이 센 꿀벌이 아래쪽 꽃잎을 누르고 꽃 속의 꿀을 빨려고 할 때에 수술과 암술이 드러나면서 가루받이가 이루어지는데, 자운영, 완두, 골담초 등이 있다.

꽃의 적
꽃은 꽃가루를 날라다 주는 곤충을 꾀어 들이기 위해서 꿀을 내고 꽃가루가 곤충에게 잘 묻도록 스스로 얼개를 바꾸어 왔는데 꽃잎의 색깔이나 향기에 끌려 찾아오는 곤충 가운데에는 꽃의 적도 있다. 풍뎅이는 꽃을 통째로 먹어 버린다. 호박벌은 꽃잎이 붙어 있는 꽃받침의 밑부분을 잘라 내어서 안에 있는 꿀만 빨아먹고 꽃가루는 묻혀 가지 않는다. 꽃을 먹는 새도 꽃의 적이라고 할 수 있다.

끈끈이대나물, 인동덩굴, 패랭이 등은 잎과 꽃받침과 수술이 모두 가늘고 긴 통처럼 생겼다. 이런 꽃을 찾아오는 곤충은 나비와 나방 무리이다. 그러나 꽃 속으로는 들어갈 수 없으므로 밖에서 긴 입을 꽂아 꿀을 빨아먹는다. 그 때에 꽃가루가 머리나 몸 앞쪽에 묻어 가루받이가 된다.

매개곤충

벌 벌은 세계적으로 2만여 종이 있다. 가장 중요한 매개자이다. 현존하는 벌의 과는 적어도 8천만 년 전부터 존재했으며 속씨식물의 진화와 함께 벌의 종류도 다양해졌다. 입이 관처럼 생겨 깊이 숨은 꿀을 빨아먹을 수 있고 몸과 다리에 털이 많아 꽃가루가 잘 달라붙는다. 몸에 붙은 꽃가루를 긁어모아 3쌍의 다리 중 마지막 다리의 꽃가루 주머니에 모으고 이렇게 모은 꽃가루는 유충의 먹이로 사용한다. 벌은 지능이 높기 때문에 꽃의 색, 향기, 형태를 파악하고 기억해서 한 종의 꽃을 꾸준히 찾아갈 수 있고 이 정보를 다른 벌에게 전해 준다. 이런 정보가 춤으로 전달된다는 것은 잘 알려진 사실이다.

벌은 인간이 보지 못하는 자외선 파장을 볼 수 있기 때문에 색에도 매우 예민하다. 벌이 찾아가는 꽃은 노란색이나 파란색으로 현란한 색을 띠고 있으며 향기가 짙다. 벌이 빨간 꽃을 전혀 못 보는 것은 아니지만 벌이 찾아가는 꽃 중에 빨간 꽃은 드물다. 벌이 찾아가는 대부분의 꽃은 벌이 내려 앉아서 꿀을 빨 수 있도록 발판 역할을 하는 꽃잎이 있고 꿀샘의 위치를 알려 주는 유인색소가 있다. 벌이 즐겨 찾는 꽃은 대부분 꿀샘이 깊이 숨어 있는 좌우대칭형이며, 암술과 수술이 모두 벌의 특정 부위에 닿아 꽃가루 이동에 효과적이다.

위_대추꽃에서 꿀을 찾는 과정에서 수분을 시키는 개미들
아래_수정이 된 꽃은 수술이 뒤로 넘어간다.

파리류 파리류 중 꽃등에는 벌에 비길 만큼 중요한 매개자이다. 파리가 찾는 꽃은 향기로운 것도 있지만 썩은 냄새를 풍기는 초록이나 갈색 꽃을 피우는 경우도 있다. 수분이 이루어지면 수꽃은 뒤로 넘어진다.

모기류 모기류에 속하는 각다귀는 족도리풀이나 초록색 항아리 모양의 꽃을 매단 등칡의 꽃 안에 알을 낳는다. 그러는 중에 식물은 꽃가루받이를 이룬다.

나비와 나방류 나비도 시각과 후각에 의해 꽃을 찾기 때문에 나비가 찾아가는 꽃과 벌이 찾는 꽃이 중복되는 경우도 많다. 나비와 나방은 대롱 모양의 입을 둥글게 감고 있다가 꿀을 빨 때는 길게 풀어 꿀샘까지 뻗는다. 열대우림에는 꽃대가 25cm에 이를 정도로 긴 식물이 있는데 놀랍게도 같은 길이의 대롱 입을 가진 나방이 찾아온다. 나비는 모두 낮에 움직이는 주행성이고 나방은 주행성과 야행성이 있다. 야행성 나방이 찾아가는 꽃은 밤에 향기를 뿜는 별 모양의 흰 꽃이 많다. 달맞이꽃, 원추리, 분꽃, 인동덩굴 꽃들은 모두 긴 화통을 가지고 있고 달콤한 향기가 나는 꽃을 밤에 피워 나방을 유혹한다.

딱정벌레류 시각보다 후각이 발달하여 찾아가는 꽃은 대개 색이 희끄무레하고 강한 과일 냄새나 암모니아 냄새를 풍긴다. 딱정벌레는 전형적으로 꽃가루를 먹는 매개 동물이지만 때로는 꽃잎이나 다른 부분을 먹어 치우기도 한다. 그래서 딱정벌레가 찾는 꽃의 씨방은 꽃받침 밑에 깊이 파묻힌 경우가 많다. 이들은 잘 날지 못하기 때문에 목련, 수련, 연꽃처럼 꽃이 크거나, 산딸나무, 어수리, 천남성같이 작은 꽃이 많이 모여 내려앉을 받침대가 넓은 식물을 찾아간다.

산초나무 산초나무꽃은 많은 곤충들이 좋아한다. 흰 거품은 거품벌레의 흔적이다.

꽃의 배열 나무들이 꽃을 피워내는 전략에 대해 알면 알수록 경이롭다. 버드나무류나 은행나무와 같이 암꽃과 수꽃만을 따로 가지고 있는, 이른바 암나무와 수나무가 독립해서 발달된 나무들이 있는가 하면, 암꽃과 수꽃이 한 그루에 모두 있는 나무들도 있다. 암수가 분리되어 있는 것보다는 한 그루에 함께 있는 쪽이 보편적이다.

전자의 것을 2가화 또는 자웅이주라 하고, 후자를 1가화 또는 자웅동주라 한다. 자웅동주와 자웅이주에만 속하지 않고 특이한 성향을 지닌 나무들도 존재한다. 향나무나 주목은 때로는 1가화(자웅동주)를 보이는가 하면, 2가화(자웅이주)로 나타나는 경우도 있다.

이렇게 나무마다 꽃을 피워내는 모양이 다양하듯, 꽃이 달리고 맺히는 모양도 가지각색이다. 꽃이 매달려 있는 것을 화축이라 한다. 물론 박태기나무처럼 화축이 거의 없고 가지에 곧바로 꽃이 피는 경우도 있다.

박태기나무 꽃봉오리 분홍색 꽃은 나뭇가지에 붙어 핀다.

꽃이 지고 난 뒤 맺힌 박태기나무 열매

 꽃이 어떻게 매달려 있는지에 대한 배열 또는 순서를 화서라 한다. 꽃이 아래에서 먼저 피기 시작해서 점진적으로 위로 올라오면서 피는 꽃은 무한화서, 그 반대인 위에서 아래쪽으로 피는 것을 유한화서라 한다. 쥐똥나무, 아왜나무, 목형 등의 무한화서에는 총상화서, 수상화서, 산방화서, 산형화서, 원추화서, 두상화서 등이 있으며, 목련과 모란 등의 유한화서로는 취산화서, 배상화서 등이 있다.

 자작나무과나 버드나무과에 속하는 나무들은 꽃대가 무척 연하여 길게 아래로 처지며 마치 꼬리처럼 핀다 하여 꼬리화서라고 한다. 아까시나무나 때죽나무 등도 아래로 처지며 꽃이 달리기는 하지만 거의 같은 길이의 작은꽃자루(소화경)가 있는 꽃이 꽃대에 매달린 형태를 하고 있어 총상화서라 부른다. 수상화서는 사람주나무처럼 작은꽃자루가 없는 꽃이 꽃대에 달리는 모양을 나타낸다. 여러 개의 꽃대가 있는 꽃이 피는데, 가장 아래에 있는 꽃이 가장 긴 꽃대를 만들어, 결국에는

화서(꽃차례)

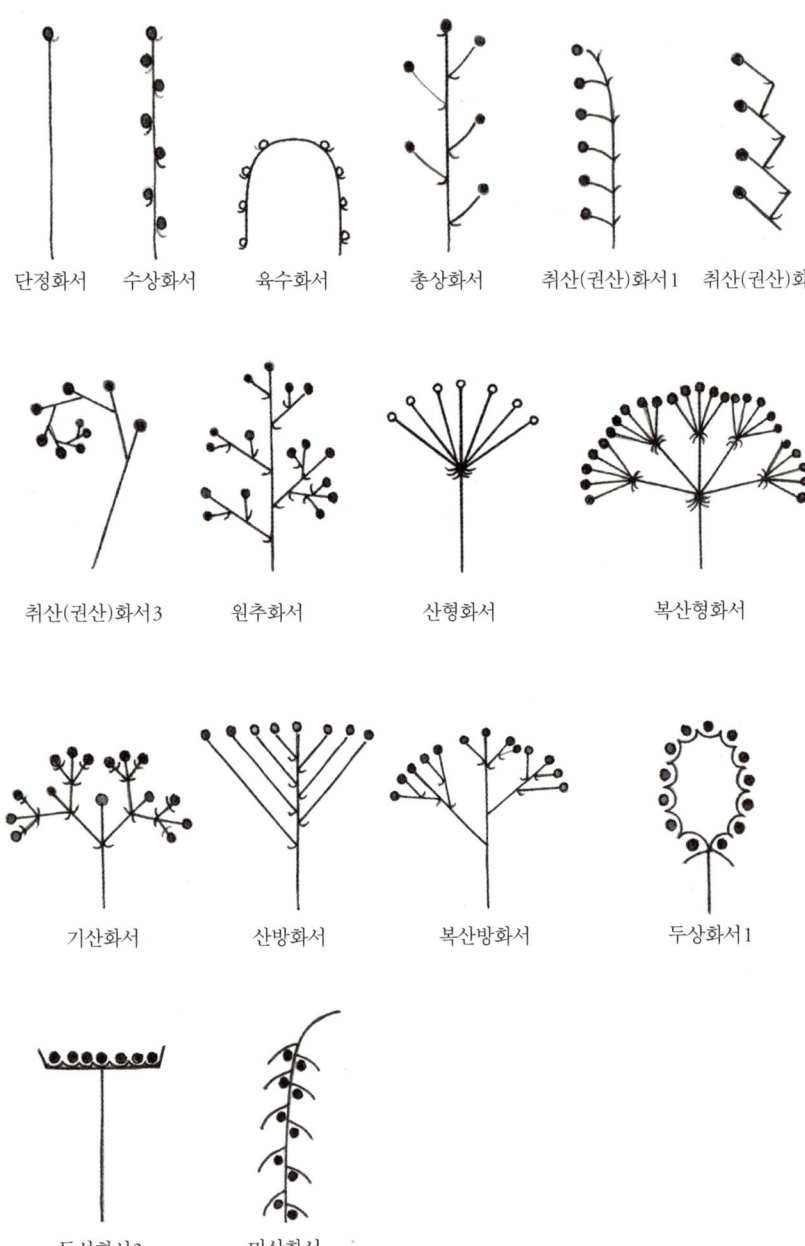

꽃의 배열이 위에서는 평평하게 되는 산방화서가 있다. 산사나무나 벚나무 등에서 찾아 볼 수 있다.

꽃이나 화서가 잎의 겨드랑이(엽액)에 달리는 것을 액생axillary, 가지 끝에 달리는 것을 정생terminal이라 한다. 꽃을 받치고 있는 대를 작은꽃자루(소화경 pedicel)라 하며 자세히 보면 작은꽃자루 바로 밑에 비늘같이 작은 잎이 있는 경우가 많은데, 그러한 것은 소포bracteole라 한다. 작은꽃자루를 받치고 있는 대를 꽃자루(화병)라 하고, 화서에서 중앙에 있는 전체를 지탱해 주는 부분을 꽃대rachis라 한다. 꽃자루 밑의 작은 잎은 포bract라 부른다.

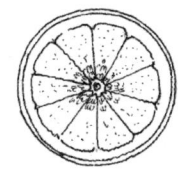

8
나무와 열매

땅에 뿌리를 내리고 있는 나무들이 일생에 단 한 번 움직이는 때가 있다.
바로 씨앗이 되어 이동하는 때이다.
해마다 한 나무에 수백에서 수만 개씩의 열매가 열리지만
이들이 모두 다 발아하지는 않는다.
냉정한 자연 환경 속에서 나무들이
자신의 분신인 씨앗을 멀리 보내기 위해
펼치는 전략은 경이롭기까지 하다.

열매의 형태 열매는 종자를 지니고 있는 기관organ을 말한다.

열매는 씨방 즉 자방이 홀로 자라는 것과 자방 주변의 조직(배유)과 함께 자라는 것이 있는데, 씨방이 독자적으로 자란 것을 진과라 하고, 함께 자란 것은 가과(위과)라 한다. 열매의 형태는 침엽수와 활엽수에 따라 다른 형태로 나타난다.

나자식물인 침엽수는 구과식물이라고도 하며, 이 구과는 1년 내내 나무의 가지에서나 바닥에서 관찰할 수 있어 나무를 구분하는 데 많은 도움을 얻을 수 있다. 주목이나 비자나무, 소철나무, 은행나무의 몇몇 열매를 제외하고는 모두 솔방울 형태를 하고 있는데, 이들을 통칭해서 구과라 한다.

피자식물의 열매는 보통 씨방이 자라지만, 어떤 것은 화피, 총포, 꽃받침이나 암술대 등과 같은 주변 보조조직들이 함께 성숙하는 경우도 있다.

단지 1개의 씨방이 자라서 열매가 발달하는 벚나무속의 버찌나 앵두, 참나무속에 속하는 도토리 같은 것을 단과라 하고, 두 개 이상의 씨방이 자라 열매가 맺히는 밤이나 병아리꽃나무, 고추나무 등을 복과라 한다. 열매에는 어떤 형태가 있으며, 각각 어떻게 부르는지 알아 보자.

단과 simple fruit

진과 true fruit 진과에는 열매가 익으면 과피가 벌어져서 안에 있는 종자가 나오게 되는 건개과 또는 열개과와 익어도 과피가 열리지 않는 건폐과 또는 폐쇄과 그리고 열매가 과육질로 싸여 있는 육질과로 나눈다.

건개과(열개과)

골돌 folliculus 심피로 이루어진 건과의 일종이다. 하나의 심피가 발달하여 한쪽의 봉합선을 따라 갈라지는 열매이다. 모란, 목련, 박주가리과, 작약, 매발톱, 초피나무, 산초나무, 으름 등의 열매가 여기에 속한다.

협과 또는 꼬투리, 두과 legumen 주로 콩과식물의 열매가 여기에 속한다. 2개의 봉합선을 따라 열리는 열매를 말한다. 등부나 복부에서 세로로 갈라지며 열린다.

분리과 lomentum 협과와 비슷하지만 열매가 매우 짧아 각 1개의 종자가 들어 있는 부분이 분리되는 열매이다. 종자가 들어 있는 마디 사이가 익으면 분리된다. 회화나무, 자귀풀속, 도둑놈의갈고리속이 여기에 속한다.

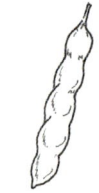

삭과 capsula 여러 개의 심피에서 생산된 열매이다. 심피의 수만큼 갈라진다. 철쭉, 진달래, 병꽃나무, 칠엽수, 능소화, 화살나무, 무궁화, 배롱나무, 노박덩굴과 등이 여기에 속한다.

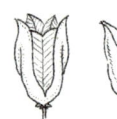

분열과 shizocarp 또는 열개과

2개 이상의 많은 종자로부터 형성된 건과로 성숙 후 1개의 종자를 가진 구조로 되어 나뉜다. 경우에 따라서 분열과는 시과, 수과, 핵과의 형태처럼 발달하기도 한다. 날개를 달고 있는 단풍나무는 시과이지만, 분열과로도 본다. 가죽나무는 시과이지, 분열과가 아니다.

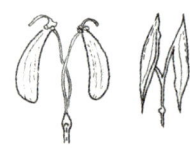

건폐과(폐쇄과)

수과 achenium 작은 모양의 갈라지지 않은 건과로, 과피가 얇으며 씨 같은 모양인데, 씨와 분리되는 열매로 그 속에 1개의 씨가 있다. 국화, 으아리, 민들레, 토끼풀, 무화과나무, 소리쟁이, 도깨비바늘 등이 여기에 속한다.

영과 caryopsis 열매의 과피가 종피에 붙어 떨어지지 않는 열매이다. 낟알이라고도 부른다. 벼의 열매가 좋은 예가 된다.

시과 또는 익과 samara 단풍나무나 물푸레나무의 열매와 같이 날개가 발달한 열매를 말한다. 2개의 심피로 되어 있으며 봉합선을 따라 갈라지기도 한다. 단풍나무류, 느릅나무류, 가죽나무, 물푸레나무 등이 여기에 속한다.

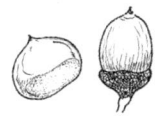
견과 nut 도토리, 개암처럼 열매 껍질이 단단한 열매이다.

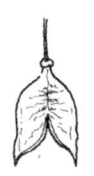
낭과 또는 포과 utricle 고추나무나 새우나무처럼 주머니 모양으로 둘러싸고 있는 열매로 과피는 얇은 막질이며, 씨와 밀착하거나 느슨하게 씨를 둘러싸고 있다. 그 밖에도 명아주, 비름나물, 갯질경이, 개구리밥 등이 있다.

육질과

종자가 과육질로 둘러싸여 있는 열매를 말한다.

장과 또는 액과 berry 과피가 다육질에 다즙하며, 육질이 열

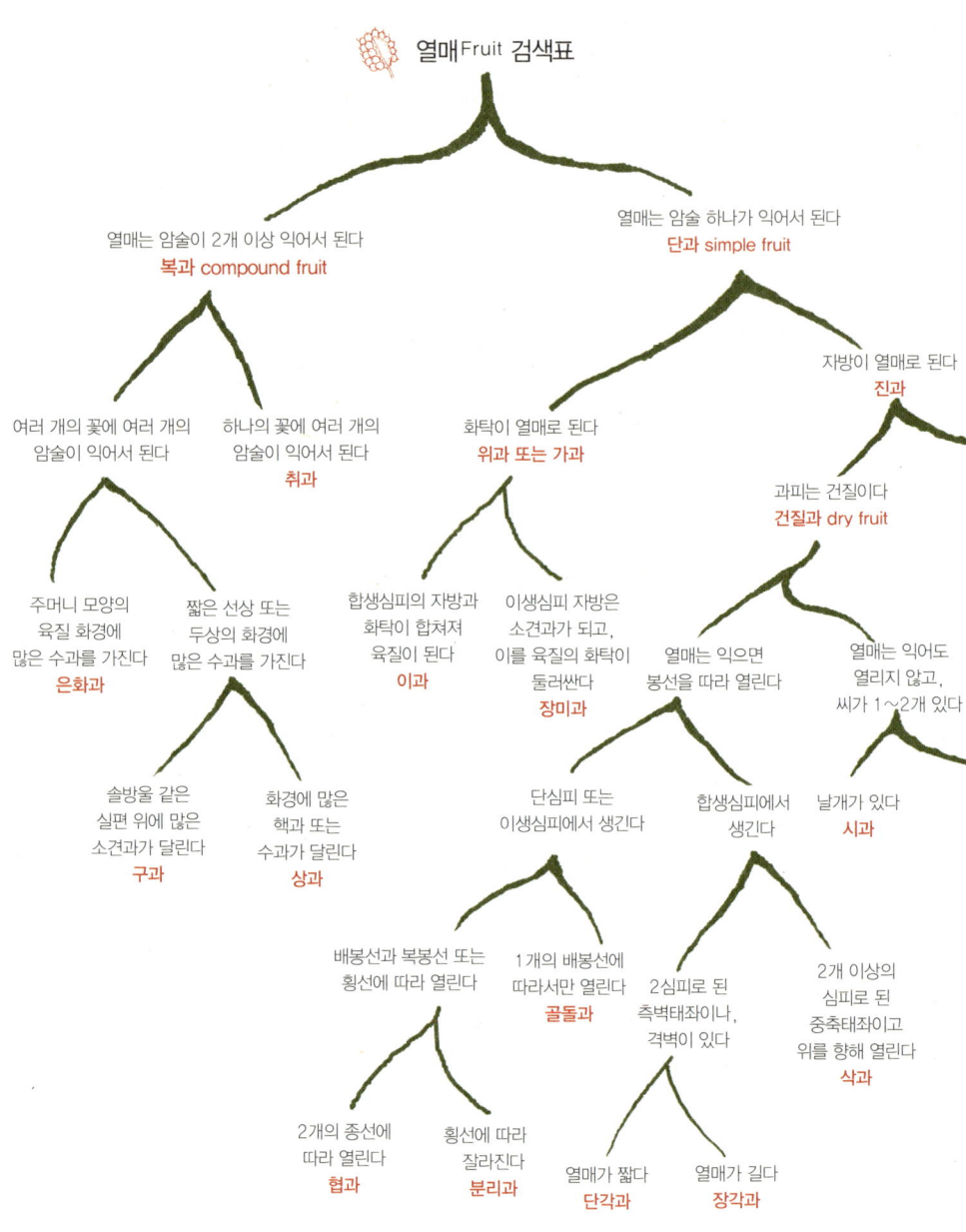

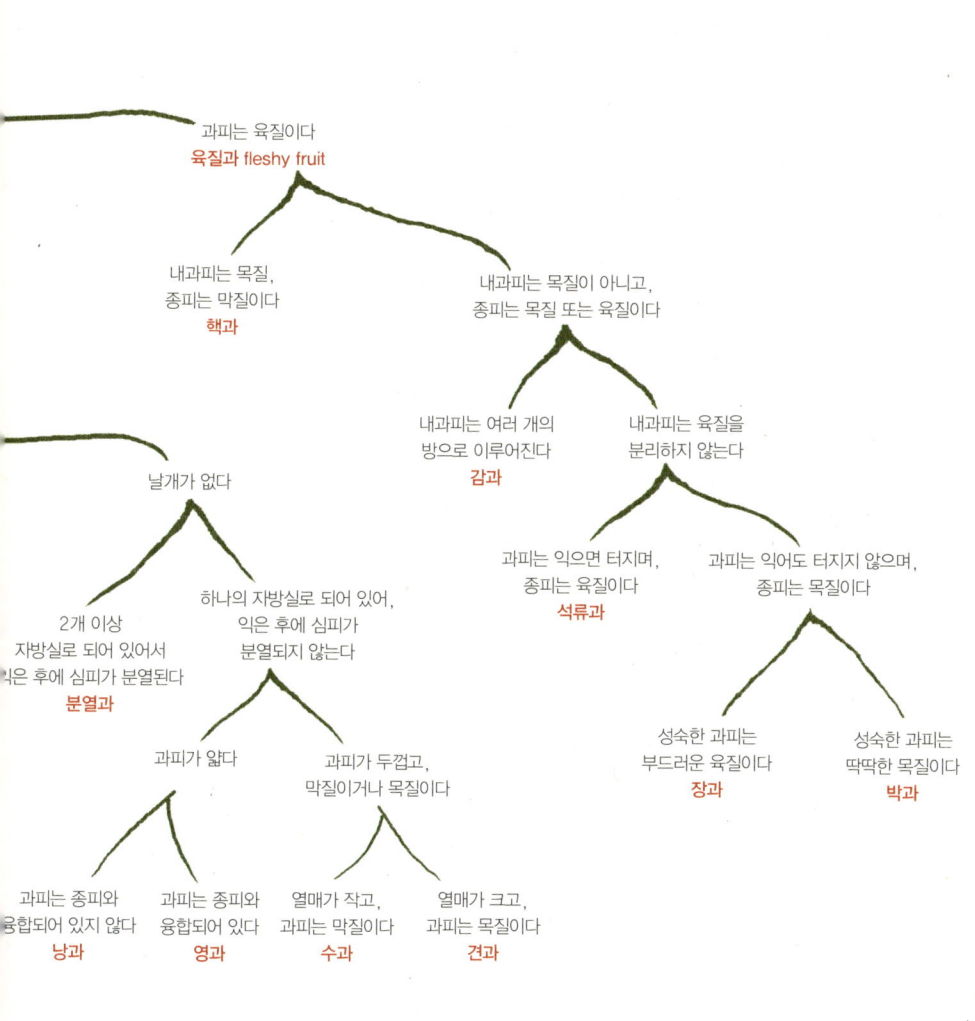

리지 않는다. 다래나무, 정금나무, 포도, 붉은까치밥나무 등이 이에 속한다.

핵과 drupa 액과의 일종으로 중심부에 1개 또는 여러 개의 견고하고 딱딱한 핵이 있는 열매이며, 과피는 열리지 않는다. 팽나무, 층층나무, 감탕나무, 가래나무, 호두나무, 벚나무, 복숭아 등이 있다.

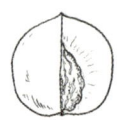

감과 hesperidium 밀감이나 탱자처럼 꽃부리가 서로 떨어져 있는 꽃을 말한다.

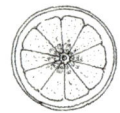

가과 또는 위과 false fruit

이과 열리지 않고, 육질성의 열매이다. 사과나 배와 같은 열매를 말한다.

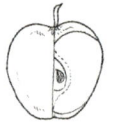

장미과 fructus roseus 화탁이 항아리 모양의 다육질로 된 열매이며, 그 속에 여러 개의 작은 소견과나 수과가 들어 있다. 해당화, 산사나무, 멍석딸기, 장미 등이 대표적이다.

복과 compound fruit

다화과 복과 중 여러 개의 꽃이 모여 그 일부가 다즙질로 된 것을 말한다.

구과cone 자작나무나 오리나무, 굴피나무와 같이 마치 솔방울처럼 모인 포린 위에 2개 이상의 소견과가 달린다. 침엽수의 열매를 구과라고도 한다. 종자를 둘러싼 과피나 껍질이 목질화되어 있다.

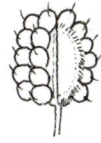
취과etaerio 집합과라고도 한다. 여러 개의 심피가 1개의 열매처럼 되어 있는 것이다. 산딸기속, 미나리아재비속과 같이 화탁 위에 다수의 씨방이 발달한 열매가 모여 전체로서 하나의 과실형을 이룬 것을 말한다.

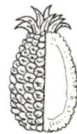
상과sorosis 뽕나무나 버즘나무와 같이 화피는 육질 또는 목질로 서로 붙어 있고, 씨방은 수과 또는 핵과상이다.

뛰어난 전략가들

땅에 뿌리를 내리고 있는 나무들이 일생에 단 한 번 움직이는 때가 있다. 바로 씨앗이 되어 이동하는 때이다. 해마다 한 나무에 수백에서 수만 개씩의 열매들이 열리지만 이들이 모두 다 발아하진 않는다. 어떤 경우 100의 99는 썩어 버리거나 동물의 먹이로 사라지고 한 개만이 살아남는 경우도 있다. 이처럼 냉정한 자연 환경 속에서 나무들이 자신의 분신인 씨앗을 멀리 그리고 건강하게 살아남게 하기 위해 펼치는 전략은 경이로움을 자아낸다.

도대체 왜 식물들은 멀리 이동을 하려는 것일까? 식물의 생식이 성공적으로 이루어지기 위해서는 열매나 씨앗이 자라기에 알맞은 장소로 옮겨지거나 뿌리내릴 수 있는 환경이어야 한다. 만일 열매가 어미나무 바로 아래로 떨어져서 발아한다면 어린나무는 이미 어른이 되어버린 큰 나무와 경쟁을 해야 한다. 그렇게 되면 햇빛이나 물, 기타 영양분 등을 충분히 공급받지 못하게 된다. 다른 곳으로 이동을 할 수 있다면 어미나무 아래에서보다 훨씬 살아남을 확률이 높다.

열매의 주요 기능 가운데 하나는 씨앗이 안전하게 번식에 알맞은 장소로 옮겨지도록 도와주는 것이다. 열매는 바람, 물, 동물 등 자연물들을 다양하게 이용한다. 이렇게 외부 환경을 이용하여 번식하기도 하지만 열매 스스로 산포하는 경우도 있다. 식물의 다채로운 번식 전략이 얼마나 현명하고 또 과학적인지 놀라울 따름이다.

열매들은 다양한 이동 전략을 가지고 있다. 보다 멀리 이동하기 위해 바람을 이용한다거나, 동물을 이용한다.

바람을 이용할 줄 아는 뛰어난 비행사들

바람을 이용하기 위해 종자에 털이 모여 타래를 이루는 사시나무나 버드나무 같은 비행사들이 있는가 하면, 물푸레나무, 단풍나무, 오리나무, 자작나무와 같이 종자에 날개를 발달시켜 마치 비행접시와 같은 모양으로 먼 비행을 계획하는 나무들도 있다. 피나무처럼 날개모양의 긴 포를 달고, 공중을 빙빙 돌면서 이동하는 나무들도 있다. 또 비름과 식물처럼 몸 전체가 바람 따라 굴러가면서 종자를 확산시키는 기관사와 같은 전략을 구사하는 친구도 있다.

목본이 아닌 초본의 경우 민들레나 박주가리, 기타 많은 국화과 식물들도 바람을 이용하는 것들인데 이들은 꽃받침을 변형하여 깃털이나 솜털을 씨앗에 달아 놓아 바람을 잘 탈 수 있게 한다.

이러한 열매들은 바람을 잘 타기 위해 씨앗 이외의 부분이 프로펠러 모양이나 부채 혹은 깃털의 모양을 하고 있다. 씨앗 자체의 무게도 가

볍고 크기도 작아 멀리 이동하는 데 많은 장점을 지니고 있지만, 습기에 민감하여 곰팡이나 버섯균의 침입에 저항하기가 힘들다.

튤립나무나 소나무 등은 비가 오거나 습할 때는 씨앗을 감싼 부분이나 날개조각들이 벌어지지 않고 오므라들어 씨앗이 떨어져 나가거나 유실되는 것을 막는다. 날씨가 좋아지면 다시 벌어져서 날개 달린 씨앗들이 잘 날아갈 수 있도록 건조시킨다.

비 오는 날 솔방울이 입을 꼭 다문 모습을 많이 보았을 것이다. 솔방울을 주워 방안에 두면 다시 벌어진다. 날씨가 좋은 날 씨앗을 말려 바람을 잘 타게 하려는 소나무의 전략이다. 암꽃인 솔방울의 주로 윗부분에 열리는 이유도 자가수분을 피하기 위한 수단이기도 하거니와 씨앗을 빨리 건조시켜 멀리 보내기 위한 전략이다.

민들레 씨앗의 경우 시속 3km 정도의 바람만 불어도 잘 날아간다. 바람 부는 날 창 밖을 유심히 보면 바람에 날려 팽글팽글 돌아가는 가죽나무 열매와 눈이 마주칠지도 모른다.

날개가 있는 종자들은 비교적 먼 거리까지 이동이 가능하다. 각 종자의 크기와 모양에 따라 비행거리 정도가 다르다. 자작나무나 오리나무처럼 종자가 작고 가벼운 것은 비교적 종자가 큰 단풍나무보다 더 먼 거리까지 이동이 가능하다. 가죽나무 종자의 날개는 꽈배기처럼 양쪽이 꼬여 있어서 바람을 더욱 더 효율적으로 이용하면서 멀리 날아간다. 날개가 있는 나무들이 넓은 지역으로 퍼지는 분산화의 성질을 띠고 있다면, 날개가 없는 나무들은 특정한 곳에 집단적으로 생육하는 군집화 현상을 나타낸다.

갑작스러운 이상기온이 발생할 경우, 날개가 있는 나무들은 그렇지 못한 나무들보다 훨씬 먼 거리를 날아갈 수 있기 때문에 살아남는 데 유리하다. 실제로 지난 빙하기 때에 비산능력이 없는 밤이나 도토리 등

찰피나무

의 나무들은 자작나무나 오리나무들보다 이동성이 떨어져서 많이 죽어갔을 뿐 아니라 빙하가 물러가고 비교적 따뜻한 환경이 되었음에도 불구하고 빠르게 복귀되지 않았음을 알 수 있다.

뛰어난 항해사들 물 속이나 물 근처에 자라는 식물들 중 상당수가 냇물이나 바닷물에 의해서 이동한다.

이런 열매는 물에 잘 뜨고 곰팡이나 부식에 대한 저항력을 갖고 있다. 부력을 가질 수 있도록 열매에 통기조직이 발달하거나 열매의 일부에 공기가 들어가 있다. 영화「빠삐용」을 보면 마지막 장면에서 주인공이 코코넛 열매를 자루에 넣어 그걸 뗏목삼아 바다를 건너간다. 이 코코넛 열매의 부력은 섬유질로 된 껍질에 의해 생긴다.

바다가 아니라도 빗물에 의해서 이동하는 씨앗도 많다. 언덕이나 산비탈에 사는 식물들의 열매와 씨는 흐르는 빗물에 의해 다른 장소로 이동할 수 있다. 도토리 열매도 일단 바닥에 떨어졌다가 빗물에 의해 굴러 이동하기도 하고 빗물에 패인 흙바닥 속으로 들어갈 수도 있다. 씨앗의 이동이나 발아에 빗물도 큰 역할을 한다고 할 수 있다.

열매와 동물 동물을 유혹하기 위해 식물이 택하는 방법은 크게 두 가지이다. 하나는 과육의 육질을 맛있고 향기 나게 만드는 것과 또 다른 하나는 색깔을 선명하게 하여 눈에 잘 띄게 하는 것이다.

동물들에게 열매가 먹힐 때 씨앗은 상처 입지 않고 동물의 소화관을 지나 배설되면서 멀리 이동할 수 있다. 소화관을 지나면서 부분적으로는 소화될 수도 있는데 이런 경우 오히려 발아율이 훨씬 높아지기도 한다. 동물들이 먹는 열매 중 가장 잘 발달한 것은 핵과 종류이다. 벚나무, 살구나무, 복숭아 등이 대표적인데, 이 핵과들은 육질 안쪽의 씨앗이 단단하여 동물들이 열매를 먹을 때 씨앗에 상처가 잘 생기지 않아서 안전하게 보호된다. 또한 육질은 맛이 달고 즙이 많아 동물들이 가장 좋아하는 열매들이다.

버찌나 복숭아를 먹을 때 씨앗 주변이 미끌미끌한 것을 경험하였을 것이다. 이것 또한 이빨로부터 씨앗을 보호하기 위한 방법이다. 사과나 배는 씨앗 주변이 좀 더 단단하고 맛이 떫어서 잘 먹지 않게 되므로 역시 씨앗이 보호될 수 있다.

아직 성숙하지 않은 열매는 흔히 식물의 잎과 구분이 잘 가지 않는 녹색을 띠고 있다. 맛 또한 시거나 떫어서 동물들이 먹을 수 없도록 한다. 색깔과 맛뿐만이 아니라 육질도 아주 단단하여 먹지 못한다. 열매들은 익어가면서 육질이 부드러워지고 색깔 또한 밝은 빨간색이나 파란색, 검은색 등으로 변하는데 이러한 작용을 하는 것이 에틸렌ethylene이라는 식물 호르몬이다. 식물 호르몬의 작용으로 열매가 익으면 색깔이 변하여 동물들이 먹을 수 있게 되고 씨앗도 완전히 영글어 멀리 이동할 준비를 마치게 된다.

익은 열매 중 빨간색이 가장 많은데 이것 또한 식물의 전략이다. 숲 속에 아주 많은 개체수가 있는 곤충들은 크기가 작아 씨앗을 멀리 이동하기에 적당하지 않기 때문에 곤충의 눈에 잘 보이지 않는 빨간색으로 열매의 색깔을 만들어 낸 것이다. 하지만 척추동물의 경우에는 빨간색을 좋아하여 열매를 먹고 번식시킬 수 있다. 새들은 특히 빨간색을 좋아하고 멀리서도 잘 본다.

이렇게 동물들에게 먹히는 열매도 있지만 동물의 몸을 이용하는 식물들도 있다. 어떤 열매들은 끈적거리는 점성 물질로 되어 새의 부리나 발에 붙어서 이동한다. 도깨비바늘, 도꼬마리, 가막사리, 우엉, 뱀무 등은 열매 끝부분이 가시나 바늘처럼 생겨서 동물들의 털에 달라붙어 이동할 수 있다. 때로는 새의 깃털에 붙어 수만 리 이동도 가능하다.

주름조개풀 등의 열매는 끈적끈적한 점성 물질이 분비되어 털에 붙거나 사람의 옷에 붙어 이동한다. 도토리나 밤 같은 경우 일부는 다람쥐나 어치의 겨울 식량으로 땅속에 저장되었다가 숨겨 둔 사실을 잊어버린 동물 덕택에 이듬해 발아하는 경우도 있다. 그런 경우 마치 사람이 땅을 파고 심은 효과가 있어 발아율이 좋고 이후 생장하면서도 건강한 개체로 자랄 수 있다.

특이한 방법 중에 하나는 개미를 이용하는 것이다.

씨앗에 단백질알갱이elaiosome라는 특수한 육질성 부속물이 붙어 있어서 개미들이 그것을 먹으려고 집으로 운반해 간다. 단백질 이외에 지방, 전분, 비타민, 당분 등이 함유되어 먹이로 이용하고 나머지 씨앗은 그대로 둔다. 열매는 개미의 턱 힘으로는 깰 수 없을 정도로 단단하다. 애기똥풀, 제비꽃, 금낭화 들이 바로 개미를 이용하는 식물들이다.

종자나 열매는 동물들의 먹이가 됨으로써 다시 태어날 수 있다는 사실을 안다. 나무들이 맛깔스러운 종자나 열매를 내어 줌으로써 자신의 실리를 챙기는 전략을 살펴보자.

물고기는 강이나 계곡에서 자라는 식물의 다육질성 열매와 종자를 퍼트리고, 날아다니는 새들은 나무의 종자를 확산시켜주는 VIP고객이다. 특히 견과나 핵과는 새들의 눈길을 사로잡는 빛깔을 만들어내 유혹을 한다. 새들은 때로 열매를 부리에 물고 날아가거나, 다음에 먹기 위해 땅속에 숨겨 두거나, 먹고 배설을 해서 종자만 다시 외부로 튀어나오게 한다.

새들은 주로 붉은색에 민감하게 반응하기 때문에, 나무들이 맺는 열매의 최종 색깔은 붉은색이 많다. 새들이 찾아 주길 간절히 바라는 나무들은 대개 색깔을 화려하게 만들고, 겉껍질을 과육질로 만들고, 쉽게

앵두 초록빛 잎과 빨간 앵두는 보색이어서 새들이 쉽게 찾을 수 있다.

땅으로 떨어뜨리지 않고 오래 나뭇가지에 매달려 있게 하는 전략을 구사한다.

 포유류들은 지방질이 높은 견과류나 다육질의 열매를 좋아한다. 견과류의 대부분은 각질의 껍질이 딱딱하거나, 다육질의 열매는 중앙에 매우 단단한 핵과의 종자를 가지고 있다. 포유류를 유혹하는 나무들의 열매는 대부분 색깔이 화려하지 않으며, 열매가 익으면 가지에 매달려 있지 않고 땅바닥으로 쉽게 떨어진다. 대부분의 포유류들이 나무를 타고 올라오는 것이 쉽지 않거나 아예 올라오지 못한다는 사실을 나무는 알고 있기 때문이다.

열매의 여행 가산포autochory라고 하여 식물체 스스로 강력한 용수철 작용으로 씨앗을 멀리 보내는 것들이 있다. 봉숭아가 가장 대표적이라

도토리 견과류를 좋아하는 동물들은 새보다는 설치류나 포유류들이다. 새처럼 날 수 없는 그들에게 참나무류들이나 밤나무들은 친절하게 열매를 바닥으로 떨어뜨려 놓는다. 포유류나 설치류들은 색깔보다는 맛에 더 관심이 많다.

고 할 수 있다. 봉숭아의 삭과는 다섯 조각이 붙어 원통을 이루는 모양인데 내부는 3층으로 이루어져 있고 중간층이 팽창조직으로 이루어져 있다. 열매가 성숙하게 되면 이 팽창조직의 세포들은 당을 많이 함유하고 있어서 삼투압이 높아진다. 완전히 열매가 익게 되면 강한 장력상태가 되어 조금만 건드려도 다섯 조각의 외피가 빠르게 감아 올라가게 되어 씨앗들을 2m 정도까지 멀리 보낸다. 조록나무과의 풍년화는 씨앗을 무려 10~15m까지도 보낼 수 있다고 한다.

식물은 진화한다

꽃이 벌이나 나비 등 곤충의 특징에 따라 진화하는 것과 같이 열매들도 번식시켜 주는 매개체들과 연관되게 진화한다. 열매의 가장 중요한 기능은 씨앗을 보호하면서 멀리 이동시키는 것이다. 씨앗을 보호하기 위해서는 아주 단단하게 만들면 되겠지만 이후 발아를 하기에 어려울 수도 있고, 딱딱하게 만들기 위한 에너지 또한 무시할 수 없다. 식물들은 자신에게 가장 알맞은 번식방법을 계속해서 고민하고 발달시켜왔다. 때문에 오늘날 우리가 이처럼 다양한 열매의 모양을 볼 수 있는 것이다.

겨울을 준비하는 가을 숲은 고요한 듯하다. 하지만 동물들은 겨울을 나기 위해 실컷 먹어 두어야 하고 저장을 해두어야 한다. 식물들은 그러한 동물들을 이용하기 위해 부지런히 열매를 성숙시킨다. 가을의 숲은 잔칫집을 연상시킨다.

식물들이 오랜 세월 진화를 거듭하여 만들어 낸 열매, 그리고 그것을 먹으려는 동물들의 분주함이 가을 숲의 전형이다.

9
숲의 사계

인간은 봄, 여름, 가을, 겨울의 계절 변화를 온도의 변화로 파악하는 반면, 나무는 준비기, 생장기, 저장기, 휴지기와 같은 지구의 공전으로 해석한다. 나무는 지구와 태양과의 관계를 바탕으로 빛과 온도를 적당하게 이용하며 살아 간다. 자연환경을 변화시키려 하기보다는 주어진 환경에 자신의 몸을 변화시킨다는 것이 인간과 다른 점이다. 모든 나무는 자신이 환경에 가장 잘 적응할 수 있는 시기를 선택하여 생장하고 꽃을 피워 낸다.

나무의 사계 지상에 살아가는 300만 종의 생물 관리를 과학과 기술의 대명사인 인간의 능력에 의존하기보다는 자연의 능력에 의존하는 것이 훨씬 더 안정적이다.

왜냐하면 인간은 자전과 공전에 의존해서 삶을 영유할 수 있는 자연의 감지력을 이미 상실했기 때문이다. 지나치게 온도의 변화에 민감하게 반응하는 생물로 진화한 인간은 생태계의 관리자로서 적임자가 될 수 없다.

지상에 생물이 살기 시작한 것은 대략 41억 년 전으로, 지금의 지의류나 이끼를 그 시작으로 보고 있다. 식물이 외형적인 모습에 많게 또는 적게 변화를 시도하는 과정에서 수많은 종들이 나타난다. 다양한 식물과 동물들이 지상의 환경변화에 적응할 수 있도록 진화해 왔으며, 거대한 식물인 나무도 등장한다. 그 결과, 변화에 적응하지 못한 식물들은 기록상으로만 남아 있게 되었다. 그들은 과연 왜 사라졌으며, 무엇이 문제였을까?

멸종된 생물들은 계절의 변화로 나타나는 온도 차이에 절대적으로 의존하면서 살아온 것 같다. 극심한 온도의 편차에 적응하지 못한 생물은 위험에 처하게 된다.

오늘날 환경 파괴로 인해 지구의 기온은 불안정하게 되었다. 일정 기온에만 길들여진 사람들은 폭염이나 한파를 견뎌 낼 수 없을 것이다.

적정 온도에서만 생활이 가능한 인간과 달리 식물은 대부분 생존의 판단 기준을 온도에 두지 않는다. 끈질긴 그들의 생명력은 지구의 공전과 자전에 의한 계절의 변화와 밤과 낮의 길이에 매우 착실하게 적응해 온 결과일 것이다.

인간과 유사하게 자전과 공전의 감각을 상실할 수 있는 잠재적 성향을 띤 동물이나 식물들은 멸종이란 현실 앞에 매우 가까이 서 있는 것

초봄 꽃이 모두 노란색이다

풍년화

개나리

생강나무

산수유

봄 꽃이 분홍색, 흰색이다.

벚꽃

진달래

초여름 꽃이 모두 흰색이다.

국수나무

조팝나무

쪽동백나무

인지도 모른다. 대부분의 식물들은 지구의 자전과 공전에 대한 감지력이 대단히 뛰어나다. 바로 그러한 감지력 때문에 나무들은 수억 년 동안 수없는 온도변화에도 불구하고 멸종이란 현실로부터 벗어날 수 있었던 것이다.

낮의 길이가 길어지는 것을 나무는 지베렐린gibberellin이란 식물 호르몬의 도움으로 감지한다. 반대로 낮이 짧아질 때는 엡시스산abscisic acid이란 식물 호르몬으로 감지하여, 생장을 일시적으로 멈추는 반응을 보인다.

나무에게 있어 빛이란 첫째, 나무가 자랄 수 있는 에너지원이며, 둘째 정보를 감지할 수 있는 매체가 된다. 나뭇잎의 엽록소는 빛을 흡수하여 광합성을 통해 에너지를 생산해 내며, 빛이 정보매체 역할을 하는 것은 나무에게 발달된 광색소phytochrome 때문이다. 나무의 광색소는 수없이 많은 아미노산이 펩티드로 결합한 물질이다. 광색소는 주로 식물의 가지 끝이나 겨울눈과 같은 생장점에 주로 자리 잡고 있으면서, 가지를 어느 쪽으로 뻗어야 하는지를 감지하게 된다. 덩굴식물인 칡이나 등과 같은 식물의 덩굴손은 매우 민감한 감지력을 보이고 있다.

나무의 생장형태를 보면 그들이 살아가는 서식지의 요구를 읽어 낼 수 있다. 꽃을 피우는 모양이 종마다 다를 뿐 아니라 꽃을 피우는 시기도 천차만별이다. 우리나라 나무의 개화시기를 살펴보면 주로 4월에서 6월 사이이다. 많은 나무들이 꽃을 피우기 때문에 수분을 하기 위한 다툼도 자연스레 발생한다. 3월이나 늦은 가을에 꽃을 피우는 나무들은 따뜻한 시기보다 환경은 좋지 않지만 일단 적응만 하면 편안하게 살아갈 수 있다는 장점을 선택한다. 그러면 이제 어떤 나무들이 언제 꽃을 피우는지 살펴보자.

계절과 색깔

봄

봄은 준비기이다. 사계절이 뚜렷한 지역의 나무들은 비교적 따뜻한 3월이 다 지나가도 잎을 내밀 생각을 하지 않으며, 땅속의 뿌리도 물을 빨아들일 준비를 하지 않는다. 생장을 하기에는 나무의 줄기 속 물이 이동하는 도관이나 가도관 이외에는 여전히 물이 부족한 상태이긴 하다. 그러나 양분(탄수화물)이 이동하는 뿌리의 사부phloem나 물이 이동하는 목부xylem에서는 이미 전년도에 생산한 물과 양분이 비교적 풍부하게 함유되어 있다.

아직도 양분은 당분(탄수화물)의 형태가 아닌 세포와 세포 사이를 오갈 수 없는 전분(녹말)의 형태로 머물러 있다. 하루 평균온도가 10도 정도가 되면, 비로소 전분은 이동이 가능한 당분으로 변화된다.

나무에게 준비기인 이때에 아직도 앙상한 가지만 있고, 잎이 없는 상태라 뿌리에서 물이 상승하기 어렵다고 생각할지도 모르지만 사실은 그렇지 않다. 잎이 없어도 온도가 상승하게 되면 삼투압의 영향으로 아주 서서히 물이 위쪽으로 전진하기 때문이다. 나무의 준비기는 줄기에 가장 많은 물이나 수액이 함유되어 있는 때이다. 이 시기 나무 수피에 상처를 내면 많은 수액이 흘러나오는 이유가 바로 이 때문이다. 특히 고로쇠나무Acer mono나 자작나무Betula platyphylla var. japonica 또는 당단풍Acer pseudo-sieboldianum과 같은 친구들은 다른 나무들에 비해 이러한 수액의 흐름이 좀 더 빠른 시기에 시작된다. 즉, 준비기나 휴지기에 수액의 이동이 활발하게 일어나는 것이다. 나무의 수액은 약알칼리성을 띠며, 성분은 당분 이외에 아미노산, 각종 유기산과 효소, 비타민 및 무기영양소로 이루어져 있다. 물론 물도 포함되어 있다. 2월이나 3월 중에 당단풍나무나 설탕단풍Acer saccharum이 한철에 생산해 내는 수액의 양은 약 3리터 정도가 된다.

우리나라와 같이 건조한 봄철에 준비기를 맞는 나무들에게서는 건조피해현상이 자주 나타난다. 특히 어린 침엽수의 경우 뿌리가 토양 깊이 발달되어 있지 못하고, 토양에서 충분한 물을 공급받을 만큼의 상황도 되지 못하기 때문에 건조 피해를 입고는 한다. 3월의 강한 빛 때문에 땅 위의 줄기나 가지에서 물에 대한 욕구가 증가하는 것을 충족시켜 주지 못하기 때문이다. 건조 피해가 지속되면 고사라는 최악의 사태로 이행되기도 한다. 침엽수와 달리 어린 활엽수의 경우에는 이러한 위험을 피해갈 수 있다. 어린 활엽수들은 아직 앙상한 가지만 있고, 나뭇잎이 없는 상태이기 때문이다.

점점 빛이 강해지면 나무 내부의 온도가 상승하게 되고, 나무 내부에서 물의 이동이 서서히 시작된다. 목부의 도관이나 가도관에서 사부의 사관세포나 사세포 쪽으로 이동을 하고, 수피의 피목lenticel이나 표피조직세포를 통한 증산의 욕구도 높아지게 된다. 표피로부터 증산이 심해질 경우 나무가 고사하는 위험에 놓이기도 한다. 이러한 시간을 경험한 후에야 나무들은 마침내 잎을 내밀어 활발한 생명활동을 할 수 있는 생장기를 맞이하게 된다.

3월에 꽃을 피우는 나무들은 꽃부터 피우고 난 뒤에 잎을 내는 경향이 있다. 3월에 개화하는 대표적인 나무로는 히어리, 생강나무, 산수유, 개나리, 산개나리, 만리화 등이 있으며, 이들의 공통점은 꽃부터 먼저 피워 낸다는 점과 모두가 노란색 꽃을 피운다는 점이다. 3월 말경부터 피기 시작하는 진달래는 꽃이 모두 지고 난 후에 잎이 돋아나지만, 철쭉과 산철쭉은 꽃과 잎을 동시에 볼 수 있다.

생강나무

　4월은 많은 나무들이 꽃 피우는 계절이다. 벚꽃 축제, 산수유 축제, 개나리 축제, 진달래 축제, 철쭉 축제 등이 활기찬 4월의 분위기를 고조시킨다. 4월의 봄은 노란색과 흰색, 분홍, 보랏빛으로 숲의 아랫부분인 관목에서부터 소교목과 가장 위쪽인 교목 부근으로 꽃이 확산되어 나간다.

　5월에는 물론 다양한 꽃의 색이 나타나지만, 무엇보다도 많은 부분을 차지하는 색깔은 흰색이다. 이팝나무, 고추나무, 국수나무, 조팝나무, 때죽나무, 괴불나무, 병꽃나무 등 많은 나무들이 꽃을 피우는데 대부분 흰꽃을 피운다.

칡꽃

쉬땅나무

여름

여름은 생장기이다. 생장기를 맞은 나무들이 가장 먼저 해야 할 일은 잎을 피워 내고 자신의 키를 높이 자라게 하는 일이다. 나무의 높이생장(수고생장)은 나무의 종류나 나무가 어디에 사느냐 하는 입지의 차이에 따라 크게 달라진다.

빛을 많이 받아야 하는 절박한 상황에 있는 나무들에겐 높이생장이 중요한 과제가 된다. 많은 빛을 받아 건강하게 살기 위한 활동이기도 하지만, 이웃하고 있는 다른 나무들에게 경쟁에서 뒤지는 날이면 죽음에 이를 수밖에 없기 때문이다. 높이생장에서 어린나무의 경우 정아에서 자라는 가지가 측아에서 자라는 가지보다 더 강력하게 높이 자라는 현상을 보인다. 그러나 성목이 되어가면서 그 반대현상을 보이게 된다.

하루 중 나무의 높이생장은 상승하는 온도에 따라 큰 변화를 보이는데, 가장 많이 생장하는 시간은 오후 시간이다. 따뜻한 여름밤에도 온도가 높으면, 나무는 높이생장을 계속하게 된다. 나무의 높이생장은 대개 4월 중순에 시작해서 5월 중순쯤이면 중단하게 된다. 물론 자유생장을 하는 나무일 경우 6월 하순경에 다시 한 번 어린 잎과 가지가 생장하는 것을 볼 수 있다.

부피생장은 수종마다 다르고, 온도와 입지에 따라 큰 차이를 보인다. 부피생장은 높이생장보다 더 긴 시간 동안 진행된다. 4월과 5월에 시작해서 8월 중순이나 9월 중순까지 계속 생장을 보이는 것이 일반적인 것이다. 늦여름이 되면 나무의 부피생장이 급격하게 감소하게 된다. 바로 이 시기에 만들어지는 것이 나이테의 어둡고 검은 선인데, 그것을 추재라 한다. 4월부터 부피생장이 급격히 떨어지기 전까지 만들어진 것이 밝고 넓은 나이테인데, 그것을 춘재라 한다.

5월과 마찬가지로 6월에 꽃을 피우는 나무들도 흰색이 많다. 개쉬땅나무, 쪽동백나무, 개회나무, 때죽나무, 땅비싸리, 참조팝나무, 돈나무, 아까시나무 등이 대표적이다.

개쉬땅나무, 좀작살나무, 작살나무, 꼬리조팝나무, 참싸리, 자귀나무, 왕자귀나무, 산수국, 섬피나무, 왕쥐똥나무, 회화나무, 조록싸리, 칡 등이 7월과 8월에 피는 꽃이다.

가을

가을은 저장기이다. 나무들은 가을이면 추운 겨울을 무사히 나고, 봄의 준비기에 사용할 양분들을 모으는 데 여념이 없다. 저장기에 접어들면, 뿌리를 제외한 모든 나무의 부분은 생장을 멈추고, 겨울 휴지기 동안 견딜 준비를 한다. 생장과 결실을 위해 소모한 에너지를 제외한 양분들을 저장하기 위해 서서히 줄기나 뿌리로 이동을 시킨다.

느릅나무, 단풍나무, 버드나무, 포플러 등은 이미 이른 봄에 열매를 성숙시켰기 때문에, 저장기에 접어들면 줄기나 뿌리로 대부분의 양분을 이동시킨다. 하지만 소나무의 경우는 아직 다른 업무가 남아 있다. 뿌리에서 물과 양분을 얻는 데 물심양면으로 도와준 버섯균인 미코리차mycorrhiza에게 보답하는 일을 게을리하지 않는다.

9월에 피는 꽃은 꼬리조팝나무, 조록싸리, 해안싸리, 흰조팝나무, 참싸리 등이 대표적이며 봄과 여름에 비해 현격하게 적은 나무들이 꽃을 피우는 것을 알 수 있다. 이 계절은 이미 많은 나무들이 종자를 성숙시키는 계절이다.

위 _ 밤나무 숲
아래 _ 가을단풍

겨울

나무에게 겨울은 휴지기이다. 무엇보다도 휴지기는 추위를 견뎌 내야 하는 시련의 시기이다. 최소한의 수분함량을 갖는 것이 추위를 이겨내는 데 많은 도움이 된다. 나무들은 냉해를 방지하기 위한 모든 전략을 구사해야만 다음 해 다시 건강한 생명활동을 계속해 나갈 수 있다. 재미있게도 나무마다 추위를 견디는 능력이 다르다.

물푸레나무Fraxinus, 밤나무Castanea, 참나무류Quercus, 호두나무류Walnus 등은 환공재의 구조를 갖고 있기 때문에 냉해에 민감하게 반응을 한다. 반면 단풍나무류나 관목류 그리고 침엽수들의 목구조는 산공재이거나 가도관(침엽수에서 물을 이동시키는 관으로, 이는 활엽수에도 나타난다)만이 발달되어 있는 관계로 상대적으로 냉해가 심하지 않은 편이다. 추운 겨울을 견디고 나면, 나무는 다시 화려한 생장기를 맞이하게 된다.

잣나무 가지 위에 하얀 겨울이 앉았다.

적지 적수   우리나라에서 자라고 있는 나무들의 모습을 보는 것은 흥미로운 일이다. 추운 곳에서는 침엽수들이, 비교적 따뜻한 온대지역에서는 낙엽활엽수들이, 그리고 일년 내내 영하의 날씨로 내려가는 날이 거의 없는 지역에서는 잎이 두껍고 광택이 나는 상록활엽수들이 번창을 하게 된다. 연평균 온도가 5도 이하인 곳을 한대, 9도인 곳을 온대 그리고 14도 이상인 곳을 난대라 한다.

우리나라는 비교적 온대지역이 넓게 분포하는데 이것은 다시 온대북부, 온대중부 및 온대남부로 나눌 수 있다. 온대북부의 연평균 온도는 6도, 온대중부는 9도, 그리고 온대남부는 13도 이하인 곳으로 경계를 짓는다. 이처럼 나무들이 사는 곳을 수평적, 수직적 온도의 차에 따라 난대림, 온대림(온대남부, 온대중부, 온대북부), 한대림의 5개 대帶로 나누는데, 이것을 삼림대 forestzone라 한다.

연평균 기온이 9도면 온대지역이라 한다. 대략 6~13도에 놓여 있는 지역이다. 우리나라의 약 85%는 온대지역에 속한다.

온대지역 전체를 통틀어 가장 많이 분포하고 있는 나무는 무엇보다도 참나무류들이다. 인간의 간섭을 받지 않거나, 갑작스러운 기후 변화 없이 시간이 흐르면 내음성이 강한 온대지역의 고유 임상인 서어나무나 개서어나무와 같은 숲으로 바뀌겠지만, 산불이 나거나 벌목 등의 개발이 일어날 경우, 종자의 확산 능력이 뛰어난 버드나무, 붉나무, 개암나무, 쥐똥나무, 산초나무, 청미래덩굴이나 개옻나무 등이 대신해서 숲을 이루게 된다. 보다 환경이 나빠지면 참나무류들이 번창을 하게 되고, 더 나빠지면 참나무들이 사라지고 소나무가 많은 숲으로 변해가게 된다. 숲에 소나무가 많이 보인다는 것은 그만큼 숲이 불안정하다는 증거이기도 하다.

한반도 온대림 남쪽부터 살펴보면 가장 많이 그리고 왕성하게 생장하는 대표적 나무로 밤나무, 졸참나무, 물참나무가 있고, 작은키나무로는 때죽나무가 있다. 조금 더 올라와 북부에서는 떡갈나무와 신갈나무가 우점하는 양상을 볼 수 있다. 졸참나무는 비가 적게 오고 건조한 지역에서 생육하는 습성을 보인다. 현재 우리나라에는 참나무류 가운데 천연기념물로 지정된 나무 네 그루가 있다. 참나무류 중에서 가장 오래 살 수 있는 나무는 굴참나무이다.

한대림—전나무, 가문비대

연평균 온도가 5도 이하인 한대림에서 살아가는 고유수종은 분비나무, 전나무, 주목, 잣나무가 대표적인데, 남한에는 고도에 따라서 설악산 1,000m 이상, 지리산 1,300m 이상, 한라산 1,500m 이상을 한대림으로 분류할 수 있다. 한대림에 사는 나무들의 1년 생육기간은 매우 짧다. 대표수종으로는 가문비나무, 분비나무, 잎갈나무, 종비나무, 잣나무, 전나무, 눈잣나무 및 주목 들이 있다. 만일 이들이 환경변화로 훼손을 받으면 박달나무류나 사시나무류, 개암나무 및 참나무류 들이 나타나게 된다. 이들이 다시 피해를 입고 파괴되면 2차적으로 산불에 강한 물참나무나 떡갈나무 숲으로 변한다. 또다시 훼손되면 소나무가 들어오게 되나, 소나무가 지니고 있는 생리적인 한계로 인해 한대림에서는 잎갈나무 숲이 발달하게 된다.

침엽수나 자작나무는 어떻게 추위를 견디며 살 수 있을까? 침엽수와 자작나무류들이 다른 나무들에 비해 추위를 잘 견딜 수 있는 까닭은 많은 지질성분을 생산해 내며, 체내에 함유하고 있는 수분의 양도 적기 때문이다.

온대 북부―비술나무대

온대지역은 사람들이 거주하고 생활하기에 가장 적합한 기후조건을 지니고 있기 때문에, 자연 상태의 임상이 남아 있는 곳을 찾기란 쉽지 않다. 국부적으로 인간의 간섭을 받지 않은 곳을 제외하고는 자연적인 임상이 모두 파괴되었다고 봐야 한다. 온대북부지역의 대표적인 수종으로는 비술나무를 비롯하여 박달나무, 신갈나무, 거제수나무, 시닥나무, 산겨릅나무, 정향나무들이 있으며, 침엽수로는 잣나무, 전나무 및 잎갈나무 등이 나타난다.

온대 중부―서어나무, 졸참나무대

순비기나무, 해당화, 곰솔, 소사나무 등이 주요 자생수목이며, 그 밖에도 중부 북쪽으로는 왕느릅나무, 서어나무, 때죽나무, 참나무류 등이 있으며, 중부 남쪽으로는 왕버들, 서어나무, 개수양버들, 산초나무 등이 있다. 온대 중부지역을 전체적으로 보면 측백나무, 참나무류, 버드나무, 고로쇠나무, 산딸나무, 비술나무, 개나리 등이 있으며, 북쪽으로 갈수록 만리화, 비술나무, 단풍나무 등이 많이 나타난다.

온대 남부―개서어나무대

이 지역에서는 대나무가 자랄 만큼 자연환경이 온화하다. 팥꽃나무, 호랑가시나무, 꽝꽝나무, 미선나무, 이팝나무, 개서어나무, 푸조나무, 감태나무, 이나무, 굴거리나무, 산철쭉, 나도밤나무, 정금나무, 곰솔 등이 자란다.

지역에 적응하고 사는 대표적인 나무들이 다시 그 지역의 자연환경에 영향을 미치고, 그 지역에 살아가는 야생동물들의 서식공간과 존재를 결정짓기도 한다. 만일 기후가 변화해서 전혀 다른 나무들이 나타나면 그곳에서 살아가던 동물들도 큰 변화를 겪게 된다. 뿐만 아니라 그곳에 사는 사람들의 생활양식에도 커다란 영향을 끼칠 수 있다.

산의 계곡 쪽이나 토양이 습한 곳에서는 서어나무뿐 아니라 물푸레나무나 키 작은 갯버들이, 빛이 아주 적게 드는 숲의 아래에는 때죽나무 등이 살아간다. 빛이 잘 드는 숲의 가장자리에는 개나리나 싸리류, 진달래, 산철쭉과 철쭉이 온대지역 숲의 일부분을 차지한다.

자연적인 상태의 온대림을 주로 우점하게 되는 나무는 음수성을 띠고 있는 서어나무와 개서어나무가 대표적이다. 산불이나 인간에 의한 숲의 개간 등으로 환경변화가 일어나면, 내화성과 내한성이 강한 수종인 신갈나무가 점령하게 되고 대체로 오랫동안 숲의 주인으로 군림을 하게 된다.

이렇듯 숲은 끊임없이 변화를 반복하며 살아가고 있다. 이러한 과정을 '숲의 천이'라 하는데, 예상치 못한 환경 변화가 자주 일어나면 숲의 천이과정에는 매우 오랜 기간이 소요될 수 있다. 천이를 한자로 살펴보면 '옮길 천', '옮길 이' 자로 숲이 변해간다는 뜻이다. 숲이 아닌 곳에 나무가 들어와서 숲이 만들어져 가는 것을 뜻하는데, 불안정한 상태의 숲에서 안정된 상태의 숲으로 나아가려는 자연스런 변화과정이다. 이 천이과정의 끝은 극상림climax인데, 극상림에 다다르면 다시 숲이 불안정하게 되어 처음 상태로 되돌아가게 된다. 숲이란 늘 안정된 상태에 머무는 것이 아니라, 항상 변화를 거듭하는, 시작도 끝도 없이 순환하는 속성을 지니고 있다.

난대림—동백나무, 후박나무대

연평균 온도는 14도로 식물들이 성장하기에 매우 좋은 기후조건이기 때문에 여러 종류의 나무들이 서식한다. 난대림의 고유수종으로는 가시나무류, 잣밤나무류, 후박나무 등의 상록활엽수종이 있지만, 산불 등으로 인한 환경 변화가 일어나면 종자 확산력이 강한 예덕나무, 비목나무, 굴피나무 그리고 온대수종인 서어나무가 나타날 수 있다. 숲이 지속적으로 간섭 받거나 훼손되면 굴참나무, 상수리나무, 졸참나무와 같은 온대수종이 점령하게 된다. 숲이 심하게 파괴되면 소나무나 노간주나무가 나타나게 된다.

 울릉도는 비교적 북쪽 온대림군에 속하지만 주로 난대식물들이 자생을 하고 있다. 대표적으로 동백, 일본목련, 감탕나무, 좀굴거리나무, 식나무, 참식나무 등이 자생한다.

온도의 차이에 의한 수목의 분포

한대
잣나무, 전나무, 가문비나무, 분비나무, 잎갈나무, 주목
신갈나무, 황철나무, 음나무, 가래나무, 버드나무류, 자작나무류

온대북부
소나무, 잣나무, 전나무, 잎갈나무
밤나무, 떡갈나무, 졸참나무, 물푸레나무, 벚나무류, 느릅나무류, 단풍류, 황벽나무, 오리나무류, 음나무, 가래나무, 황철나무, 버드나무류, 자작나무류, 피나무류, 싸리류

온대중부
소나무, 향나무, 잣나무, 전나무
상수리나무, 졸참나무, 떡갈나무, 서어나무류, 밤나무, 느티나무, 느릅나무류, 벚나무류, 물푸레나무류, 붉나무, 단풍나무류, 황벽나무, 자작나무류, 오리나무류, 음나무, 황철나무, 때죽나무, 버드나무류, 주엽나무, 닥나무, 대추나무, 피나무류, 산수유, 싸리류

온대남부
소나무, 향나무
상수리나무, 졸참나무, 떡갈나무, 서어나무류, 밤나무, 느티나무, 느릅나무류, 벚나무류, 물푸레나무류, 푸조나무, 동백나무, 노각나무, 때죽나무, 붉나무, 닥나무, 싸리류

난대
소나무, 해송, 비자나무, 개비자나무
가시나무류, 구실잣밤나무, 모밀잣밤나무, 느릅나무, 푸조나무, 후박나무, 동백나무, 졸참나무, 느티나무, 붉나무, 서어나무류, 상수리나무, 검양옻나무, 산닥나무, 삼지닥나무, 닥나무

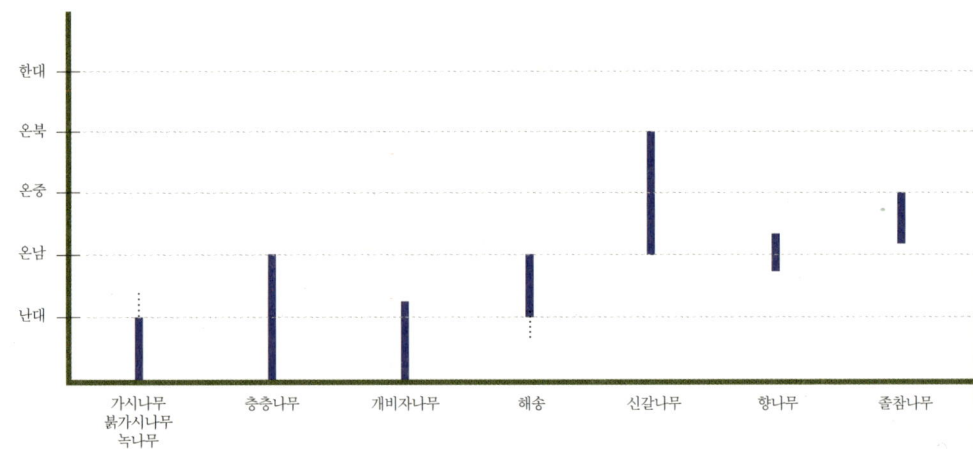

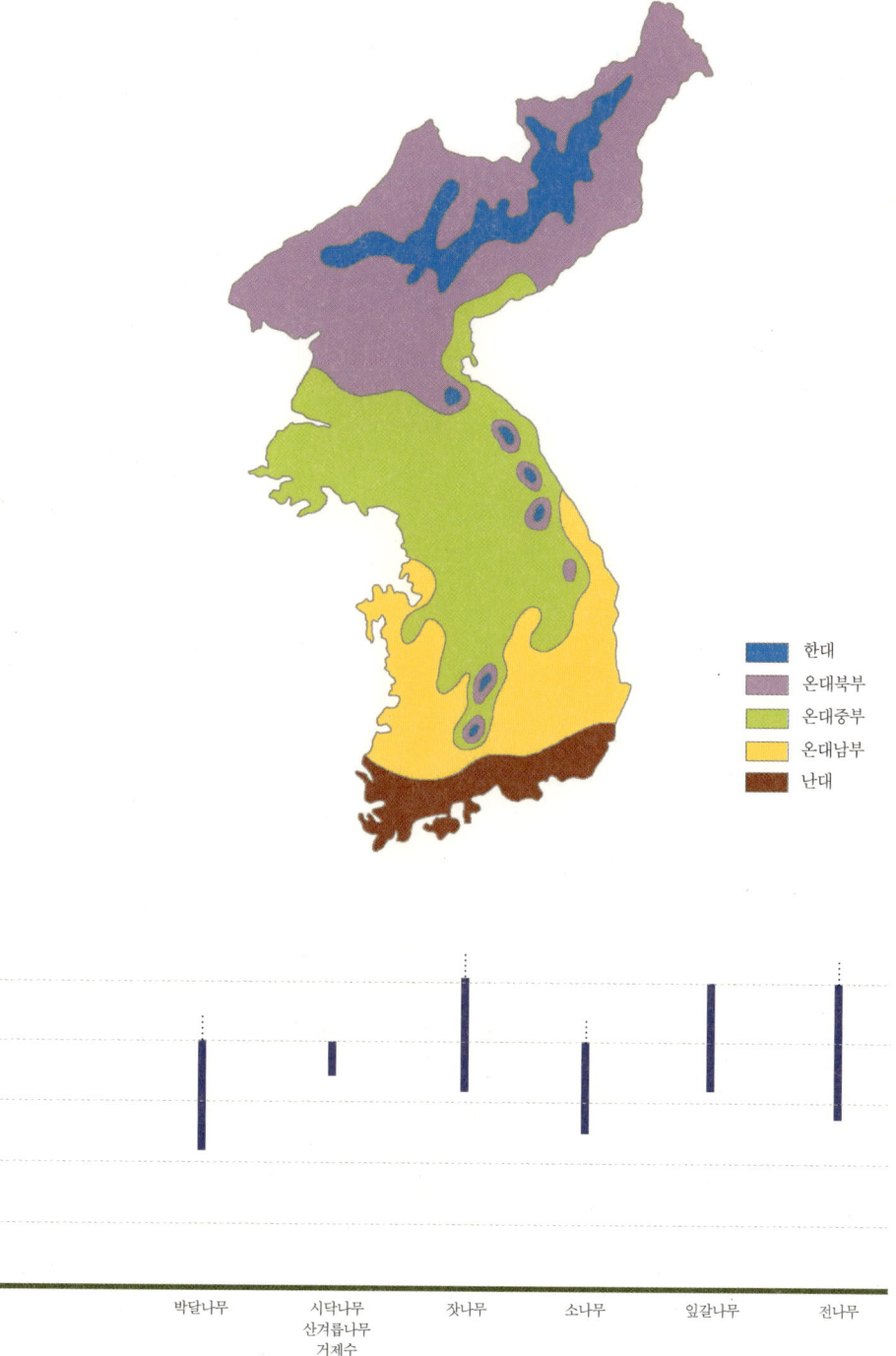

2부
우리 나무 식별하기

생물계는 동물계와 식물계로 나뉜다. 다양한 견해가 있지만, 다수의 분류학자들은 식물계를 6가지의 문으로 나눈다. 그 가운데 박테리아문 Schizophyta, 조류문 Phycophyta, 버섯균문 Mycophyta 및 이끼문 Bryophyta의 4가지를 하등식물이라고 한다(여기에 조류와 버섯균이 공생 관계를 갖고 있는 지의류 Lichens를 추가하기도 하는데, 현재 지상에는 대략 130,000종의 하등식물이 있다).

고사리문 Pteridophyta과 종자식물문 Spermatophyta의 2가지는 고등식물로 분류하는데, 이들을 관속식물 tracheophytes이라고도 한다. 관속식물을 하등식물과 분리하는 기준은 잎과 줄기와 뿌리로 분화된 분명한 3개의 기관으로 발달해 있다는 점이다. 이들 관속식물들이 처음 나타난 때는 석탄기로 보고 있다. 종자식물문은 다시 나자식물아문 Gymnospermae과 피자식물아문 Angiospermae으로 나뉜다.

식물을 분류하는 각 단계의 명칭은 어미를 통일시키고 있다. 동물계와 식물계의 분류 다음 단계인 문에는 어미에 -phyta가 붙는다. 문 다음의 아랫단계인 강에는 -ae가 붙는다. 목에는 -ales, 과에는 -aceae가 붙는다. 현재 '나무'라고 지칭하는 목본식물은 대략 12,000종이 있으며, 그 가운데 1,000여 종이 우리나라에 살고 있다. 침엽수와 활엽수는 아문(Susdivisio)-phytina이라는 단계에서 구분된다. 다음의 계통도를 살펴보자.

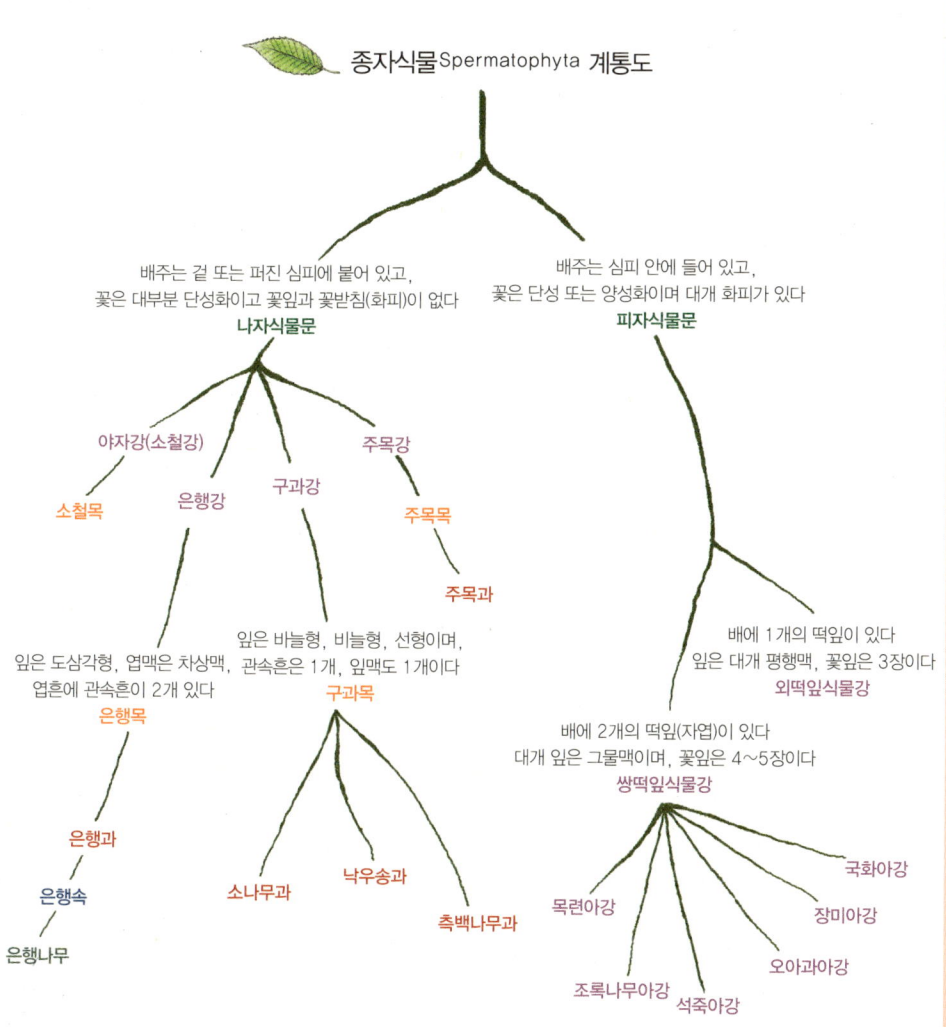

나자식물은 2차 부피생장을 하는 목본식물이며, 암꽃과 수꽃이 따로 자라는 단성화이고, 대체로 바람을 이용해서 수분이 이루어지는 풍매화이다. 장차 열매가 되는 자방이 외부로 노출되어 있기 때문에 나자식물이라고 한다. 현재 지상에는 약 700여 종이 있으며, 우리나라에는 44종 정도가 살고 있다. 나자식물이 번창했던 시기는 쥐라기 때이다. 현재는 많은 수가 멸종되어, 화석으로만 그들의 존재를 확인할 수 있는 것들이 있다.

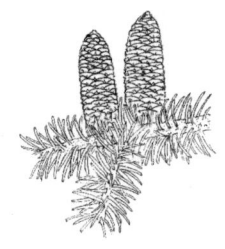

1
솔방울 나무들

구과목 Coniferales
소나무과, 측백나무과, 낙우송과

주목목 Taxales
주목과

은행목 Ginkgoales
은행나무과

우리 주변에서 흔하게 만나는 소나무, 잣나무, 전나무, 잎갈나무 등은
모두 소나무과라는 한 집안에서 내려오는 친척들이다.
이들의 공통점은 구과라는 솔방울이 있고,
구과의 각 실편마다 반드시 2개의 종자가 들어 있다는 점이다.

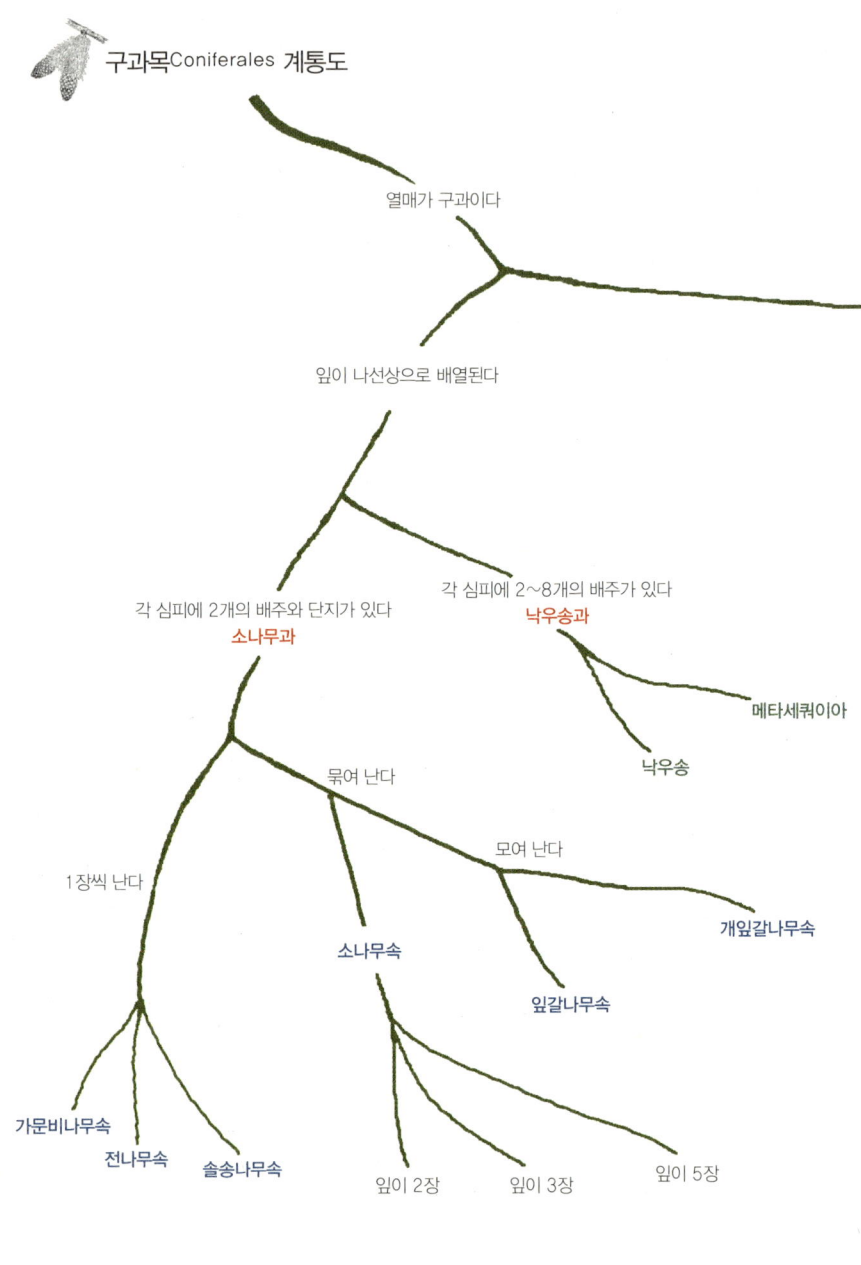

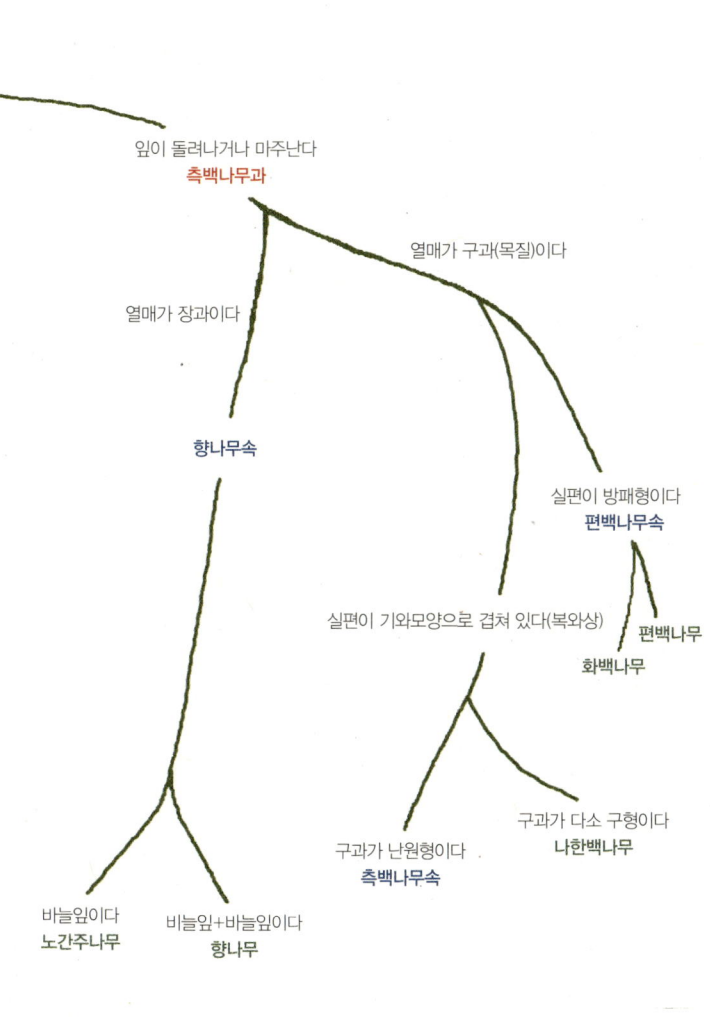

구과목 Coniferales
소나무과, 측백나무과, 낙우송과

구과목 소나무과 Pinaceae
전나무속, 가문비나무속, 잎갈나무속, 소나무속, 개잎갈나무속, 솔송나무속, 미송속

열매가 목질로 되어 있는 솔방울을 맺는다. 잎은 모두가 침형이며, 상록성과 낙엽성의 교목이 있다. 잎이 떨어진 자리에 남는 흔적을 엽흔이라 한다. 엽흔에는 물과 양분이 이동한 통로가 보이는데 이를 관속흔이라 한다. 소나무과의 나무들은 모두가 1개의 관속흔이 있다. 꽃은 암꽃과 수꽃이 한 나무에서 피는 암수한그루이다. 잣나무를 제외한 모든 소나무과의 나무는 종자에 날개가 있다. 우리나라의 자생종은 5속 17종이며, 도입종은 2속 9종이다. 이 중 솔송나무는 우리나라 울릉도에서만 자생하며, 구상나무는 전 세계적으로 우리나라에서만 자생하는 특산수목이다.

우리 주변에서 흔하게 만나는 소나무, 잣나무, 전나무, 잎갈나무 등은 모두 소나무과 Pinaceae라는 한 집안에서 내려오는 친척들이다. 이들의 공통점은 구과라는 솔방울이 있고, 구과의 각 실편마다 반드시 2개의 종자가 들어 있다는 점이다.

전나무 구과

전나무

측백나무과나 낙우송과도 모양은 다르지만 구과의 솔방울이 열린다는 점은 같다. 그러나 구과의 각 실편에 종자가 2개 이상 들어 있다는 점에서 소나무과와 다른 집안으로 분류를 한다. 소나무과는 다시 전나무속, 가문비나무속, 소나무속, 잎갈나무속, 개잎갈나무속 및 솔송나무속으로 분류된다. 먼저 전나무속의 나무를 살펴보자.

전나무속 Abies

전나무는 가지나 잎이 옆으로 퍼져 납작하게 자란다. 마치 음식의 전과 같이 착착 포갤 수 있는 나무란 뜻이다.

전나무에 속하는 모든 나무들은 추운 곳에 적응하여 살아갈 수 있는 자생력을 지니고 있다. 그들이 살아가는 모습을 보려면 높은 고산지대로 떠나야 한다.

우리나라에서 볼 수 있는 전나무속에 속하는 나무들은 구상나무, 전나무, 분비나무 그리고 일본전나무가 전부이다. 이들은 모두 추운 고산지대에서 자생하는 나무이다. 이들은 씨앗이 발아하면 4~10개의 떡잎이 나오는데 서로 비슷해서 구분하기가 쉽지 않다. 전나무속에 속하는 모든 나무는 구과가 하늘을 향해 가지에 앉아 있다. 구과가 성숙하면 통째로 떨어지지 않고, 각각의 실편이 산산조각 흩어지는 것이 이들의 특징이다.

전나무의 잎은 끝이 바늘같이 뾰족하며, 일본전나무의 어린 잎은 끝이 뾰족한 요두모양이었다가 다시 뭉툭해진다. 분비나무의 잎끝은 둥글고, 구상나무의 잎끝은 요두모양이다. 이 중 가장 키가 작은 구상나무는 우리나라에서만 살고 있는 특산수목이다. 다음 항목에 주목하면서 전나무속 나무들의 특징을 살펴보자.

구상나무의 구과(흑구상)

잎의 끝이 뾰족한가? 오목한 요두형인가? 뭉툭한가?
수피가 거칠고 회색빛이 도는 흑갈색인가? 밋밋하고 회백색인가?
구과의 포가 뒤로 젖혀졌는가?

다음의 검색표와 사진을 보며 살펴보자. 같은 번호가 두 개씩 제시되어 있다. 첫 번째 ●에 해당이 안 되면, 그 다음 ●로 가면 된다. 만일 그 첫 번째 ●에 해당된다면, 아래 ●●로 가서 확인하라는 뜻이다.

[전나무속Abies 검색표]
- ● 잎끝이 뾰족하며, 구과는 길이가 10cm 이상이다 ▷ ●●
- ● 잎끝이 오목하다 ▷ ●●●
- ●● 묵은 잎의 끝은 뭉툭하고 새로운 가지의 잎끝은 뾰족하게 갈라지며,

　　　　잎 뒷면은 연한 초록색이다 **일본전나무**
● ● 　잎끝이 뾰족하다 **전나무**
● ● ● 　과지의 잎은 길이가 14mm 이하이고, 포의 끝이 뒤로 젖혀진다 **구상나무**
● ● ● 　과지의 잎은 길이가 15mm 정도이며, 포의 끝은 뒤로 젖혀지지 않는다 **분비나무**

구상나무는 한라산 해발 1,500m 이상에 다다르면 자연 상태의 모습을 볼 수 있다. 대략 축구장 서른 개가 넘는 넓은 면적에 여기저기 구상나무들이 자생하고 있다. 자연적, 인위적 피해로 많은 부분 사라졌지만, 한라산 분화구 서쪽 부근에서는 아직까지 건강한 상태의 구상나무 숲을 만날 수 있다.

구상나무는 이름에서 알 수 있듯이 솔방울(구과)이 구형처럼 생겼다 해서 구상이란 이름을 얻게 되었다. 그 구과의 색깔에 따라 푸른구상, 붉은구상 및 흑구상이라 부르는 3개의 품종이 있다. 한라산 높은 지역에서는 기후조건이 좋지 않아 다른 종들은 잘 나타나지 않는다. 구상나무가 태풍 등의 피해로 죽고 나면 그 주변에서는 여지없이 키 작은 진달래들이 나타난다. 구상나무는 서구에서 크리스마스 나무로 각광을 받고 있으며, 그 자태가 너무나 아름다워 관상수로도 애용되고 있다.

가문비나무속 Picea

독일가문비나무는 잎의 단면이 사각에 가깝고, 겨울눈 주변에는 수지가 없는 것이 특징이다. 구과의 길이가 대략 10~15cm 정도이며, 실편은 사각모양의 난형이고, 실편의 끝부분에는 다소 톱니가 발달해 있거나 요두형으로 나타난다.

가문비나무의 특징은 무엇보다도 잎의 단면이 렌즈모양을 하고 있으며, 잎의 표면에 기공조선이

독일가문비나무 구과

독일가문비나무 수꽃

발달되어 있다는 점이다. 가문비나무는 소지에 털이 없고, 엽침이 있다. 겨울눈은 원추형이며, 수지가 발달해 있다. 부식토가 잘 발달하고 습기가 있는 지역을 선호하며, 전나무나 분비나무에 비해 더 응달에 잘 견디는 강한 내음성을 지니고 있다.

종비나무는 잎의 횡단면이 사각 모양이며, 암홍색 겨울눈에 수지가 있고, 실편의 끝부분이 둥글게 발달해 있다. 종비나무의 가지는 대체로 짧고 수평 또는 약간 아래로 처지는 모습을 하고 있다. 적갈색 또는 황갈색의 윤택이 있으나 털은 없다. 겨울눈에도 털이 없으며, 수지가 약간 있다. 침엽은 굽어 있다.

가문비나무나 종비나무는 아주 추운 곳에서 잘 살아남는 대표적인 나무들이다.

고향이 함경남도 풍산인 풍산가문비나무는 과지에 털이 없고, 연한 황갈색 또는 황록색을 띤다. 황갈색 겨울눈에 털이 없으며, 수지가 약간 묻어 있다. 잎은 약간 휘는데 어린가지에 발달해 있는 잎은 사각형이다. 풍산가문비나무의 구과는 실편의 끝부분이 다소 뾰족한 것이 종비나무와 다르다.

[가문비나무속 Picea 검색표]

- ● 잎의 횡단면은 렌즈 모양이며, 겨울눈의 끝이 뭉툭하다 **가문비나무**
- ● 잎의 횡단면은 거의 사각형이다 ▷ ● ●
- ● ● 구과의 길이는 10~15cm이다 **독일가문비나무**
- ● ● 구과의 길이는 8cm 이하이다 ▷ ● ● ●
- ● ● ● 겨울눈은 황갈색이고, 실편은 끝이 다소 뾰족한 편이며, 과지의 잎은 약 20mm 내외이다 **풍산가문비나무**
- ● ● ● 겨울눈은 암홍색이고, 실편은 끝이 둥글며, 과지의 잎은 10~12mm이다 **종비나무**

소나무속 Pinus

'솔' 또는 '솔나무'라 부르던 것을 '소나무'로 부르게 되었다. 학명 Pinus는 '산에 사는' 또는 '송진이 많이 나오는 나무'란 뜻이다. 우리가 흔히 알고 있는 소나무속에 속하는 나무는 대개 소나무, 리기다소나무, 그리고 잣나무 정도이다. 그러나 소나무의 종류는 의외로 많다. 또 우리와 오랫동안 친숙하게 살아와서 다양한 이명을 갖고 있다.

수피가 붉다고 적송이라고 부르는 소나무는 육지에 산다고 육송이라고도 한다. 곰솔은 수피가 어두워서 흑송이라고도 하고 대체로 바닷가에서 자란다고 해송이라고도 한다. 곰솔은 온대 중부지역과 온대 남

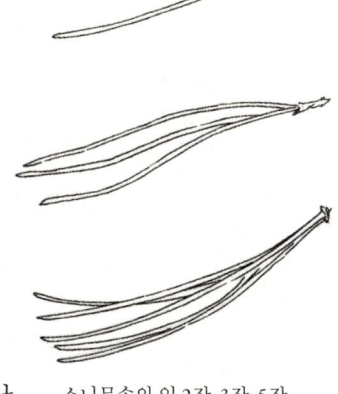

소나무속의 잎 2장, 3장, 5장

1 솔방울 나무들 217

백송

부지역의 해안가에서 주로 만날 수 있다. 우리가 잘 아는 잣나무도 소나무속에 속한다. 잣나무는 속이 붉어 홍송이라고도 부른다.

소나무의 솔방울을 보면 대략 언제 생긴 것인지 짐작할 수 있다. 솔방울 색이 밝은 것은 작년에 만들어진 것이며, 검은색으로 보이는 것은 재작년에, 그리고 아주 조그만 것은 올해 갓 나온 솔방울이다. 솔방울은 대개 두 개씩 매달려 있는데, 서로 마주보고 있는 각도가 45도 정도된다. 적합한 온도를 조절하기 위한 소나무의 지혜이다.

그 밖에도 소나무 종류가 또 있다. 우선 잎이 3장인 친구와 2장인 친구를 살펴보자.

잎이 3장인 소나무로는 리기다소나무, 테에다소나무, 왕솔이 있다. 잎의 길이가 7~13cm 정도이면 리기다소나무, 15cm~23cm 정도이면 테에다소나무, 20~45cm 정도이면 왕솔이다.

잎이 2장인 소나무에는 방크스소나무, 구주소나무, 풍겐스소나무, 곰솔, 소나무, 중곰솔(춘양목)이 있다. 그 중에 잎의 길이가 8cm 이하인 것들로 방크스소나무, 구주소나무, 풍겐스소나무가 있고, 9cm 이상 자라는 것들로 소나무, 곰솔, 중곰솔, 만주곰솔이 있다.

잎이 가장 짧은 방크스소나무는 2~4cm의 잎이 비틀려 있다. 솔방울도 불과 3~5cm 정도로 작다.

유럽에서 온 구주소나무는 잎이 4~8cm 정도로, 약간 비틀린다. 솔방울은 잎의 길이와 비슷하지만 비틀리지 않는다.

풍겐스소나무는 잎의 길이가 대략 6~7cm이며, 비틀려 자란다. 솔방울의 실편에 가시가 발달되어 있다는 점에서 구주소나무와 구별이 된다.

곰솔은 겨울눈이 백색이며, 잎이 바늘처럼 억세다.

소나무는 겨울눈이 적갈색이며, 잎은 곰솔처럼 억세지 않다.

중곰솔은 소나무와 곰솔 사이에 태어난 자연잡종이다. 겨울눈은 회갈색으로 엄마 소나무를 닮았지만, 억센 잎은 곰솔인 아빠를 닮았다.
자, 이제 소나무 종류를 만나면 아래 검색표의 도움으로 식별해 보자.

[소나무류Pinus 검색표]

- ● 잎이 3개씩 달린다 ▷ ●●
- ● 잎이 2개씩 달린다 ▷ ◆
- ●● 수피가 초록색과 연노란색의 얼룩덜룩한 모양이다 **백송**
- ●● 수피는 흑갈색 또는 갈색이다 ▷ ●●●
- ●●● 잎의 평균 길이는 8cm이며, 실편 조각에 있는 가시가 끝까지 남아 있다 **리기다소나무**
- ●●● 잎의 길이는 15cm 이상이다 ▷ ●●●●
- ●●●● 잎의 길이는 15~23cm이다 **테에다소나무**
- ●●●● 잎의 길이는 20~45cm이다 **왕솔나무**
- ◆ 잎의 길이는 7cm 이하이다 ▷ ◆●
- ◆ 잎의 길이는 7cm 이상이다 ▷ ◆●●
- ◆● 실편에는 가시가 없거나 작은 가시가 있다 ▷ ◆●●
- ◆● 실편에는 갈고리 같은 억센 가시가 있고, 잎은 길이가 6.5cm 이하이며 침엽이 비틀려 있다. 구과는 난형이며, 길이가 5~9cm이다 **풍겐스소나무**
- ◆●● 잎은 길이가 2~4cm로서 비틀려서 벌어지고, 구과는 길이가 3~5cm이고 구부러졌으며, 실편은 밋밋하다 **방크스소나무**
- ◆●● 잎의 길이가 7cm 이하이고, 약간 비틀렸으며, 구과와 잎의 길이는 비슷하다 **구주소나무**
- ◆●●● 겨울눈은 흰색이고, 침엽의 너비는 1mm 이하이며, 매우 거칠다 **곰솔**
- ◆●●●● 겨울눈은 적갈색이고, 침엽의 너비는 1.5mm 이상이다 **소나무**

잣나무 수피

스트로브잣나무 수피

섬잣나무 수꽃   섬잣나무 암꽃

잣나무와 스트로브잣나무

잣나무를 부르는 이름도 참 많다. 내부 심재가 붉다고 홍송, 잎이 5장이라고 오엽송, 열매가 크다고 해서 과송 등으로 불린다.

잣나무는 약간 그늘진 곳에서 잘 자라는 반음수성 또는 중성수의 성격을 띠고 있다. 잣나무 잎은 길이 6~14cm로, 5개씩 모여 나고, 회갈색으로 부드럽다. 꽃은 5월에 피기 시작하여, 열매는 다음해 10월경에 익으며, 11월경이 되면 저절로 떨어지는 것이 보통이다. 잣은 수령 20년 정도가 되어야 달리며 잣나무의 자연 수명은 대략 300년에서 500년 정도이다.

우리가 흔히 만나는 잣나무숲은 모두 인공림이다. 잣나무는 자연 상태에서는 순림을 형성하기 어려운 특성을 지니고 있다. 종자가 크고 맛난 잣은 다람쥐나 청서 등 많은 야생동물들이 매우 즐겨 먹는 에너지원이기 때문이다. 또 종자가 크기 때문에 쉽게 이동하기가 어렵다.

스트로브잣나무는 잎에 흰빛이 돌고, 잣이 열리지 않으며, 씨앗에는 날개가 달려 있다. 또, 스트로브잣나무의 수피는 매끈하지만, 잣나무의 수피는 거칠고 소나무처럼 조각이 벌어지면서 일어난다. 잣나무 종류들을 정리해 보자.

일본잎갈나무(낙엽송) 숲

종자에 날개가 있다	→	섬잣나무, 스트로브잣나무
종자에 날개가 없다	→	잣나무, 눈잣나무, 백송
침엽의 길이가 6cm 이하이다	→	눈잣나무, 섬잣나무
침엽의 길이가 7cm 이상이다	→	스트로브잣나무, 잣나무

[잣나무류Pinus 검색표]
- ● 종자에 날개가 없다 ▷ ● ●
- ● 종자에 날개가 있다 ▷ ● ● ●
- ● ● 잎의 길이가 6~14cm이고, 구과의 길이는 12~14cm이며 교목이다 **잣나무**
- ● ● 잎의 길이가 3~6cm이고, 구과의 길이는 잎의 길이보다 짧고, 관목이다 **눈잣나무**
- ● ● ● 잎의 길이가 6cm 이하이고, 구과의 길이는 잎의 길이보다 길고, 굽지 않는다 **섬잣나무**
- ● ● ● 잎의 길이가 대략 5~14cm이고, 잎과 가지는 잘 휘어지며, 구과의 길이는 9~20cm로 굽는다 **스트로브잣나무**

잎갈나무속Larix

'잎갈나무'란 이름은 잎이 바늘모양으로 갈라져서, 또는 잎이 가을이면 떨어지고 봄에 새롭게 간다고 해서 붙여진 이름이다. 학명Larix는 '풍부한'이란 뜻이다. 수지가 풍부하다는 말로 해석된다.

잎갈나무도 추운 곳에서 자란다. 잎갈나무속에는 흔히 이야기하는 잎갈나무와 일본이 고향인 일본잎갈나무 두 종류가 있다. 이들의 공통점은 여러 개의 침엽이 뭉쳐난다는 점이다.

잎갈나무속에 속하지 않지만, 잎이 뭉쳐나는 종으로 히말라야시다가 있는데, 이는 겨울에도 잎이 푸르다는 점이 다르다. 잎갈나무와 비슷하다 해서 개잎갈나무라고도 한다.

일본잎갈나무를 달리 낙엽송이라고도 한다. 긴 가지에 있는 여러 개의 짧은 단지에 침엽들이 무더기로 뭉쳐나는 특징을 지니고 있다. 강한 양수성을 띠며, 빨리 자라는 속성을 지니고 있다. 토양에 수분이 충분하고,

일본잎갈나무의 새순

비옥한 환경을 선호한다. 각 실편에 2개의 종자가 들어 있는데, 종자보다 두 배 정도 큰 날개를 달고 있다. 잎갈나무와 일본잎갈나무는 비슷하지만 차이점이 있다. 잎갈나무의 구과(열매)는 일본잎갈나무보다 실편의 수가 적고, 실편의 조각들이 뒤로 뒤집어지지 않는다는 특징이 있다.

그 밖에도 잎갈나무의 잎 뒷면에는 기공조선이 뚜렷한 반면, 일본잎갈나무의 잎에는 뚜렷하지 않다는 특징도 있다. 잎은 잎갈나무가 일본잎갈나무보다 빨리 떨어지고, 이른 봄에 더 일찍 돋아난다. 날개가 달린 종자는 일본잎갈나무가 잎갈나무의 종자보다 약 2배 가량 크다. 잎갈나무의 평균수명은 200~300년 정도인데, 오래 사는 개체는 500년까지도 살 수 있다. 백두산 높은 지대나 능선에서 자라며, 종자의 결실은 15년이 지나서야 가능하다.

[잎갈나무속Larix 검색표]
- 실편의 끝은 가지런하고, 실편의 수는 25~40개이다 **잎갈나무**
- 실편의 끝은 뒤집어지기도 하고, 실편의 수는 50~60개이다 **일본잎갈나무**

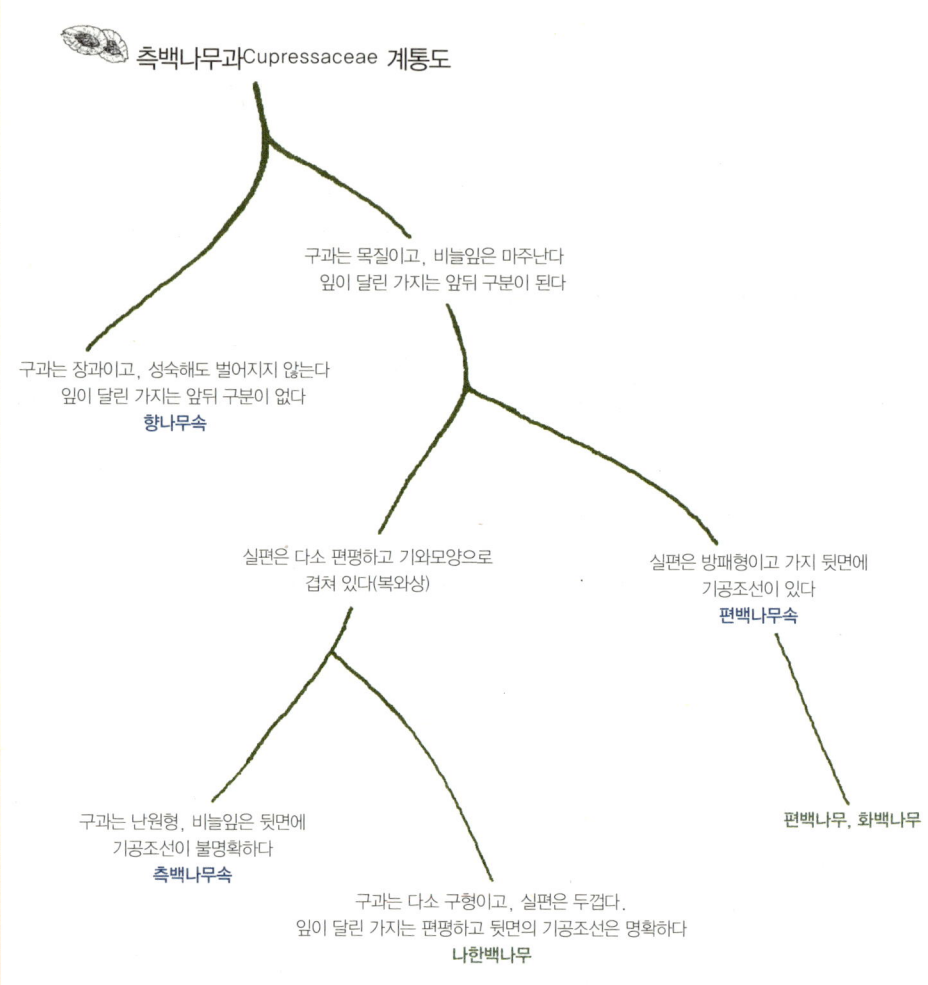

구과목 측백나무과 Cupressaceae
측백나무속, 향나무속, 편백나무속

모두가 상록성이며, 교목과 관목으로 자란다. 잎은 비늘형이며, 암수한그루의 꽃으로 나타난다. 목질화되어 있는 둥근 구과 속에 발달된 종자들은 날개가 있는 것도 있고 없는 것도 있다. 측백나무과에는 측백나무속, 편백나무속, 향나무속 및 단일종으로 나한백이 있다. 우리나라에 자생하는 것은 향나무와 측백나무, 눈측백나무이며, 나머지는 외국에서 도입된 나무들이다. 잎은 비늘잎이거나 또는 바늘잎도 있다는 특징이 있다. 열매는 구과 모양이며, 익으면 갈라지거나, 갈라지지 않는 것도 있다.

측백나무속 Thuja

측백나무 중 가장 높은 곳에서 자라는 나무가 눈측백이다. 눈측백나무는 누워서 자란다고 누운측백, 즉 눈측백이라 한다. 설악산 고산지대에서 자라는 우리나라에 고유한 특산수목이다. 바람이 많이 부는 곳에서 살다보니 누워서 자라게 되었고, 누운측백이 눈측백으로 불리게 되었다. 눈측백나무를 찝빵나무라고도 한다. 온대 중부지방으로 내려오면서 만날 수 있는 나무가 측백나무이며, 서양측백나무는 말 그대로 외국에서 도입된 나무로 집 주변이나 공원에서 종종 만날 수 있는 나무이다.

우리나라의 천연기념물 제1호가 대구 도동에 있는 측백나무림이다. 그 밖에도 영양군 감천동, 충북 단양군 매포면 영천리에도 측백나무림이 천연기념물로 지정되어 있다. 이들 측백나무림은 야생 상태로 남아있어 생태적 가치가 매우 높다. 측백나무는 실편이 두껍고, 종자에 날개가 없으며, 가지는 수직으로 자란다. 눈측백나무는 가지가 수평으로

측백나무 잎

측백나무 구과

자라고, 종자에 날개가 있다. 실편은 얇은 편이
고, 잎 뒷면은 흰 가루로 덮여서 뚜렷하게 흰빛을
띤다. 서양측백나무는 잎이 큰 가지에서 서로 떨
어져서 달려 있으며, 눈측백나무처럼 종자에 날
개가 있다. 잎끝은 아플 정도로 단단하고 뾰족하
다. 잎의 뒷면은 연한 황색이거나 회청색이다.

측백나무 종자

서양측백나무 종자

　주로 중부 이북 높은 산에서 자라는 눈측백나무는 주목, 가문비나무, 분비나무보다는 아래에 자라지만, 잣나무나 전나무보다는 위쪽에서 자란다. 눈측백나무는 아주 느리게 자라는 나무이다. 내음성이 강해서 웬만한 응달은 견디며 살 수 있으나, 그 생장 정도는 200년을 자라도 지름이 불과 20cm 정도밖에 되지 않는다. 약 20년이 지나서야 첫 번째 종자를 맺을 수 있다. 종자도 매년 많이 맺는 게 아니라 해갈이가 심하다.

[측백나무속 Thuja 검색표]
- ● 가지는 수직으로 자라고, 잎은 아래 위 색깔이 같으며, 열매는 난형이고,
  실편은 6개의 뿔 같은 돌기가 나 있으며, 종자에 날개가 없다 **측백나무**
- ● 가지는 사방으로 퍼지며, 열매는 긴 타원형이고, 종자에 날개가 있다 ▷●●
  - ●● 열매는 긴 타원형으로, 위쪽은 까칠하고 짙은 초록이며,
    아래는 연초록이다 **서양측백나무**
  - ●● 열매는 타원형이며, 잎의 뒷면은 분백색이다 **눈측백나무**

향나무속 Juniperus

　향나무의 특징은 침엽(바늘잎)과 인엽(비늘잎)이 함께 발달하는 것이다. 향나무의 어린가지에는 날카로운 잎이 달려 있지만 점차 부드러운 잎이 달린다. 향나무 잎은 2개씩 마주나거나 3개씩 돌려나며 가지가 보이지 않을 정도로 밀생한다. 향나무의 꽃은 어린가지의 끝이나 잎

향나무 바늘잎과 비늘잎

의 겨드랑이에서 핀다. 한 그루에 암꽃과 수꽃이 함께 피는 일가화가 나타나는 경우도 있고, 각각 다른 나무에 피는 이가화로 나타나기도 하는 것이 향나무의 전형적인 특징이다.

검은 자줏빛 또는 적자색을 띠는 열매는 둥글며, 익어도 벌어지지 않고, 겨우내 매달려 있다. 열매 안에는 1~6개의 종자가 들어 있으며, 환경에 따라 1~3년 정도가 지나야 비로소 익는다.

어린가지는 사각형을 하고 있으며 녹색을 띠다, 3년쯤 지나면 검은 갈색으로 변한다.

향나무와 비슷한 노간주나무의 잎은 침엽뿐이며, 3개씩 돌려난다. 겨울눈은 뚜렷하고, 꽃은 잎의 겨드랑이에서 핀다. 노간주나무의 원줄기는 곧게 자라는 반면, 원줄기가 옆으로 자라면서 뿌리가 발생하는 갯노간주나무가 있다. 줄기가 옆으로 자라지만 뿌리를 내리지 않는 해변노간주나무도 있다. 또 해변노간주나무와 비슷하지만, 잎의 길이가 4~8mm이고, 열매의 크기는 지름이 5mm 정도로 매우 작은 곱향나무도 있다. 곱향나무는 백두산에서만 자생지를 볼 수 있다. 함경도에서는 단천향나무가 자란다.

[향나무속 Juniperus 검색표]

- ● 바늘잎만 있다 ▷ ● ●
- ● 바늘잎 또는 비늘잎이 함께 있다 ▷ ● ● ●
  - ● ● 3개의 바늘잎은 가지에서 직각으로 돌려나며, 꽃은 겨드랑이(액생)에서 피고, 옆으로 비스듬히 자란다 **해변노간주나무**
  - ● ● 3개의 바늘잎은 가지에서 직각으로 돌려나며, 꽃은 겨드랑이에 피고, 곧게 자란다 **노간주나무**
- ● ● ● 꽃은 비늘잎이 있는 끝(정생)에서 피고, 줄기는 곧다 ▷ ● ● ● ●

향나무 수꽃

- ●●● 꽃은 비늘잎이 있는 끝(정생)에서 피고,
  줄기는 옆으로 자라거나 비스듬히 자란다 ▷◆
- ●●●● 비늘잎은 십자마주나기이고, 바늘잎은 3개씩(가끔 2개) 돌려나며,
  길이가 8~12mm이고, 구과는 지름이 12mm로 2년에 익는다 **향나무**
- ●●● 바늘잎의 너비는 1mm 이하로 가늘며 약간 4각이고, 길이가 5~6mm이며,
  마주나기를 하나, 잎이 뭉쳐 있는 곳에서는 돌려나기도 하며, 구과는 4~6mm로
  1년에 익고, 수형은 가늘고 길게 자라거나 원추모양이다 **연필향나무**
  - ◆ 줄기는 비스듬히 자라며, 대개 60cm 이상 올라오지 않는다 **눈향나무**
  - ◆ 줄기는 옆으로 자란다 ▷◆◆
    - ◆ 잎은 길이가 5~7mm 이하이고, 안으로 굽었고 6줄로 배열된다 **섬향나무**
    - ◆ 잎은 길이가 4~5mm 이하이고, 가지와 직각이며 4줄로 배열된다 **단천향나무**

편백나무속 Chamaecyparis

편백나무속의 나무는 '마치 삼나무를 닮았지만, 열매가 작다'는 라틴명의 의미를 갖는다. '작다'란 뜻의 차마이^{Chamai}와 '삼나무류'란 뜻의 키파리소스^{cyparissos}의 합성어이다. 측백나무와 마찬가지로 잎들이 모여서 마치 비늘처럼 보인다 해서 비늘잎나무라고도 한다. 그 작은 비늘 하나가 나뭇잎 한 장이라 생각하면 된다. 대체로 추운 곳에서 살아가야 하기 때문에 잎의 면적을 가급적이면 작게 만든다. 다닥다닥 붙어 있는 것도 추위에 잘 견디기 위한 것이다. 이러한 특징은 비늘잎을 가지고 있는 나무들의 생존전략인 셈이다.

편백나무나 화백나무는 측백나무와는 확연히 다르다. 일단 잎의 뒷면을 보는 것이 확실하다. 측백나무는 잎의 뒷면이 연초록빛에 약간의 흰 분말이 묻어 있다. 화백나무의 잎 뒷면은 뚜렷한 X자 또는 나비 모양의 흰 선이 나타나 있으며, 편백나무는 Y자 모양의 흰 선을 관찰할 수 있다.

[편백나무속 Chamaecyparis 검색표]
- ● 잎끝이 둔하고 가지 가까이에 붙어 있으며,
  잎의 뒷면에 Y자 모양의 흰 선이 나타난다 **편백나무**

편백나무 잎 뒷면　　　　　　　　　　　　　　　화백나무 잎 뒷면

● 잎끝이 뾰족한 편이고, 가지에 잎이 붙기도 하지만, 비교적 떨어져 있으며, 잎 뒷면에 X자 모양의 흰 선이 나타난다 **화백나무**

주목목Taxales 주목과Taxaceae

주목속, 비자나무속

주목과가 유일하다.

주목속Taxus

주목朱木이란 이름은 이 나무가 가지고 있는 특징에서 유래했다. 주목을 잘라 단면을 보면 넓은 부분인 심재가 붉은 색이라 해서 붙여진 이름이다. 오래된 가지와 줄기가 적갈색을 띠고 있기도 하다. 주목의 학명은 탁수스Taxus이다. '활을 만들 때 쓰였다' 해서 붙여진 이름이라고도 하지만, 탁신 또는 탁솔이란 성분을 지니고 있다고 해서 학명을 갖게 되었다고도 한다. 이 나무에서 추출한 항암물질이 인류의 건강에 큰 역할을 하게 되었다. 줄기와 뿌리 그리고 잎에는 강한 독성을 지니고 있다. 단지 빨간 과육의 열매에만 독성이 없다.

주목은 암수가 한 그루이기도 하지만, 때에 따라서는 은행처럼 암나무와 수나무가 따로 발달하기도 한다. 응달에 견딜 수 있는 능력이 매

비자나무

주목 수꽃

주목 열매

우 강하다. 잎이 한 번 돋아나면 8년까지도 떨어지지 않는, 잎의 수명이 매우 긴 나무이기도 하다. 잎의 앞면은 진한 녹색인 반면, 뒷면은 연한 녹색을 띠고 있으며, 대체로 부드러워 다른 침엽수와 식별이 어렵지 않다. 아주 추운 고산지대에 가면 누워서 자라는 눈주목이 있다.

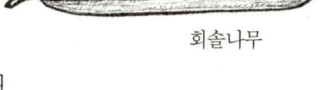

주목과 회솔나무 그리고 비슷한 나무로 남쪽 제주도에 사는 비자나무와 개비자나무가 있다. 비자나무는 주로 제주도, 전남, 경남 등 남쪽 따뜻한 지역에서 자라며 외국에서는 일본과 중국 그리고 유럽에 자생하는 것으로 알려졌다. 이들 나무들의 용도는 매우 다양하고, 인류의 삶에 귀중한 공헌을 했다. 주목과의 나무들을 구분해 보자.

[주목과 Taxaceae 검색표]

- ● 열매의 윗부분이 뚫려 있고, 종의는 붉은색이다 ▷ ● ●
- ● 열매는 종의로 완전히 싸여 있다 ▷ ◆
  - ● ● 나무는 곧게 자란다 ▷ ● ● ●
  - ● ● 나무는 비스듬히 자란다 ▷ ● ● ● ●
    - ● ● ● 잎의 너비는 2~3mm 이하이다 **주목**
    - ● ● ● 잎의 너비는 3mm 이상이다 **회솔나무**
    - ● ● ● ● 밑에서 가지가 많이 돋아서 둥근 향나무 같은 형태로 자란다 **눈주목**
    - ● ● ● ● 비스듬히 자라는 관목이다 **설악눈주목**
  - ◆ 침엽의 끝은 아주 뾰족하며, 잎의 주맥은 뒷면만 볼록하다 **비자나무**
  - ◆ 잎의 주맥은 앞뒤 모두 볼록하다 **개비자나무**

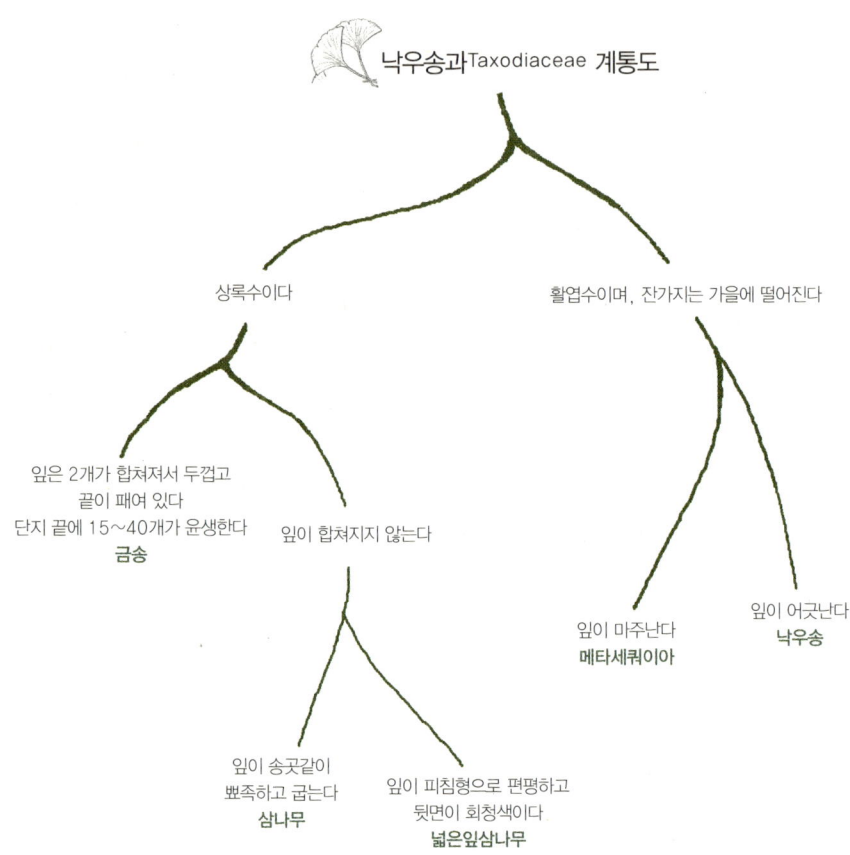

구과목 낙우송과 Taxodiaceae
낙우송속, 메타세쿼이아

침엽수이지만 대부분 잎이 떨어진다고 해서 붙여진 이름이 낙우송 또는 잎갈나무(낙엽송)이다. 하지만 낙우송과에 일본이 원산지인 삼나무는 늘푸른 상록이다.

낙우송 Taxodium 과 메타세쿼이아 Metasequoia

낙우송과 메타세쿼이아는 잎갈나무와 더불어 가을이면 잎이 떨어지는 침엽수군에 속한다. 메타세쿼이아는 중국에서 도입된 나무이며, 낙우송은 미국 남동부가 고향이다. 낙우송은 4~5천 년을 사는 장수의 나무이다. 메타세쿼이아의 화석이 포항 주변에서 발견된 것으로 봐서는 오래 전에 한반도에서도 살았던 것으로 추정할 수 있다.

이들 침엽은 매우 부드럽고 연하다. 낙우송과 메타세쿼이아는 매우 흡사하다. 그러나 낙우송은 잎이 어긋나는 반면, 메타세쿼이아는 잎이 마주나서 구분하기 쉽다. 또한 습지에 자라는 낙우송은 공기뿌리를 만드는 특징을 지니고 있다. 마치 대나무밭에서 올라오는 죽순과 같은 모

메타세쿼이아

낙우송

양의 공기뿌리를 만들어내어 물 속에 뿌리를 두고 있어도 호흡을 잘 할 수 있다.

[낙우송과 Taxodiaceae 검색표]
- 잎이 마주난다 **메타세쿼이아**
- 잎이 어긋난다 **낙우송**

은행목 Ginkgoales 은행나무과 Ginkgoaceae
은행나무속

잎만 보고는 침엽수라 할 수 없지만, 은행나무는 침엽수이다. 은행나무는 전 세계적으로 1속 1종 밖에 없다.

은행나무 Ginkgo biloba

얼핏 은행나무의 잎을 봤을 때 침엽수와 같은 나자식물군으로 분류되는 것이 잘 납득이 안 갈 수 있다. 그러나 분명 은행나무는 씨방이 외부로 노출된 겉씨식물의 성격을 띠고 있다. 은행나무는 1속 1종이다. 은행나무 집안에는 유일하게 은행나무라는 한 종류가 독자로 내려온다. 형제와 친척이 없는 자손이 귀한 집안의 나무이다.

은행나무는 암그루와 수그루가 따로 있다. 그 암수를 구분하기란 여간 어려운 것이 아니다. 나무의 가지 뻗음을 보고 판단하는 경우도 있다. 나무의 가지가 수직으로 자라면 수그루이고, 수평으로 뻗으면 대개 암그루라고도 한다. 하지만 분명하지 않다. 암그루라고 해도 이웃 나무와 가깝게 자라면 수그루처럼 가지가 위쪽을 향한다. 좀 더 정확한 구분은 짧은 가지인 단지를 보는 것이다. 단지가 비교적 길면 암그루이며, 짧으면 수그루로 본다. 은행나무는 단지에서 열매가 맺힌다.

은행나무가 자라 열매를 맺는 나이가 대략 20년 전후이므로 그 전에는 암수를 구분하기가 더욱 어렵다. 용문사의 은행나무는 암나무이지만, 강원도의 주문진에 있는 고목은 수나무이다. 그럼 충남 천안 현충사에서 자라는 혼인목 은행나무는 암수일까? 어떤 나무가 암나무이고 어떤 나무가 수나무일까? 천안을 찾을 일이 있다면 직접 한번 확인하시기 바란다.

은행나무는 대기오염이나 환경에 매우 적응력이 강한 성질을 띠고 있다. 그 때문에 가로수로 서 있는 은행나무를 흔히 만날 수 있게 된 것이다. 은행나무 입장에서는 대도시의 가로

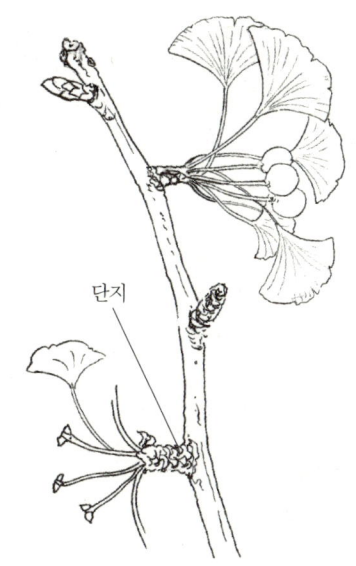

은행나무 암그루 가지
단지가 길게 발달했다.

수로 스스로 선택해서 살아가고 있는 것이 아니다. 아마도 복잡한 도시를 떠나 숲으로 돌아가길 원하지 않을까 싶다.

은행나무에 가끔 유주乳柱가 발달하는 경우도 있다. 유주는 곁가지에서 발생하는 굵은 돌기 같은 모양이다. 특히 기후가 다습한 곳에서 사는 은행나무의 경우 유주가 발생하는 경향을 보인다.

은행나무는 우리나라 전역에 흔하게 볼 수 있는 나무라 아주 오래 전부터 이 땅에서 살아온 것처럼 생각된다. 하지만 은행나무의 고향은 중국이다. 우리가 만나는 거의 모든 은행나무는 사람들이 심은 것이다. 은행나무가 있는 곳은 반드시 사람이 살거나 살았다는 증거이기도 하다.

용문사의 은행나무는 대략 1,100년의 세월을 살아오고 있다. 용문사는 약 1,300년 전 신라 선덕여왕 때 원효대사가 세운 사찰이다.

은행나무 수꽃

2
밤송이, 도토리 나무들

너도밤나무목 Fagales
너도밤나무과, 자작나무과

참나무 종류들은 서로 간의 잡종화가 잘 일어나는
대표적인 나무여서, 나무 공부하는 사람들을 무척이나 힘들게 한다.
우리가 숲으로 가면 참나무 가족을 피할 수 없다.
참나무 가족을 잘 숙지해 둔다면, 한층 숲과 가까워질 것이다.

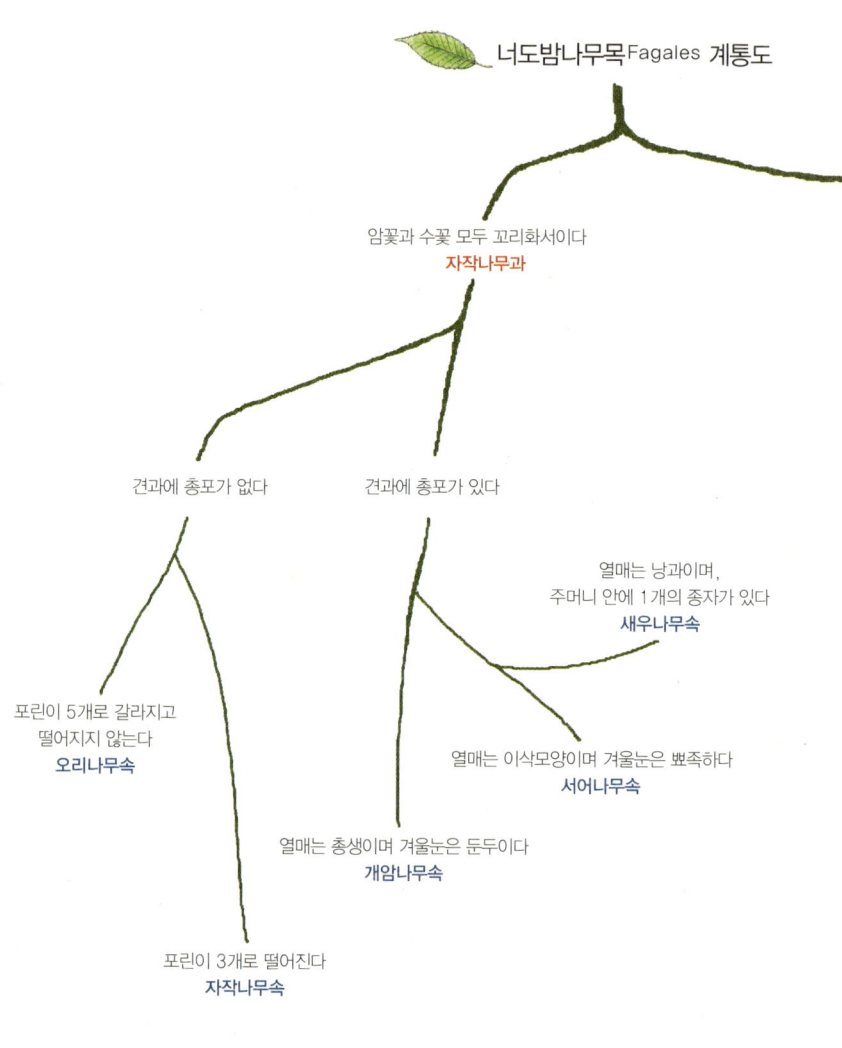

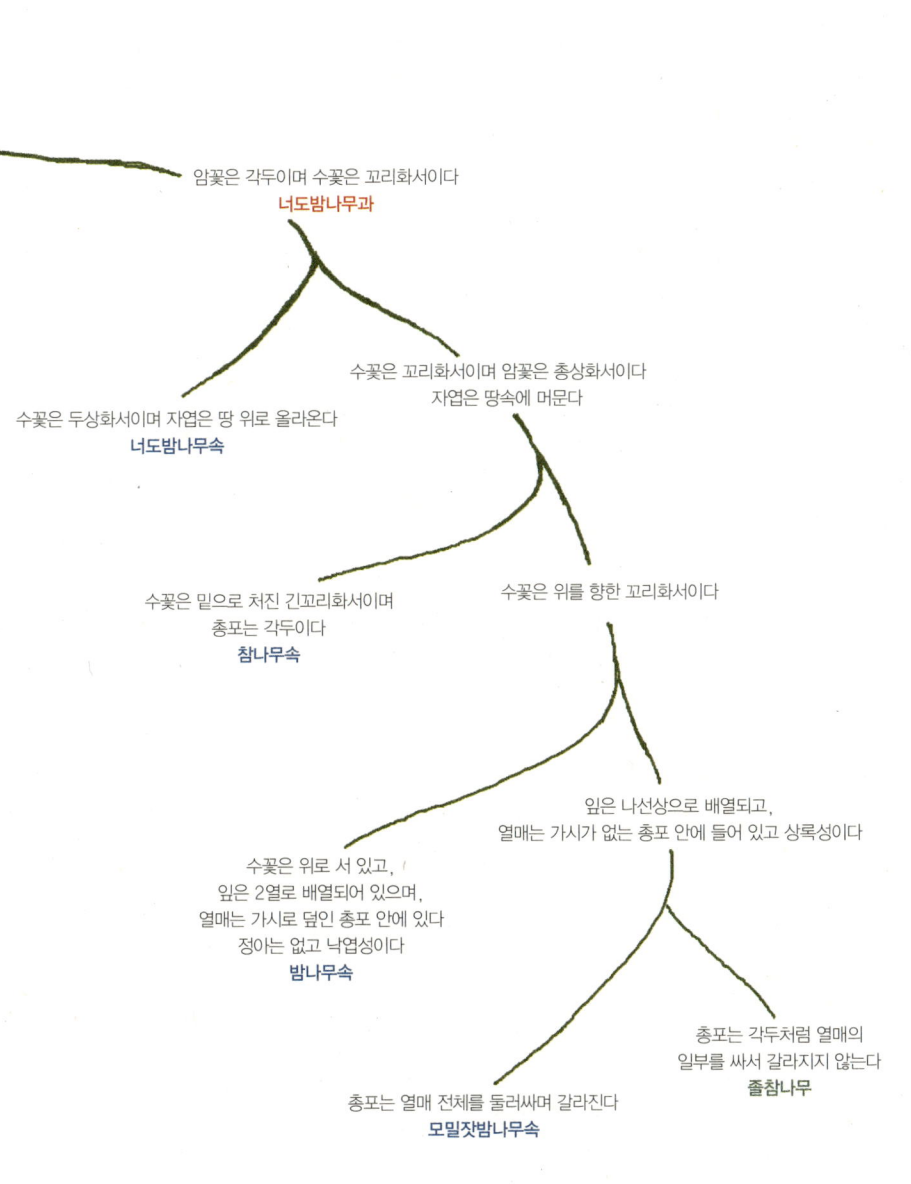

너도밤나무목 Fagales
너도밤나무과, 자작나무과

너도밤나무과 Fagaceae
참나무속, 너도밤나무속, 밤나무속, 모밀잣밤나무속, 졸참나무

너도밤나무과에는 4속이 우리나라에 있다. 그 중 너도밤나무속은 울릉도에만 자라고 있으며, 모밀잣밤나무속은 남쪽에만 나타나며, 밤나무속과 참나무속만이 거의 전국적으로 분포해 있다. 겨울눈을 덮고 있는 아린은 다수로 기왓장처럼 싸여 있다. 잎은 어긋나고 엽맥은 우상맥이며, 가장자리는 밋밋하거나 톱니 또는 물결모양으로 발달한다. 열매는 전체가 총포로 싸였거나 일부가 싸여 있으며, 그 안에는 1개 또는 2~3개가 들어 있다. 떡잎(자엽)은 밤이나 도토리처럼 땅속에 머물며 땅속발아를 하는 것이 있으나, 너도밤나무처럼 땅위발아를 하는 것도 있다.

참나무속 Quercus

도토리가 달리는 모든 나무를 참나무라 총칭한다. 그러니까 실제로 참나무란 나무는 없는 것이다. 참나무는 북반구에만도 무려 300여 종이나 되니 진짜로 많은 나무가 아닌가 싶다. 참나무의 학명 중 속명은 쿠에르쿠스 Quercus이다. 'Quer'란 라틴어로 '아름다운'이란 뜻이며, 'cuez'는 '수목'이란 뜻이다. 동서고금을 막론하고 예로부터 칭송받아

온 나무이다. 생가지나 줄기를 태워도 연기 한 점 나지 않고 잘 타는 좋은 나무라는 뜻도 있다.

참나무들은 그야말로 분포도가 넓으며 개체수도 많다. 현재 우리나라 전국의 숲을 대표하는 나무가 바로 이 참나무 종류들이라 할 수 있다. 참나무들은 모두 도토리를 생산해서 예로부터 식용 또는 가축의 사료로 이용되어 왔다. 옛 유럽에서는 참나무 숲 아래에 돼지를 방목해서 기르기도 했다. 도토리를 먹고 자란 돼지의 육질은 무엇과도 비교할 수 없을 정도로 맛이 좋았다고 한다. 나무의 재질이 단단해서 건축이나 가구 또는 여러 가지 기구를 만드는 데 으뜸으로 사용해 왔다. 불을 피워도 화력이 좋고 오래도록 타는 나무 중의 하나이다.

우리나라에서는 참나무에 관한 이야기와 참나무가 지니고 있는 이름도 참 다양하다. 상수리나무는 그 열매로 임금님 수라상에 올리는 묵을 만들었다 해서 붙여진 이름이다. 참나무류의 각각의 열매들은 꿀밤, 도토리 등으로 불려 왔다. 동서양을 막론하고 참나무류는 인류의 문화와 직접적으로 연관되어 왔다.

참나무 종류들은 서로 간의 잡종화가 잘 일어나는 대표적인 나무여서, 나무 공부하는 사람들을 여간 힘들게 하지 않는다. 상수리나무와 굴참나무가 만나 정릉참나무란 2세를 만들고, 떡갈나무 엄마와 졸참나무 아빠가 만나 떡속소리나무를 생산했으며, 신갈나무와 졸참나무가 만나 물참나무를 만들고, 갈참나무와 신갈나무가 만나 봉동참나무가 태어나 우리 강산 여기저기서 잘 살아가고 있다.

또, 남쪽으로 가면 도토리를 생산하는 나무 가운데, 겨울에도 늘 푸른 잎을 달고 있는 상록활엽수들이 있다. 다행히도 이들은 낙엽활엽수들처럼 서로 다른 종들끼리 만나 2세를 만들어 놓지 않았다. 가시나무, 종가시나무, 붉가시나무, 졸가시나무, 참가시나무 및 개가시나무 등이 이에 속한다.

다시 낙엽활엽수인 참나무류 들로 돌아와서 대표적인 '참나무 6형제'에 대해서 집중적으로 관찰해 보자. 우선 6형제 중 가장 높은 데까지 올라가서 살 수 있는 것은 신갈나무란 친구이다. 소백산 비로봉을 오르다 보면 해발 1,000m가 넘어서도 신갈나무나 물참나무가 나타난다. 그 뒤를 이어 떡갈나무가 나타난다. 대부분의 참나무 형제들은 온대 중부 지역에서 온대 남부지역에 분포하는 것이 보통이다. 하지만, 어디든지 자연상태에 교란이 오면, 재빨리 끼어들어 자라기 시작한다. 그 만큼 환경에 적응하는 능력이 뛰어나다. 우리가 숲으로 가면 참나무 가족을 피할 수 없다. 참나무 가족을 잘 숙지해 둔다면, 한층 숲과 가까워질 것이다. 참나무 6형제를 구분하기 위해 우선 다음과 같은 질문을 해 보자.

잎의 가장자리에 침이 있는가? 아니면 잔잔한 물결모양인가?
잎 뒷면에는 털이 있는가?
잎에는 잎자루가 있는가?
잎 뒷면의 색깔은 회색빛이 도는 초록인가? 아니면 연초록인가?
수피에는 아주 두꺼운 코르크 껍질이 발달해 있는가?
도토리는 당년도에 익어 떨어지는가? 아니면 다음해인 2년째 익어 떨어지는가?

상수리나무와 굴참나무

잎이 밤나무 잎처럼 피침형이고 가장자리에 가시 같은 침이 있는 참나무는 상수리나무와 굴참나무뿐이다. 이 둘 사이에 태어난 자연잡종인 정릉참나무도 가장자리에 가시가 있다. 이 두 나무의 또 다른 공통점은 도토리가 2년 만에 익는다는 점이다.

갈참나무 겨울눈 상수리나무 겨울눈 떡갈나무 겨울눈

갈참나무 잎 상수리나무 잎 떡갈나무 잎

졸참나무 겨울눈   굴참나무 겨울눈   신갈나무 겨울눈

졸참나무 잎   굴참나무 잎   신갈나무 잎

서로 다른 점을 살펴 보자. 상수리나무는 잎 뒷면이 연초록색인 반면, 굴참나무는 회백색이다. 또, 굴참나무의 수피는 코르크 껍질이 푹신푹신하게 발달해 있지만, 상수리나무는 딱딱하다. 굴참나무는 상수리나무보다 추위에 견디는 내한성이 좀 더 강하기 때문에 상수리나무보다 더 높은 곳에서도 자란다.

참나무 형제 중 나머지 4형제는 가장자리가 물결모양을 하고 있다. 그 중 떡갈나무나 신갈나무는 잎에 잎자루가 없거나 거의 없는 반면, 갈참나무나 졸참나무는 잎에 잎자루가 있다는 점에서 둘씩 구분해 낼 수 있다.

떡갈나무와 신갈나무

잎자루가 없는 떡갈나무와 신갈나무의 차이점은 무엇일까? 바로 나뭇잎의 털의 유무이다. 털이 매우 많이 나 있고, 대체로 잎이 큰 것은 떡갈나무요, 잎에 털이 없는 친구는 신갈나무이다. 또한 겨울눈이나 어린 가지에 잔털이 무성하면 떡갈나무이며, 그렇지 않으면 신갈나무이다.

떡갈나무란 이름은 옛날 이웃집에 이 나무의 커다란 잎으로 떡을 싸서 보냈다고 하여서 얻게 되었다 한다. 또는 떡을 찔 때 시루에 까는 잎이라는 데서 유래되었다고도 한다. 일본에서도 떡을 떡갈나무 잎으로 싸서 먹는데 향긋한 냄새와 잎에 묻은 진딧물 배설물이 어울려 맛이 더욱 좋다고 한다. 떡갈나무 잎은 방부제 기능도 한다고 하니, 옛 선인들의 지혜를 새삼 느끼게 되는 대목이다.

신갈나무는 신발 밑바닥에 깔고 다닌 데서 비롯된 이름이다. 굴참나무는 나무의 껍질에 푹신푹신한 코르크가 발달해서 그 이름이 붙여졌으며, 졸참나무는 나뭇잎이나 도토리 알의 크기가 6형제 중 가장 작다고 해서 붙여진 이름이다.

갈참나무와 졸참나무

둘 다 가장자리가 물결모양이고, 잎자루가 있다는 공통점이 있다. 어떻게 구분할까? 잎 뒷면 털의 유무로 구분한다. 갈참나무는 잎 뒷면의 주맥 위에 털이 전혀 없는 반면, 졸참나무는 잎 뒷면 주맥상에 작은 털이 밀생한다. 또 갈참나무의 잎 뒷면이 회백색을 띤다면, 졸참나무는 대체로 초록빛을 나타내며, 손으로 잎을 만져보면 갈참나무의 잎은 졸참나무의 잎보다 훨씬 더 두껍다는 느낌을 받는다. 물론 이 둘은 눈으로 보아도 구분할 수 있을 만큼 잎의 크기가 차이난다.

다음 검색표로 식별을 해 보자. 봄과 여름에 잎이 돋아 있을 때는 여름 검색표를 활용하고, 잎이 다 떨어져 나뭇가지만 남아 있을 때는 겨

잎자루가 없거나 거의 없는 것 → 떡갈나무와 신갈나무
- 떡갈나무: 잎 뒷면에 긴 별모양의 털이 있다.
  잔가지와 겨울눈에 털이 있다.
- 신갈나무: 잔가지와 잎 뒷면에 털이 없다.

잎자루가 있는 것 → 갈참나무, 졸참나무, 상수리나무, 굴참나무
- 잎의 가장자리가 가시처럼 발달된 것: 상수리나무와 굴참나무.
  상수리나무: 잎 앞면은 녹색으로 광택이 나며 잎 뒷면은 털이 있고 연녹색이다.
  굴참나무: 잎 뒷면은 별 모양의 털이 빽빽하며 회백색이다(수피에 코르크가 발달).
- 잎의 가장자리가 물결모양인 것: 갈참나무와 졸참나무.
  갈참나무: 잎 뒷면이 회백색이고, 주맥 아랫부분에 잔털이 없다.
  졸참나무: 잎 뒷면이 초록색이고, 잎 뒷면 주맥 아랫부분에 털이 있다.

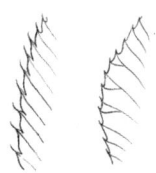

침이 있는 것

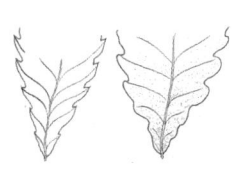

잎자루가 없는 것

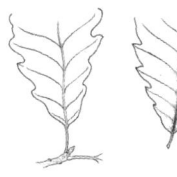

잎 뒷면 맥 위에 털이 없는 것, 있는 것

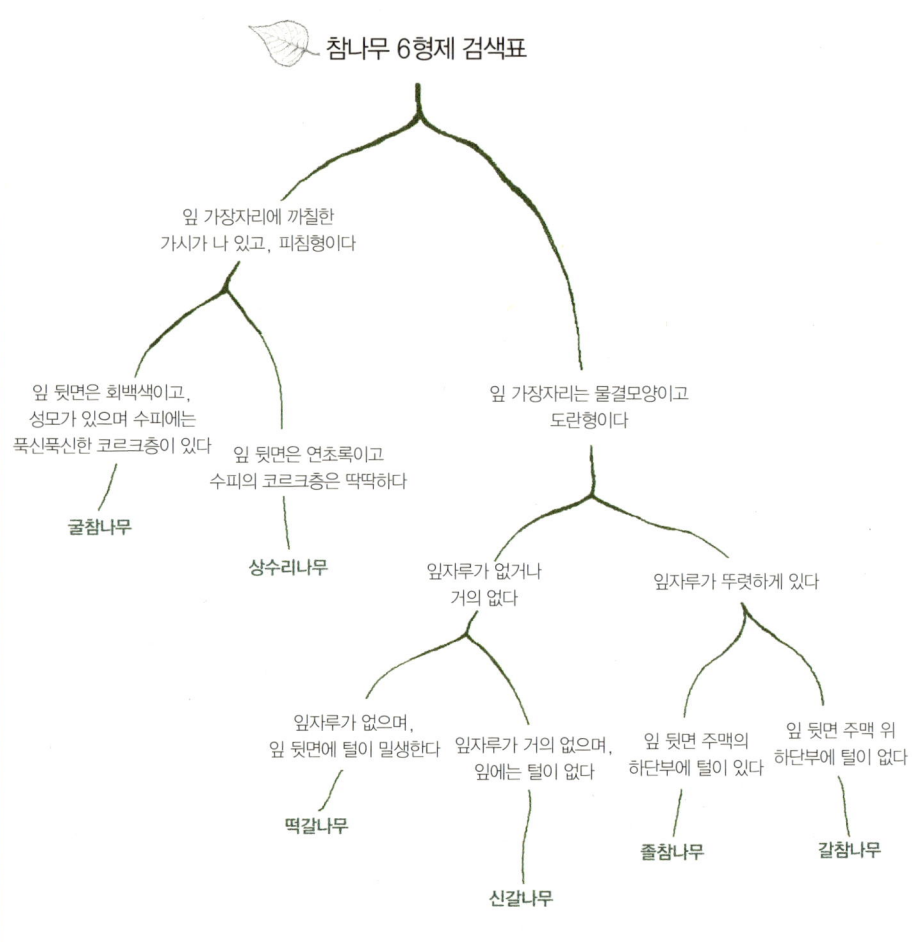

울 검색표를 활용해 보자. 가장 좋은 방법은 숲에서 직접 나무들을 보면서 구분하는 것이다. 그래야 흥미롭고, 오래도록 기억된다.

또 다른 방법으로 참나무류를 구분해 볼 수 있는데, 잎이 다 떨어진 가을이나 겨울철에 어린가지에 있는 겨울눈으로 식별하는 방법이 그것이다. 난대지역 참나무들은 각두(도토리알을 담고 있는 종지 같은 것)가 윤층을 이루며, 잎은 가죽질로 광택이 나는 것이 특징이다. 그 밖에 최근 외국에서 도입된 대왕참나무가 자주 도심 공원에서 보인다. 대왕참나무의 특징은 잎에 있다. 잎의 결각이 아주 깊게 갈라져서 다른 참나무 종류와는 확연히 구분된다.

[참나무류 Quercus 검색표 – 겨울]

- ● 정생측아의 위치가 정아 밑에 달린다 ▷ ● ●
- ● 정생측아의 위치가 정아 옆에 모여 난다 ▷ ● ● ●
  - ● ● 어린가지와 아린에 털이 있다. 겨울눈의 각도는 45도이다.
    겨울눈은 적갈색이며 가장 작고 원뿔형이다 **상수리나무**
  - ● ● 어린가지에 털이 없고, 아린에 털이 있다.
    겨울눈은 적갈색이며 가늘고 길쭉하며 끝이 뾰족하다 **굴참나무**
- ● ● ● 어린가지와 아린에 털이 밀생한다. 겨울눈은 연한 갈색이다 **떡갈나무**
- ● ● ● 어린가지에 털이 없다 ▷ ● ● ● ●
  - ● ● ● ● 아린에 털이 없으며, 겨울눈의 각도는 약 15도이다.
    겨울눈은 적갈색이며 엽흔은 V자형에 가깝다 **신갈나무**
  - ● ● ● ● 아린에 털이 있다 ▷ ◆
    - ◆ 어린가지에 달려 있는 겨울눈의 각도가 약 45도이다.
      겨울눈은 갈색이며 사각원뿔형이고 엽흔은 둥근 반원모양이다 **갈참나무**
    - ◆ 어린가지에 달려 있는 겨울눈의 각도가 약 15도이다.
      겨울눈은 적갈색이며 작고 오동통한 원뿔형이다 **졸참나무**

[참나무류 Quercus 검색표 – 상록]

- ● 잎의 가장자리에 톱니가 없다 **붉가시나무**
- ● 잎의 가장자리에 톱니가 있다 ▷ ● ●
  - ● ● 잎의 길이는 6cm 이상이다 ▷ ● ● ●
  - ● ● 잎의 길이는 6cm 이하이다 **졸가시나무**

- ●●● 잎은 뒷면에 털이 없거나 흰색의 털이 약간 있다 ▷●●●●
- ●●● 잎의 뒷면에 황갈색의 털이 밀생한다 **개가시나무**
- ●●●● 잎은 난상 장타원형이며, 잎의 윗부분에 5개 정도의 톱니가 있고,
  잎 뒷면은 회색빛이다 **종가시나무**
- ●●●● 잎은 피침형 또는 넓은 피침형이며, 10개 이상의 톱니가 발달해 있고,
  잎의 뒷면은 흰색이다 ▷◆
  - ◆ 잎의 뒷면은 털이 없고 측맥은 11~15쌍이다 **가시나무**
  - ◆ 잎 뒷면은 털과 흰 분말이 있으며, 측맥은 10~12쌍이다 **참가시나무**

[밤나무속Castanea 검색표]
- ● 어린가지는 적갈색이며, 잎 뒷면에 선점이 있다 **밤나무**
- ● 어린가지는 녹색이며, 잎 뒷면에 선점이 없다 **약밤나무**

자작나무과 Betulaceae

자작나무속, 서어나무속, 오리나무속, 개암나무속, 새우나무

  자작나무과에는 대표적으로 오리나무속, 자작나무속, 개암나무속 그리고 서어나무속이 있다. 잎은 모두가 단엽이며, 어긋나기를 하고 가장자리는 톱니가 발달해 있다.

  이들 모두는 온대 북부지역에서 분포하는 습성을 지니고 있다. 남쪽에서는 오리나무류만 더러 발견할 수 있다. 낙엽활엽수 중 추운 곳에서 잘 적응하고 살아가는 나무들이다.

자작나무속 Betula

  자작나무의 자생지는 추운 고산지대에서 온대 중부지역까지 분포되어 있다. 우리 주변에서 자주 만나는 자작나무는 모두 인공적으로 심어 놓은 나무들이다. 껍질이 유난히도 희어서 쉽게 알아 볼 수 있다. 열매를 단 대궁(과지)은 아래로 향한다. 껍질은 지질 성분이 많아서 잘 썩지 않는다. 뿌리는 땅속 깊이까지 파고들 수 없는 천근성이다. 그래서 바람이 많은 곳에서는 뿌리째 쓰러지는 경우가 왕왕 있다.

자작나무와 비슷한 사촌들로 사스래나무, 박달나무, 거제수나무 등이 있다. 사스래나무가 많이 자라는 곳은 백두산 추운 곳이며, 박달나무는 온대 북부지역에서 많이 만날 수 있다. 박달나무는 목질이 좋아 홍두깨, 방망이 등을 만들었다. 도장을 파는 나무로 주로 회양목을 사용했지만, 박달나무로 만들기도 했다. 껍질이 암회색 또는 검은색이며, 열매는 나뭇가지 위쪽을 향한다. 박달나무가 성숙하면 껍질은 코르크질로 변하는 특징을 지니고 있다.

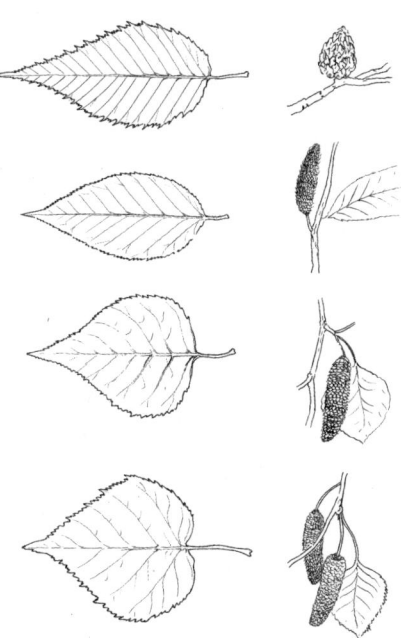

위로부터 거제수나무, 박달나무, 물박달나무, 자작나무 잎과 열매

    자작나무와 친척인 거제수나무도 있다. 거제수란 이름은 이 나무에서 나오는 수액이 '열로 인한 병을 낫게 한다' 해서 붙여진 이름이다. 우리나라 지리산과 중부 이북에 주로 분포하며, 중국에서도 자란다. 비옥한 사질토양에서 잘 자라는 양수이며 대체로 16도에서 25도 사이이면 좋은 생육을 보인다.

    우선 자작나무속에 속하는 친구들을 만나면, 그들을 식별하기 위해 가장 먼저 봐야 하는 것이 있다. 바로 잎의 측맥과 잎자루의 길이이다. 혹시 열매가 있다면 열매가 밑으로 처지느냐 아니면 위로 향하고 있는가를 봐야 한다. 열매에는 잎같은 총포가 없고, 수꽃에 화피가 있다. 포린은 3개로 갈라져 있으며, 겨울눈에는 아병(눈자루)이 없고, 아린은 3

개 이상이다.

자작나무에 속하는 친척들을 어떻게 구분하는지 검색표를 보면서 식별해 보자.

[자작나무속Betula 검색표]
- ● 잎은 측맥이 7쌍 이상이다 ▷ ● ●
- ● 잎은 측맥이 7쌍 이하이다 ▷ ◆
- ● ● 잎자루는 길이 5~30mm이다 ▷ ● ● ●
- ● ● 잎자루는 길이 5~10mm이다 ▷ ● ● ● ●
- ● ● ● 가지에는 선점이 없고, 피목은 옆으로 길며 열매는 난형 또는 난상 타원형으로 길이 2cm이고 위를 향한다. 잎자루는 길이 8~15mm이다 **거제수나무**
- ● ● ● 가지에 선점이 있고, 피목은 둥글고 열매는 긴 타원형이며 길이 2~3cm이고 잎자루는 길이 5~35mm이다 **사스래나무**
- ● ● ● ● 열매는 원통형이며 길이가 2~3cm이고, 잎 뒷면에 선점이 있으며, 잎 뒷면 잎맥과 잎자루에 털이 있다 **박달나무**
- ● ● ● ● 열매는 난형이며 길이 1.5~2cm이고 잎 뒷면에 선점이 없다 **개박달나무**
- ◆ 열매는 밑으로 처지고 잎자루는 길이 1.5~2cm이다 ▷ ◆ ●
- ◆ 열매는 곧게 서고 잎자루는 길이가 1.5cm 이하이다 ▷ ◆ ● ●
- ◆ ● 포는 세로 능선이 있고 날개 너비는 종자 너비의 1~1.5배이다 **만주자작나무**
- ◆ ● 포는 능선이 없다. 날개 너비는 종자 너비의 1.5~2배이다 **자작나무**
- ◆ ● ● 가지와 잎 뒤에 선점과 털이 있다 ▷ ◆ ● ● ●
- ◆ ● ● 가지에 선점이 없다 ▷ ◆ ● ● ● ●
- ◆ ● ● ● 과수는 길이가 3~4cm이고, 열매의 날개와 열매 너비가 비슷하다 **물박달나무**
- ◆ ● ● ● 과수는 길이가 1~2cm이고, 열매의 날개는 열매 너비의 절반 정도이다 **좀자작나무**
- ◆ ● ● ● ● 잎은 뒷면에 선점이 없다 **덤불자작나무**
- ◆ ● ● ● ● 잎은 뒷면에 선점이 있다 **백두산자작나무**

서어나무속Carpinus

서어나무 종류들은 대체로 응달에 잘 견디는 내음성을 띠고 있다. 숲이 발달해서 극상림에 다다르면 최종적으로 살아남을 수 있는 나무군에 속한다.

서어나무는 비교적 추운 지역에서 자라고, 개서어나무는 좀 더 따뜻

까치박달

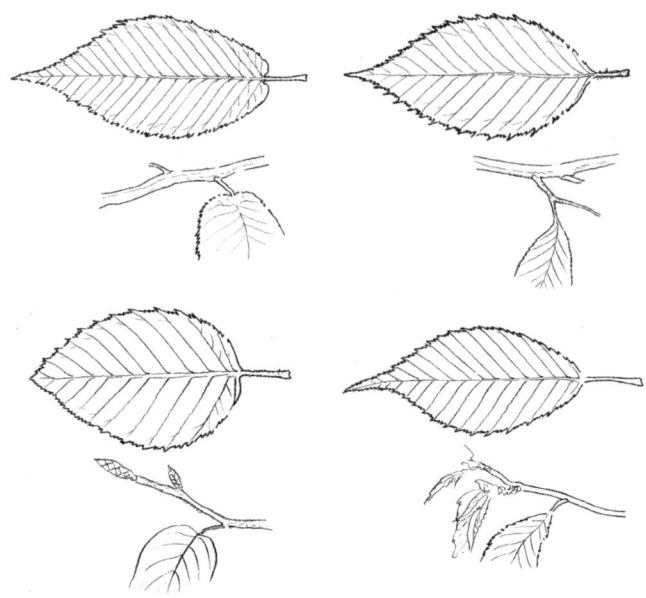

왼쪽 위로부터 시계방향으로 까치박달, 개서어나무, 서어나무,
소사나무의 잎맥, 잎자루, 잎저

한 지역에서 자란다. 서어나무의 줄기는 근육처럼 울퉁불퉁한 것이 인상적인 특징이다.

까치박달은 서어나무속 가운데 가장 널리 분포한다. 긴 타원형 열매가 달린 이삭들(과수)이 서로 겹쳐져서 아래로 매달려 있으며, 잎의 측맥은 선명하게 15~20쌍이 발달해 있는 것이 특징이다.

소사나무는 경기 이남 바닷가 주변에 주로 분포한다. 열매는 아래로 처지는 취산화서에 달리고, 겨울눈은 길고 끝이 뾰족하며 잎의 측맥은 9쌍 이상 발달해 있다.

그 밖에 서어나무 종류들을 식별하는 분류기준은 씨앗을 감싸고 있는 포의 모양, 잎의 길이나 모양, 그리고 어린가지나 엽맥 위에 털이 있고 없음 등이다.

[서어나무속Carpinus 검색표]

- 잎은 측맥이 15~20쌍이고 이삭모양의 씨앗이 긴 타원형이며, 포는 서로 겹쳐지고 양쪽에 톱니가 있다 **까치박달**
- 잎은 측맥이 7~15쌍이고 이삭모양의 씨앗을 둘러싼 포는 서로 떨어져서 달리며, 한쪽에만 톱니가 있다 ▷ ● ●
  - 잎은 길이가 4~12cm로 길게 뾰족하고, 이삭모양의 씨앗을 둘러싼 포는 밑부분이 갈라진다 ▷ ● ● ●
  - 잎은 길이 3~5cm로 예두이고, 이삭모양의 씨앗을 둘러싼 포는 밑부분이 갈라지지 않거나 열편이 매우 작다 **소사나무**
    - 잔가지는 털이 있고 잎은 표면 엽맥 사이에 털이 있다 ▷ ● ● ● ●
    - 잔가지는 털이 없거나 어릴 때 약간 털이 있고, 잎은 표면에 털이 없다 **서어나무**
      - 잎은 길이 8cm 이하, 과포는 길이 2.2cm 이하이다 **개서어나무**
      - 잎은 길이 9~10.5cm, 과포는 길이 2.5cm 이상이다 **왕개서어나무**

오리나무속 Alnus

우리나라에서 주로 만날 수 있는 오리나무류는 오리나무, 물오리나무, 물갬나무, 사방오리나무, 좀사방오리나무 등 5종이다.

오리나무는 주로 습지나 하천가에서 잘 자란다. 오리나무의 잎은 타원형이며, 끝이 뾰족하고, 설저이다. 겨울눈은 아린이 2~3개 있고, 끝이 날카롭지 않고 대가 발달해 있다. 열매의 날개는 두툼한 편이다.

물오리나무는 온대북부지역에서 많이 만날 수 있다. 물오리나무의 잎은 난원형 또는 타원형이며, 평저이다.

물갬나무는 잎이 원형이며, 끝은 둔두이고, 심장저이다. 주맥에 털이 있고, 뒷면은 강한 흰빛이 돈다.

사방오리나무는 잎의 측맥이 12~17쌍이고 잎자루의 길이가 1~2cm 정도이다.

좀사방오리나무는 잎의 측맥이 15~27쌍이며, 잎자루의 길이가 1cm 이하로 짧다.

사방오리나무와 좀사방오리나무의 겨울눈은 길게 뾰족하고, 대가 없고, 아린은 3~6개이며, 열매의 날개는 넓은 편이다. 사방오리나무와

물오리나무
수꽃과 암꽃

오리나무 암꽃

좀사방오리나무는 사방공사용으로 많이 심어 왔다.

오리나무류에는 뿌리혹박테리아가 공생하고 있다. 이들은 질소를 고정시켜서 식물이 흡수할 수 있은 형태로 만들어 주는 중요한 역할을 한다.

[오리나무Alnus 검색표]

- ● 겨울눈의 끝이 둔하고 눈자루(아병)가 발달해 있다 ▷ ● ●
- ● 겨울눈의 끝이 길고 뾰족하고 눈자루(아병)가 없다 ▷ ● ● ● ●
  - ● ● 잎은 원형이고, 둔두이며, 심장저이다. 눈에는 털이 없고, 측아의 길이는 약 10cm 이상이며, 적자색이다 **물갬나무**
  - ● ● 잎은 타원형 또는 난원형이다 ▷ ● ● ●
    - ● ● ● 잎은 타원형이며, 끝이 뾰족하고, 설저이다. 눈에는 털이 없고, 측아는 5~8mm 크기로 적자색이다 **오리나무**
    - ● ● ● 잎은 타원형 또는 난원형이고, 평저이며 어린가지에 털이 있다 **물오리나무**
    - ● ● ● 잎은 난상피침형이고, 측맥은 15~27쌍이며, 잎자루는 1cm 이하이고, 구과 열매는 밑으로 처진다 **좀사방오리나무**
  - ● ● ● ● 잎은 난상타원형이고, 측맥은 12~17쌍이며, 잎자루는 1~2cm 정도이고, 구과 열매는 밑으로 처지지 않는다 **사방오리나무**

개암나무속 Corylus

개암나무의 어린가지에는 부드러운 털이 있으며, 잎은 어긋나고 타원형인데 겉에는 자줏빛 무늬, 뒷면에는 잔털이 나고 가장자리에는 뚜렷하지 않으나 결각과 잔 톱니가 있다. 키 작은 관목으로 잎모양이 독특해서 기억하기 쉽다. 수꽃 이삭은 가지 끝에 2~5개가 꼬리모양으로 늘어지고 그 옆의 겨울눈처럼 보이는 암꽃이삭은 10개의 말미잘 같은 붉은색 암술대가 겉으로 나온다. 열매는 둥근 견과이다.

개암나무는 열매가 모여서 달리고, 겨울눈은 난형이며, 잎에는 5~8쌍의 측맥이 발달해 있다.

열매의 차이

개암

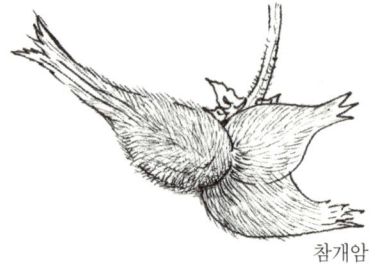
참개암

[개암나무속Corylus 검색표]

- 총포는 열매(개암)의 절반 정도를 덮고 있고, 잎은 도란형 또는 둥근 난형이고, 끝이 갑자기 뾰족해지며, 아랫면은 털이 밀생한다 **개암나무**
- 총포는 열매(개암) 전체를 덮고 있는 긴 대롱모양이다 ▷●●
- ●● 잎은 타원형 또는 난형이며, 끝이 뾰족하고, 종종 잎의 중앙이 붉은색이며, 어린가지에 털이 있고, 겨울눈의 아린은 4~5개, 측아의 길이는 5mm 이하이다 **참개암나무**
- ●● 잎은 결각이 심하고, 심장모양이며, 총포는 5cm까지 길게 자라며, 어린가지에 털이 있고, 겨울눈의 아린은 2~3개이고 측아는 5mm 이상이다 **물개암나무**

개암나무 암술

3
물가 나무들

버드나무목 Salicales
버드나무과

우리나라에서 만날 수 있는 버드나무 종류만 해도
대략 36종이나 있기 때문에 식별이 쉽지 않다.
대체로 키가 작은 버드나무들은 아주 추운 지역에 잘 적응한 반면,
키가 큰 버드나무들은 비교적 따뜻한 지역인
온대 중부지역에서 잘 자란다.

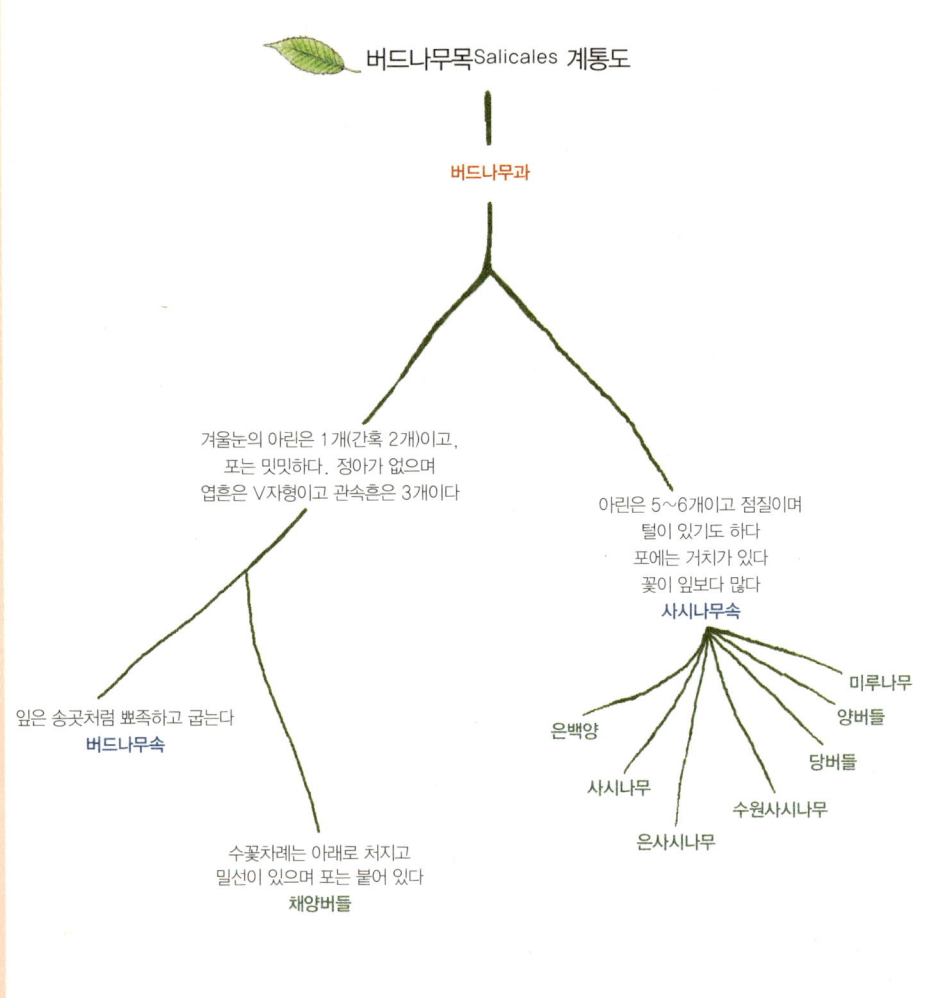

버드나무목 Salicales
버드나무과

버드나무과 Salicaceae
버드나무속, 사시나무속, 채양버들

높이 자라는 교목형이 있는가 하면, 낮게 자라는 관목형도 있다. 잎은 단엽으로 어긋나기를 하며, 탁엽이 있다. 암꽃과 수꽃이 한 그루에서 피는 암수한그루이다. 버드나무과의 꽃도 꽃잎이 없다. 열매는 삭과이다.

[사시나무속 Populus과 버드나무속 Salix 검색표]
- 탁엽은 톱니가 있고, 뾰족하고, 꼬리꽃차례는 항상 밑으로 처져 있으며, 꽃에는 꿀샘이 없다. 겨울눈의 아린은 4개 이상, 잎은 삼각모양, 난형 또는 접시형이다. 부분적으로 결각이 있고, 대부분 긴 잎자루를 가지고 있다 **사시나무속**
- 탁엽은 밋밋하고, 꼬리꽃차례는 대부분 위로 서 있으며, 잎은 타원형에서 난형이며, 대부분 잎자루는 짧다 **버드나무속**

버드나무속 Salix

버드나무는 습지에서 잘 자라며, '빨리 자란다'는 의미를 담고 있다. 버드나무의 속명은 Salix인데, 살^{sal}은 '습지에서 잘 자라는'이란 의미이고, 리스^{lis}는 '물'이란 뜻이다. Salix의 다른 의미는 '뛰다', '달리다'

능수버들   수양버들

란 뜻도 있다. 버드나무라고 부르는 종류는 약 300종이 있으며 주로 북반구의 난대에서 한대 그리고 남반구에도 몇 종이 분포한다.

우리나라에서 만날 수 있는 버드나무 종류에도 대략 36종이나 있기 때문에 식별이 쉽지 않다. 대체로 키가 작은 버드나무들은 아주 추운 지역에 잘 적응한 반면, 키가 큰 버드나무류들은 비교적 따뜻한 지역인 온대 중부지역에서 잘 자란다. 키가 큰 왕버들이나 버드나무, 수양버들은 비교적 춥지 않은 지역에서 자란다. 사람들이 혼동하기 쉬운 것은 수양버들과 능수버들인데 수양버들의 어린가지는 짙은 갈색이지만, 능수버들은 연녹색을 띤다.

버드나무는 새로 나온 어린가지말고는 늘어지지 않고 약간 위로 뻗어 있다. 용버들은 이름 그대로 가지나 잎이 꼬여 있다는 점에서 쉽게 식별이 가능하다.

버드나무속에 속하는 나무들은 겨울눈을 감싸고 있는 골무모양의 아린이 1장으로 발달해 있는 것이 특징이다. 아주 가끔 2장이 나타나는 경우도 있다. 겨울눈의 정아가 없으며, 측아는 가지에 바짝 붙어 있고, 잎이 떨어진 엽흔은 V자형이다. 엽흔에 드러난 관속흔은 3개이다. 버드나무 종류를 정확하게 식별하기 위해서 루페^{Lupe}를 준비하면 많은

아린을 벗고 있는 버드나무

도움이 된다. 자, 그럼 버드나무류를 식별해 보자.

키가 8m 이상인가? 1m 이하인가?
가지가 밑으로 처지는가? 구불구불한가?
잎은 타원형인가? 잎의 너비가 3cm 이상인가? 이하인가?
겨울눈에 털이 있는가? 없는가?
어린가지의 색깔은 황록색인가? 자갈색인가?

키가 8m 이상이면 ①, 8m~1m이면 ②, 1m 이하이면 ③으로 검색한다.
키가 10m 이상 자라는 버드나무는 9종이 있으며, 다음과 같이 식별한다.

① [키 큰 버드나무속Salix 검색표]

● 가지는 밑으로 처지지 않는다 ▷ ●●
● 가지는 밑으로 처진다 ▷ ◆●
　●● 잎은 타원형으로 끝은 첨두이고 새로 나온 잎은 붉은 빛이 있다 **왕버들**
　●● 잎은 피침형으로 끝은 점첨두이며 새로 나온 잎은 녹색이다 ▷ ●●●
　●●● 잎의 너비(폭)는 3~5cm 정도이다 **쪽버들**
　●●● 잎의 너비는 3cm 이하이다 ▷ ●●●●
　●●●● 겨울눈은 털이 없고, 황록색을 띤다 ▷ ◆
　●●●● 겨울눈은 털이 있고, 붉은빛 또는 황홍색이다 **버드나무**
　　◆ 포의 양쪽에 몇 개의 밀선이 있고, 탁엽은 첨두이다 **분버들**
　　◆ 포의 밀선이 없고, 탁엽은 둔두이다 **좀분버들**
　◆● 가지는 꾸불꾸불하지 않다 ▷ ◆●●
　◆● 가지는 꾸불꾸불하다 **용버들**
　◆●● 어린가지는 연한 황록색이다 ▷ ◆●●●
　◆●● 어린가지는 적갈색이다 **수양버들**
　◆●●● 포의 끝에 털이 있고, 잎 뒷면 엽맥 위에 털이 있다 **능수버들**
　◆●●● 포의 끝에 털이 없고, 잎 뒷면 엽맥 위에 털이 없다 **개수양버들**

다음은 모두 키가 작은 버드나무들이다. 보편적으로 키가 1m 이하이나, 가끔 7m까지 자라는 나무도 있다.

② [중간 키 버드나무Salix 검색표]

● 잎의 뒷면에 털이 없거나 잔털이 있다 ▷ ●●
● 잎의 뒷면에 융모가 밀생한다 ▷ ★●●●
　●● 잎은 난상 타원형 또는 장타원형이다 ▷ ●●●
　●● 잎은 피침형 또는 좁은 피침형이거나 선형이다 ▷ ◆●●
　●●● 잎은 아주 작은 거치가 있으며, 장타원형이고, 표면에 광택이 있다. 잎자루에 선점이 있다 **반짝버들**
　●●● 잎은 거치가 없거나 뚜렷하지 않은 거치가 있거나, 큰 거치가 있다 ▷ ●●●●
　●●●● 잎은 장타원형이고, 표면은 주름지지 않았다 ▷ ◆
　●●●● 잎은 난원형, 난형 또는 타원상 난형으로 표면은 주름졌다 ▷ ◆●
　　◆ 화서는 잎보다 먼저 액생하고, 잎의 너비는 2cm 이상이며, 잎 표면에 털이 없거나, 약간 나타나는 경우도 있다 **여우버들**
　　◆ 화서는 새로운 가지 끝에 잎이 핀 다음 달리고, 잎의 너비는 2cm 이하이며, 어린잎에는 융모가 있다 **큰산버들**
　◆● 잎은 난원형으로 뒷면의 털이 없어진다 **떡버들**
　◆● 잎은 타원상 난형 또는 타원형으로 뒷면의 털이 일부 남는다 **섬버들**

버드나무의 암꽃

- ◆●● 잎의 가장자리 전체에 거치가 발달해 있다 ▷◆●●●
- ◆●● 잎은 상반부에 아주 작은 거치가 있거나 없다 ▷★●●
- ◆●●● 잎은 피침형 또는 좁은 피침형으로 너비는 2cm 이상이다 ▷◆●●●●
- ◆●●● 잎은 선형 또는 선상피침형으로 너비는 2cm 이하이다 ▷★●
- ◆●●●● 원줄기는 곧게 선다 ▷★
  - ◆●●●● 원줄기는 밑부분이 옆으로 굽고, 잎의 뒷면에는 털이 없거나 있다 **눈갯버들**
    - ★ 잎의 양면에 털이 없다 **선버들**
    - ★ 잎의 뒷면에 털이 있다 **강계버들**
  - ★● 잎의 거치는 뾰족하고 뒷면에 털이 있다가 없어진다 **내버들**
  - ★● 잎의 거치는 파상이다 **참오굴잎버들**
- ★●● 잎은 대가 없고 마주나기이다 **개키버들**
- ★●● 잎은 짧은 대가 있고 어긋난다 **당키버들**
- ★●●● 잎은 원형 또는 넓은 타원형이다 **호랑버들**
- ★●●● 잎은 선형 또는 피침형이다 ▷★●●●●
- ★●●●● 잎은 선형으로 거치가 없거나 뚜렷하지 않은 파상거치이다 ▷★♦
- ★●●●● 잎은 좁은 피침형 또는 피침형으로 아주 작은 거치가 있다 ▷★♦●
  - ●♦ 잎의 너비가 10mm 이하이고 탁엽은 작다 **육지꽃버들**
  - ●♦ 잎의 너비가 10~14mm이며 탁엽은 피침형이다 **꽃버들**
  - ★♦● 원줄기의 기부는 옆으로 눕고, 오래된 잎에 털이 없다 **눈갯버들**
  - ★♦● 원줄기는 곧게 자라고, 오래된 잎에는 털이 있다 **갯버들**

다음은 키가 1m 이하로 작고, 옆으로 뻗으며 자라는 난쟁이 버드나무들이다.

③ [난쟁이 버드나무 Salix 검색표]

- ● 잎은 아주 작은 거치가 발달해 있고, 원형, 도란형, 타원형 또는 장타원형으로 길이가 5~20mm, 너비가 2~12mm이며, 뒷면에는 털이 없다 **매자잎버드나무**
- ● 잎의 가장자리에 거치가 없거나 뚜렷하지 않은 거치가 있기도 하다 ▷●●
  - ●● 잎은 요두 또는 원두이고, 원형 또는 간혹 타원형으로 길이가 6~20mm, 너비가 5~15mm이고, 뒷면에는 털이 있다가 없어진다 **콩버들**
  - ●● 잎끝이 뾰족하든가 둔두이다 ▷●●●
    - ●●● 오래된 잎의 뒷면에 털이 없고, 흔히 조거치가 있다 ▷●●●●
    - ●●● 오래된 잎의 뒷면에 밀모가 있고, 거치가 없다 ▷♦●●
      - ●●●● 화주는 길고, 2개로 갈라진다 ▷♦
      - ●●●● 화주는 짧고, 4개로 갈라지며, 잎은 타원형으로 길이는 25mm~40mm, 너비는 10~20mm이다 **진퍼리버들**
        - ♦ 원줄기는 옆으로 뻗으며, 과린은 곧게 선다 **난쟁이버들**

호랑버들

◆ 원줄기는 곧게 서며, 과린은 비스듬히 선다 ▷◆●
　◆● 암꽃에 2개의 밀선이 있고, 1개의 포에 1개의 자방이 있다 **쌍실버들**
　◆● 암꽃은 1개의 밀선이 있고, 1개의 포에 1개의 자방이 있다 **눈산버들**
◆◆● 잎의 길이는 30mm 이하이고, 뒷면에 융모가 밀생한다 **닥장버들**
◆◆● 잎의 길이는 20mm 이하이고, 뒷면에 짧은 털이 있다 **들버들**

4
짝궁둥이 잎 나무들

쐐기풀목 Urticales
느릅나무과, 뽕나무과, 쐐기풀과

전국 각처에서 자라는 느릅나무류에는
대표적으로 참느릅나무, 비술나무, 난티나무, 왕느릅나무,
큰잎느릅나무, 당느릅나무가 있다.
모두 잎은 어긋나고 두 줄로 붙으며,
잎의 밑은 서로 짝이 맞지 않는 의저 특징을 지니고 있다.
이른바 짝궁둥이를 하고 있는 것이다.

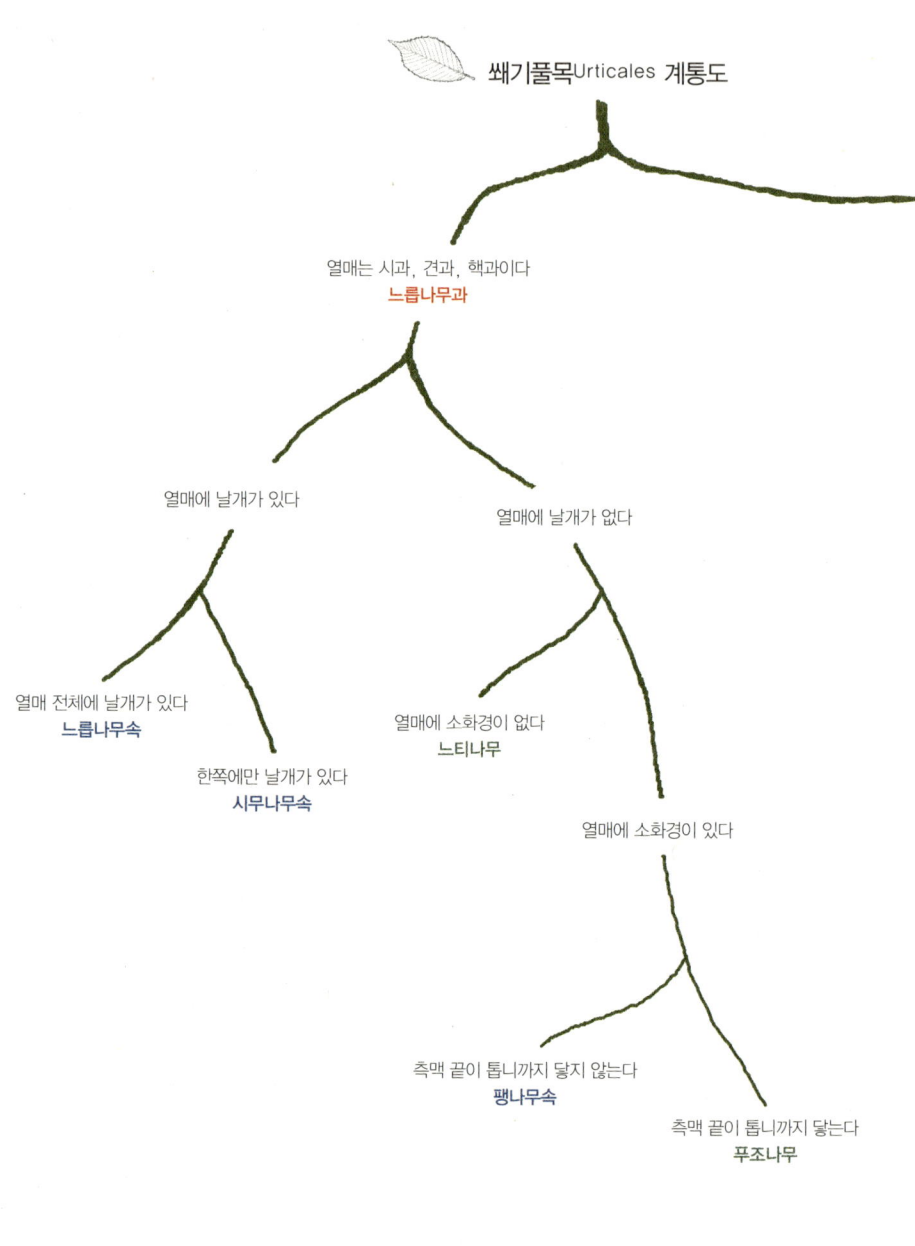

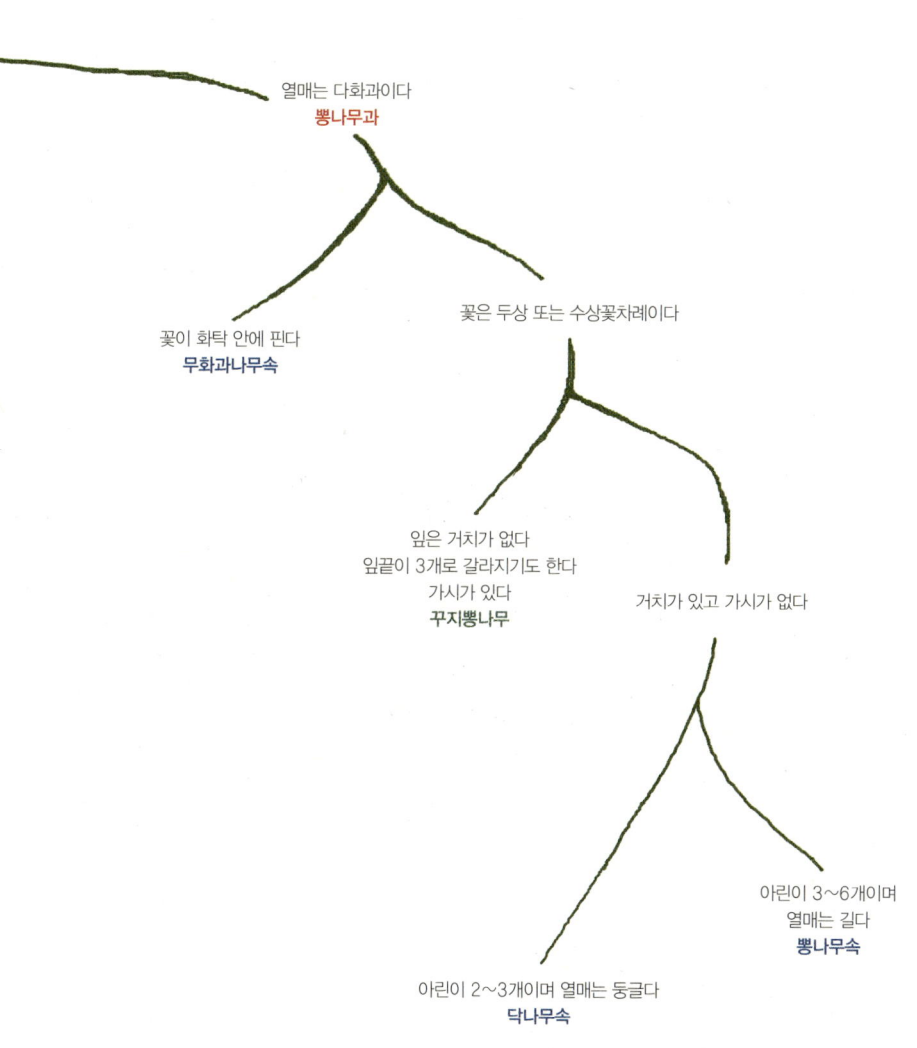

쐐기풀목 Urticales
느릅나무과, 뽕나무과, 쐐기풀과

느릅나무과 Ulmaceae
느릅나무속, 팽나무속, 느티나무, 시무나무, 푸조나무

느릅나무과에는 느릅나무속, 시무나무, 느티나무, 팽나무속 및 푸조나무 등이 있다. 이들은 잎이 어긋나고, 2열로 나란히 돋아나 있으며, 우상맥이고, 가장자리에 대부분 톱니가 발달되어 있으나, 가끔 없는 경우도 있다. 잎 아랫부분은 좌우가 비대칭으로 발달한 의저이다.

이들은 열매를 살피는 것이 중요한 식별 열쇠가 된다. 먼저 열매에 날개가 있다면 느릅나무속과 시무나무이며, 없다면 느티나무, 팽나무속, 그리고 푸조나무이다. 열매 전체를 돌면서 날개가 발달해 있다면 느릅나무속의 나무이며, 날개가 일부 발달해 있다면 시무나무이다.

열매에 날개와 자루(과지)가 없다면 느티나무이며, 자루가 발달해 있다면 팽나무속과 푸조나무이다. 팽나무속 나무들은 잎의 측맥이 가장자리까지 발달하지 못하는 것이 특징이다. 반면, 푸조나무는 측맥이 톱니 끝까지 닿아 있다.

느릅나무속 짝궁둥이 잎

4 짝궁둥이 잎 나무들

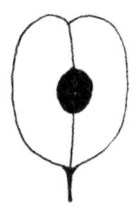 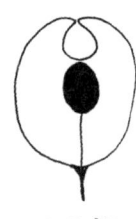 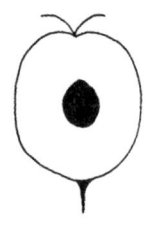 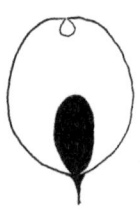

참느릅나무   느릅나무   난티나무   왕느릅나무

느릅나무속 Ulmus

전국 각처에서 자라는 느릅나무류에는 대표적으로 참느릅나무, 비술나무, 난티나무, 왕느릅나무, 큰잎느릅나무, 당느릅나무가 있다. 모두 잎은 어긋나고 두 줄로 붙으며, 잎의 밑(잎저)은 서로 짝이 맞지 않는 의저 특징을 지니고 있다. 이른바 짝궁둥이를 하고 있다.

왕느릅나무는 느릅나무 중에서 열매가 가장 크기 때문에 붙여진 이름이며, 큰잎느릅나무는 느릅나무 중 잎이 가장 크다는 뜻이다. 느릅나무잎의 측맥은 10~16쌍인 반면, 참느릅나무는 10~20쌍으로 느릅나무 중에서 가장 많다.

참느릅나무는 꽃이 가을에 피고, 늦가을에 열매가 익는다. 나머지 모든 느릅나무들은 봄에 꽃이 피고 초여름에 열매가 성숙한다는 점도 차이라 할 수 있다.

떡느릅나무의 변종인 혹느릅나무가 있는데, 가지에 코르크질의 돌기가 발달해 있다. 느릅나무 중에서 가장 추운 곳에서도 살아갈 수 있는 내한성이 강한 나무는 비술나무이다.

생육환경에 따라 추운 곳에서 따뜻한 지방으로 가면서 만날 수 있는 느릅나무를 순서대로 나열하자면, 비술나무, 난티나무, 떡느릅나무, 느릅나무, 당느릅나무 그리고 왕느릅나무과 참느릅나무 순이다.

다음에 소개되는 느릅나무의 종류는 8종이다. 느릅나무들을 식별하

왕느릅나무

참느릅나무 엽저

참느릅나무

기 전에 의문을 던져 보자.

가지에 코르크질의 돌기가 있는가?
잎의 가장자리는 홑톱니인가? 겹톱니인가?
잎 뒷면에는 털이 있는가?
잎끝이 갈라진 정도, 열매의 크기, 열매의 털의 유무는 어떠한가?

[느릅나무속Ulmus 검색표]
● 가지에 코르크질의 돌기가 발달해 있다 **혹느릅나무**
● 가지에 코르크질의 돌기가 없다 ▷ ● ●
● ● 잎은 홑톱니이다 **참느릅나무**
● ● 잎은 겹톱니이다 ▷ ● ● ●
● ● ● 잎에 털이 없다 **비술나무**
● ● ● 잎 뒤에 털이 있다 ▷ ● ● ● ●
● ● ● ● 잎끝이 갈라진다 **난티나무**
● ● ● ● 잎끝은 갈라지지 않는다 ▷ ◆
　◆ 열매의 지름이 1.5cm 이하이다 ▷ ◆ ●
　◆ 열매의 지름이 2~3cm이다 **왕느릅나무**
　◆ ● 잎의 지름이 7~18cm이다 **큰잎느릅나무**
　◆ ● 잎의 지름이 8cm 이하이다 ▷ ◆ ● ●
◆ ● ● 열매에는 털이 있다 **당느릅나무**
◆ ● ● 열매에는 털이 없다 **느릅나무**

팽나무속Celtis

팽나무의 속명 챌티스Celtis의 뜻은 '단맛이 나는 열매'를 말한다. 수피가 매끄럽고, 잎이 윤기가 나고, 대체로 두꺼운 편이며, 잎의 아래는 약간 삐딱한 의저이다. 잎의 가장자리 절반은 거치가 없다. 열매가 단맛이 나기 때문에 야생동물들이 특히 선호하는 겨울양식이 된다.

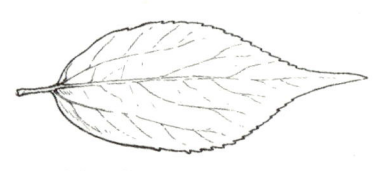

팽나무 잎

산팽나무 잎

팽나무속에는 다양한 나무들이 있다. 주로 야산에서 산다고 산팽나무, 열매가 크다고 왕팽나무, 잎끝이 뾰족하다고 폭나무, 잎이 둥근 모양이라고 둥근잎팽나무, 열매가 노랗게 익는다고 노랑팽나무, 열매가 검게 익는다고 검팽나무, 열매가 작다고 좀팽나무, 오래 산다고 장수팽나무 그리고 팽나무와 풍게나무 등이 있다.

팽나무속에 속하는 나무들을 잎으로 식별해 보고, 열매로도 구분을 해 보자.

팽나무의 어린 열매

[팽나무Celtis 검색표 – 잎 중심으로]

● 잎끝이 결각이거나 꼬리처럼 길다 ▷ ●●
● 잎끝이 길게 뾰족하다 ▷ ●●●
●● 결각이다 ▷ ●●●●
●● 꼬리같이 길다 ▷ ◆
●●● 잎의 하반부에 톱니가 없다 ▷ ◆●●●●
●●● 잎의 하반부에 톱니가 있다 ▷ ★
●●●● 어린잎과 과경에 털이 있고, 열매는 황색이다 **산팽나무**
●●●● 어린잎과 과경에 털이 없고, 열매는 암황색이다 **왕팽나무**
◆ 잎의 끝에는 톱니가 없다 **폭나무**
◆ 잎의 끝에는 톱니가 있다 ▷ ◆●●
◆●● 윗부분의 톱니가 크다 **둥근잎팽나무**
◆●● 톱니는 비슷하다 ▷ ◆●●●
◆●●● 열매는 황색이다 **노랑팽나무**
◆●●● 열매는 흑색이다 **검팽나무**
◆●●●● 열매는 황적색이다 **팽나무**
◆●●●● 열매는 흑색이다 **좀풍게나무**
★ 잎은 원형이다 **장수팽나무**
★ 잎은 난형에서 타원형이다 **풍게나무**

[팽나무Celtis 검색표 – 열매 중심으로]

● 열매는 황색이다 ▷ ● ●
● 열매는 검다 ▷ ● ● ●
● ● 열매의 지름은 1cm 이상이다 ▷ ● ● ● ●
● ● 열매의 지름은 0.8cm 이하이다 ▷ ◆
● ● 열매의 지름은 1cm 이상이다 **검팽나무**
● ● 열매의 지름은 0.8cm 이하다 ▷ ◆ ● ●
● ● ● ● 잎 뒷면에 털이 있다 **산팽나무**
● ● ● ● 잎 뒷면에 털이 없거나, 간혹 약간 있다 ▷ ◆ ●
◆ 잎끝은 꼬리같이 길다 **폭나무**
◆ 잎끝은 뾰족하다 **팽나무**
◆ ● 잎끝은 결각상이다 **왕팽나무**
◆ ● 잎끝은 꼬리처럼 길다 **노랑팽나무**
◆ ● ● 잎의 하반부에만 톱니가 있다 ▷ ◆ ● ● ●
◆ ● ● 잎의 하반부에는 톱니가 없다 **좀팽나무**
◆ ● ● ● 잎은 원형이다 **장수팽나무**
◆ ● ● ● 잎은 난형에서 타원형이다 **풍게나무**

느티나무 Zelkova serrata

느티나무는 생긴 모양이 우아해서 예부터 마을 어귀의 정자나무나 공원수, 정원수, 가로수 등으로 널리 심어온 친숙한 나무이다. 수피는 오랫동안 밋밋하다가, 나이가 들면 둥글고 네모난 긴 조각으로 떨어지는 것이 특징이다. 암꽃은 어린가지 윗부분의 잎겨드랑이에 1개 또는 3개가 달린다. 대개 암꽃은 수꽃보다 위에 발달된다. 열매는 지름이 약 5mm인 아주 작은 크기로 좌우비대칭인 구형의 수과이다. 10월에 검게 익는다. 겨울눈은 길이가 2~4mm이고, 난상의 원추형이며, 비늘조각은 자갈색으로 8~10개가 4열로 겹쳐져 있다.

어린가지에 잔털이 있고, 잎은 어긋나며, 잎자루는 짧고, 잎몸은 길이 3~7cm, 너비는 1~3cm로, 난상의 타원형이며, 끝이 길게 뾰족하고, 밑부분은 좌우비대칭

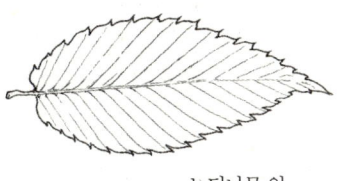

느티나무 잎

생달나무 숲에서 함께 자라는 느티나무

의 심장형이며, 가장자리에 톱니가 있고, 측맥은 8~18쌍이다. 수피에 가로로 난 피목 모양이 마치 어린이가 마마를 앓을 때 나타나는 모양과 비슷하다. 느티나무는 뿌리가 아주 깊게 발달해서 웬만한 태풍에도 넘어지지 않는다. 비옥한 곳에서 잘 자라며, 대기오염이 심한 곳에서는 생명력이 약한 편이다.

뽕나무과 Moraceae

뽕나무속, 무화과나무속, 닥나무속, 꾸지뽕나무

뽕나무과에는 무화과, 꾸지뽕나무, 닥나무 등이 속해 있으며, 이들은 모두가 비슷해 보이지만, 알고 보면 먼 친척이다. 무화과는 꽃을 피우지 않는 나무로 착각을 해서 이름이 붙여진 것이다. 하지만 꽃을 피우지 않고서는 어떤 식물도 살아갈 수 없다. 무화과는 꽃을 피우되, 외부로 드러내지 않고, 열매 안쪽에 피우기 때문에 잘 볼 수가 없을 뿐이다.

꾸지뽕나무는 뽕나무와 달리 잎의 가장자리에 톱니가 발달해 있지 않다는 것과, 가지에 가시를 만든다는 점이 다르다. 뽕나무는 닥나무와 같이 잎의 가장자리에 톱니가 있다는 점은 같으나, 닥나무의 열매는 둥글고 겨울눈을 감싸고 있는 아린이 2~3개인 반면, 뽕나무속에 속하는 친구들의 열매는 긴 타원형을 하고 있고, 겨울눈의 아린은 3~6개란 점이 다르다. 다음과 같이 뽕나무과를 검색표로 만들어 볼 수 있다.

[뽕나무과 Moraceae 검색표]

- 꽃은 열매 안쪽에 있다 **무화과속**
- 꽃은 밖에 나와 있다 ▷ ● ●
- ● ● 잎의 가장자리에 톱니가 없고, 가지에는 가시가 있다 **꾸지뽕나무**
- ● ● 잎의 가장자리에 톱니가 있고, 가시가 없다 ▷ ● ● ●
- ● ● ● 열매가 둥글다 **닥나무속**
- ● ● ● 열매가 긴 편이다 **뽕나무속**

뽕나무

자, 그럼 뽕나무속으로 들어가 보자. 뽕나무에는 몽고뽕나무, 돌뽕나무, 산뽕나무 및 뽕나무가 있다. 뽕나무의 잎으로 식별해 보자. 뽕나무를 라틴명으로 모루스Morus라 한다. '열매가 검다'는 뜻이다. 아래 모든 뽕나무의 열매는 검은색으로 익는다.

잎 가장자리는 어떤가?
잎의 표면에 털은 있는가?
잎의 끝은 어떻게 생겼는가?

[뽕나무속Morus 검색표]
- ● 잎의 가장자리 톱니가 날카롭고, 잎의 표면이 거칠다 **몽고뽕나무**
- ● 잎의 톱니가 날카롭지 않다 ▷ ● ●
- ● ● 잎 표면에 털이 있다 **돌뽕나무**
- ● ● 잎 표면에 털이 없다 ▷ ● ● ●
- ● ● ● 잎끝이 꼬리처럼 길다 **산뽕나무**
- ● ● ● 잎끝이 꼬리처럼 길지 않다 **뽕나무**

[닥나무속Broussosnetia 검색표]
- ● 2가화이며 수꽃은 원통모양이고, 잎자루는 닥나무보다 길며, 털이 있다 **꾸지나무**
- ● 1가화이며 수꽃은 둥글고, 털이 없다 **닥나무**

5
감나무와 때죽나무

감나무목 Ebenales
감나무과, 때죽나무과, 노린재나무과

때죽나무의 잎 모양은 가운데 부분이 가장 넓은 타원형이다.
노란색의 겨울눈은 마치 아기를 업은 듯
작은 눈을 바로 아래에 달고 있다.
그것을 중생부아라 한다.
열매에는 독성이 있어 물고기를 잡는 데 쓴다.

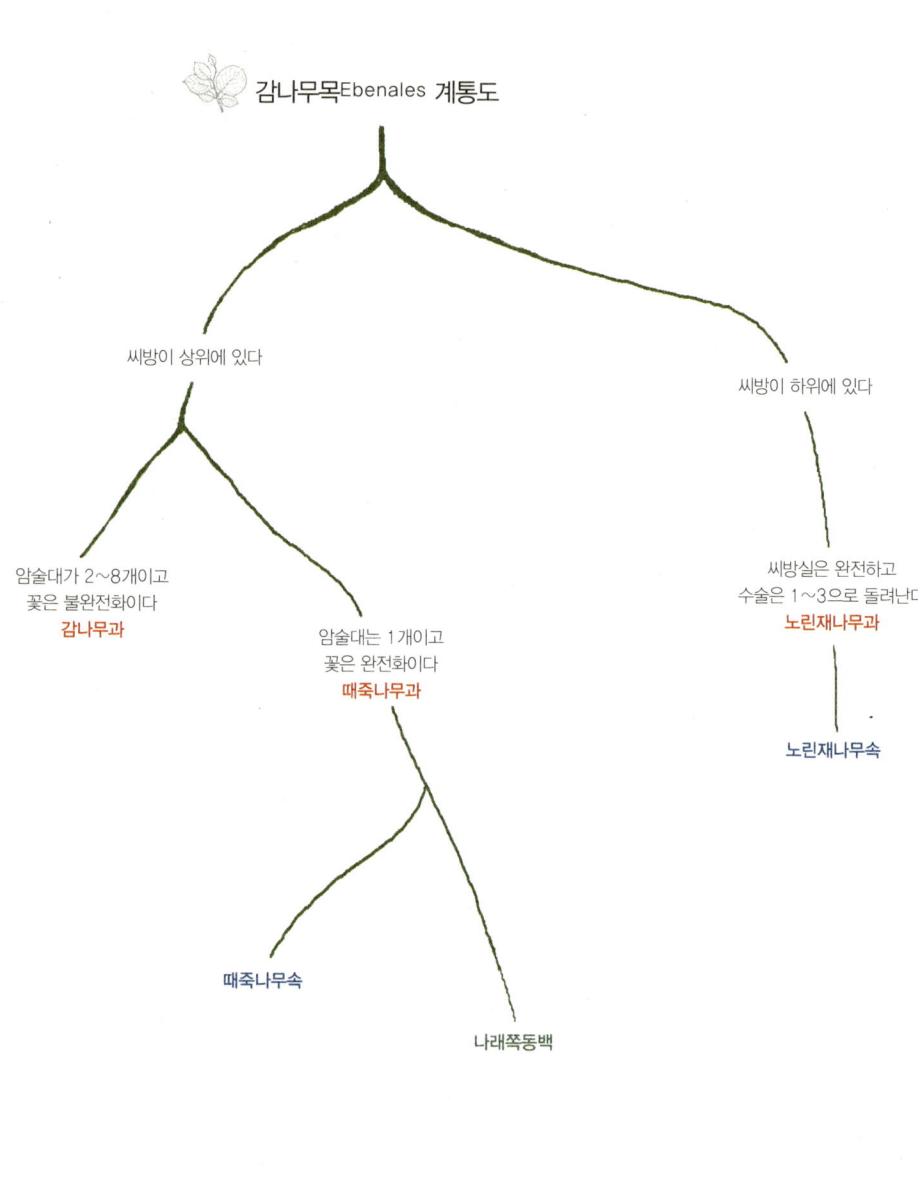

감나무목 Ebenales
감나무과, 때죽나무과, 노린재나무과

감나무과 Ebenaceae
감나무속

관목 또는 교목으로 자란다. 잎은 단엽이며 어긋나게 자란다. 상위씨방이며, 암술대가 2~8개이고, 꽃도 불완전화이다. 6속 300여 종이 전 세계적으로 분포되어 있고, 그 중 1속 2종이 우리나라에서 자란다.

감나무속 Diospyros

감나무와 고욤나무는 식별하기 쉬우면서도, 열매와 잎이 없으면 식별하기 어려울 수도 있다. 잎이 모두 떨어진 겨울에도 나뭇가지에는 종종 꼭지(꽃받침)가 남아 있는 것을 볼 수 있다. 감나무의 라틴어 이름은 디오스피로스 Diospyros이다. '신이 내린 과일'이란 뜻이다. 감나무속의 나무는 나이가 들면 수피가 사각모양의 작은 조각으로 나뉘는데, 마치 자잘한 타일 같은 모양을 하고 있다.

[감나무속 Diospyros 검색표]
- 어린가지에 회색 털이 있으며, 꽃이 피면 꽃자루(화경)가 없다 **감나무**
- 어린가지에 털이 없지만, 간혹 있는 경우 갈색털이 나타난다. 꽃에는 꽃자루(화경)가 있으며 열매는 2cm를 넘지 않는다 **고욤나무**

감나무의 어린 열매

쪽동백의 겨울눈

때죽나무과 Styracaeae
때죽나무속, 나래쪽동백

상위씨방이며 암술대는 1개이고 꽃도 완전화이다.

때죽나무속 Styrax

때죽나무는 키 작은 교목으로 어린가지는 갈색 또는 적갈색이며, 털이 없다. 정아가 없고 측아는 아린에 싸이지 않고 노란 털이 밀생한다. 피목은 작거나 뚜렷하지 않다. U자 모양의 엽흔은 측아를 일부 또는 완전히 감싸고 있다. 엽흔 안쪽에 있는 관속흔은 작고 수가 많으며, 한 줄로 나열되어 마치 1개처럼 보인다.

때죽나무는 잎의 가운데 부분이 가장 넓은 타원형 모양을 하고 있다. 노란색의 겨울눈은 마치 아기를 업은 듯 작은 눈을 바로 아래에 달고 있다. 그것을 중생부아라 한다. 열매에는 독성이 있어 물고기를 잡는데 사용했다고 한다.

쪽동백나무는 어린가지의 수피가 종잇장처럼 벗겨지며 엽흔은 O자 모양이다. 잎은 크고 둥글며, 잎자루를 떼면 그 안에 역시 아기를 업은

겨울눈, 잎, 겨울가지

때죽나무

쪽동백나무

때죽나무

듯한 겨울눈이 있다. 쪽동백나무의 둥글고 큰 잎 바로 아래에는 작은 잎 2장이 나란히 있다. 그 모양이 마치 쪽져 있는 것처럼 보인다 해서 쪽동백나무라 했다. 겨울철 나뭇잎이 다 떨어진 앙상한 가지만 남아 있을 때는 때죽나무와 식별하기 어렵다. 하지만 유심히 가지를 관찰하면, 쪽동백나무의 가지에는 껍질이 벗겨진 것이 달려 있고 때죽나무에는 없다.

[때죽나무속Styrax 검색표]
- 잎은 크고 원형이며, 겨울눈은 잎자루 속에 들어가 있다 ▷ ● ●
- 잎은 타원형이고, 겨울눈은 노출되어 있다 **때죽나무**
- ● ● 잎의 길이가 10cm이며, 분백색이며 성모가 밀생한다 **쪽동백나무**
- ● ● 잎의 길이가 8cm 이하이며, 담갈색으로 황갈색 성모가 있다 **좀쪽동백나무**

6
장미과 나무들

장미목 Rosales
장미과, 버즘나무과, 콩과, 조록나무과, 돈나무과, 범의귀과

우리에게 매우 친숙한 복숭아나무나
매실나무, 자두나무, 살구나무, 개살구나무, 산복사나무,
시베리아살구 들이 모두가 벚나무속에 속한다.
이들의 공통점은 열매의 한쪽이 패여 있으며,
흰 가루로 덮여 있거나, 털이 있다는 점이다.

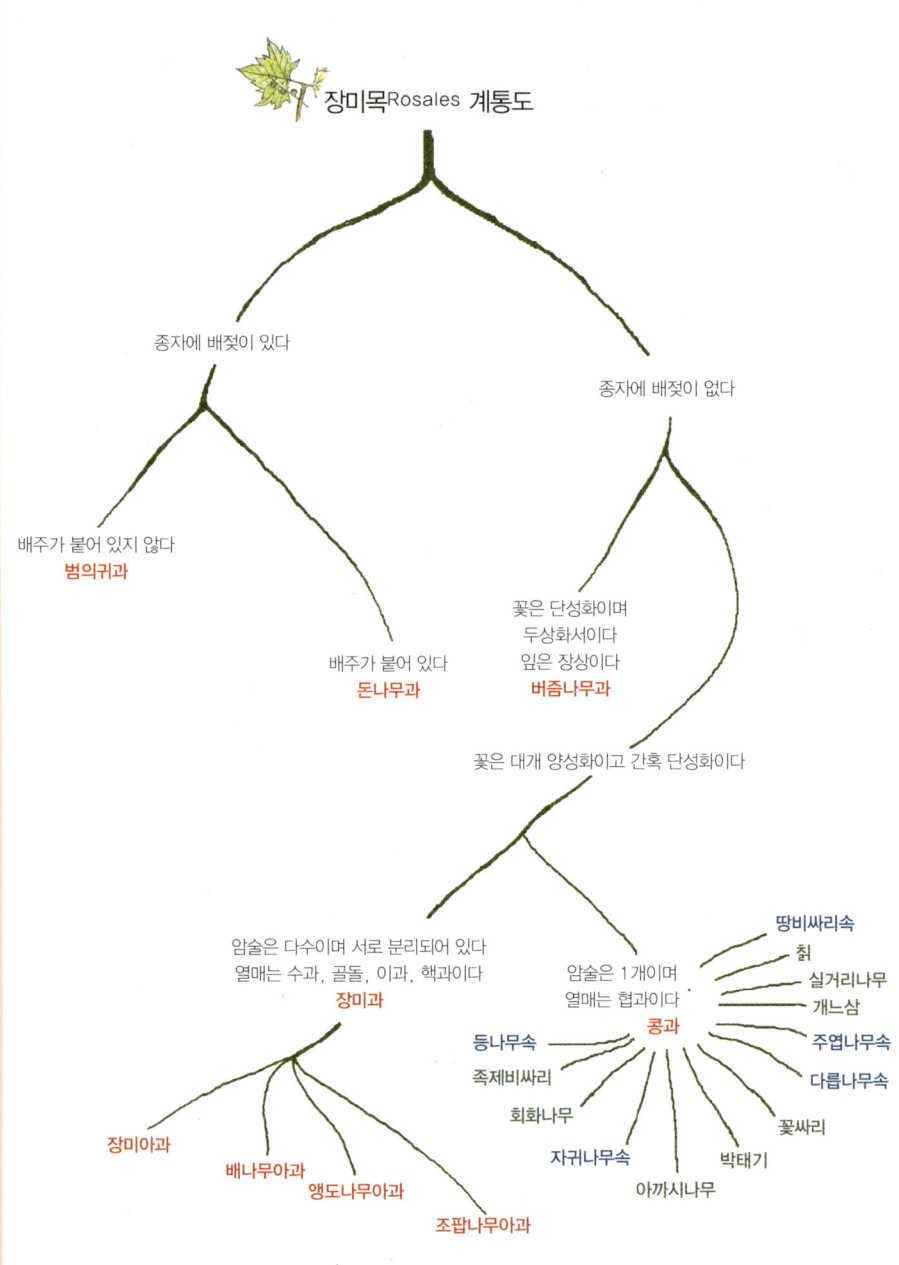

장미목 Rosales
장미과, 버즘나무과, 콩과, 조록나무과, 돈나무과, 범의귀과

장미과 Rosaceae
장미아과, 배나무아과, 앵도나무아과, 조팝나무아과

종자에 배젖이 없고, 꽃은 대개 양성화이다. 암술은 다수이며 서로 분리되어 있다. 열매는 수과, 골돌, 이과 및 핵과이다.

장미아과 Rosoideae 장미속 Rosa

장미속의 열매는 건과 또는 육질과이며, 벌어지지 않는다. 상위씨방을 하고 있으며, 10개 이상의 암술로 이루어진 씨방을 가지고 있다. 만일 암술이 그보다 적을 경우에는 대개가 건폐과로 나타난다.

해당화는 바닷가 모래땅에서 주로 서식하고, 땅속줄기로 영역을 넓혀가는 특징을 지니고 있다. 키는 1~1.5m 정도이고, 가지에는 짧고 부드러운 털과 길이 약 2~9mm 정도의 가시가 많다. 그 가시에도 짧은 털이 빽빽하다. 잎은 기수우상복엽이며, 어긋난다. 소엽은 길이 2~3cm, 너비 1~2cm의 타원형 또는 달걀모양의 타원형이고 가장자리에 톱니가 발달한다. 잎 표면은 주름져 있다. 탁엽은 크고 복엽 대궁의 아래쪽에서 합쳐진다.

6~8월, 가지 끝에 지름 6~8cm의 큰 붉은 꽃이 하나 또는 둘, 셋 정도

해당화 줄기에 돋아난 잔 가시들(좌, 우)

달린다. 꽃잎은 4장이며 넓은 심장형이다. 수술은 노란색이고 그 수가 많다. 암술대궁에는 털이 있고 꽃통에서 약간 밖으로 나온다. 꽃통은 거의 둥근 편이고 털은 없다. 꽃받침조각은 다섯 개이고, 끝쪽이 가늘어지고, 잎 모양으로 되며, 가장자리와 안쪽에 짧고 부드러운 털이 있다. 열매는 2~3cm 정도의 둥근 모양이며, 8~9월에 붉게 익고 먹을 수 있다.

[장미속 Rosa 검색표]

- ● 암술대는 느슨하고 기둥모양이며, 꽃은 흰색이다 ▷ ● ●
- ● 암술대는 서로 떨어져 있고, 꽃은 분홍색 또는 자홍색이다 ▷ ◆
  - ● ● 암술대에 털이 없다. 잔잎은 7~9개, 꽃은 지름이 약 2cm이다 **찔레꽃**
  - ● ● 암술대에 털이 있다.
    - 턱잎은 가장자리가 밋밋하거나 샘털 모양의 톱니가 있다 ▷ ● ● ●
  - ● ● ● 꽃은 크고 지름 3~5cm, 턱잎은 너비가 좁고 밋밋하다.
    작은 잎은 5~7개이다 **돌가시나무**
  - ● ● ● 꽃은 작고 지름이 3.5cm 이하이다 ▷ ● ● ● ●
    - ● ● ● ● 열매는 구형이다 **용가시나무**
    - ● ● ● ● 열매는 난상의 원형이다 **흰인가목**
      - ◆ 가지와 가시에 털이 있다 **해당화**
      - ◆ 가지나 가시에 털이 없다 ▷ ◆ ●
        - ◆ ● 열매는 구형 또는 난형이며, 길이 1.3cm 이하이다 **붉은인가목**

◆◆ 열매는 도란상 방추형이고 길이 1.5cm 이상이다 ▷ ◆◆
◆◆◆ 작은 잎은 7개 이상이며, 끝이 둥글다 **생열귀나무**
◆◆◆ 작은 잎은 7개 이하이며, 끝이 뾰족하다 **민둥인가목**

버즘나무과 Platanaceae
버즘나무속

낙엽교목이다. 잎은 어긋나며 탁엽이 발달하나 이른 시기에 떨어진다. 꽃은 단성화이고 열매는 삭과이다. 1속 11종이 전 세계적으로 분포하며 은행나무와 더불어 공해에 잘 견디는 성질 때문에 가로수로 심는다. 종자에 배젖이 없고, 꽃은 단성화이며 두상화서이다. 잎은 장상단엽이다.

버즘나무속 Platanus

흔히 가로수로 만날 수 있는 나무이다. 플라타너스 또는 북한에서는 방울나무라고 한다. 버즘나무는 매우 생장이 빠르고, 빛을 많이 필요로

양버즘나무 수피

버즘나무속 잎의 차이, 열매의 차이

양버즘　　　　　버즘　　　　　단풍버즘

하는 양수이다. 토양은 산성이든 알카리성이든 구분하지 않고 잘 자란다. 산도가 3.5~7.5 사이이면 문제가 없을 만큼 생명력이 강한 편이다. 토양의 수분요구도 그렇게 까탈스럽지 않다. 배수가 잘 되고 비교적 습한 곳에서 잘 자란다. 높이 약 30m까지 자라는 교목이다. 줄기는 곧게 서고, 나무껍질이 큰 조각으로 떨어지며 떨어진 직후에는 흰색이지만 점차 잿빛을 띤 녹색이 된다. 잎은 어긋나고, 달걀모양 원형이며, 나비는 10~20cm 정도이다. 잎은 5~7개로 깊게 갈라지는데, 각 갈래조각에는 크고 날카로운 톱니가 있다. 가운데 갈래조각은 길이가 나비보다 길며, 톱니가 드문드문 있거나, 밋밋하다. 잎자루는 길이 3~8cm로서, 어린 겨울눈을 둘러싸고 있으며, 턱잎은 작다.

　겨울눈에는 측아가 발달해 있으며, 정아는 없고, 눈을 감싸고 있는 버드나무속처럼 아린이 1개가 발달해 있다. 버즘나무속에는 버즘나무, 양버즘나무 그리고 단풍잎을 닮은 단풍버즘나무가 있다. 버즘나무와 양버즘나무 사이에서 태어난 단풍버즘나무는 잡종이다. 단풍버즘나무는 방울이 한 줄에 2~4개가 달린다. 버즘나무는 한 줄에 3~4개가 달리고, 양버즘나무는 1개만 달린다. 여러 개가 한 줄에 매달린 버즘나무 방울열매에는 소병(짧은 방울열매자루)이 없다. 반면 단풍버즘나무는 방울 각각에 소병이 발달해 있다. 버즘나무의 수피는 흰색과 담록색이 얼룩져 있으며, 양버즘나무의 수피는 암갈색으로 세로로 갈라지고, 단풍버즘나무의 수피는 평활하다. 양버즘나무 어린가지의 탁엽은 매우 크다.

[버즘나무속 Platanus 검색표]
- 방울열매는 한 줄에 한 개(가끔 2개)만 달려 있고, 잎의 너비가 길이보다 길다 **양버즘나무**
- 방울열매는 한 줄에 여러 개 매달려 있다 ▷● ●
  - ● ● 각 방울마다 소병(작은 열매자루)이 없고, 잎의 길이가 너비보다 길다 **버즘나무**
  - ● ● 각 방울마다 소병(작은 열매자루)이 발달해 있고, 잎은 길이와 너비가 비슷하며, 단풍잎을 닮았다 **단풍버즘나무**

배나무아과 Pomoideae

마가목속, 사과나무속, 배나무속, 산사나무속

마가목속 Sorbus

마가목속에는 팥배나무와 마가목이 있다. 팥배나무는 단엽인 반면, 마가목은 복엽이다. 팥배나무의 잎을 만지면 마치 인조 비닐 같은 느낌이 들 만큼 반짝거리며 엽맥이 뚜렷하게 돌출해 있다. 생명력이 매우 강해서 특별한 환경조건을 가리지 않고 잘 자란다. 팥배나무란 이름은 열매 크기가 팥과 비슷하고 모양이 먹는 배를 닮았다 해서 부르게 된 이름이다. 팥배나무 열매는 새들이 매우 선호해서 그 옆에 한동안 서 있으면 주변에 있는 새들을 쉽게 관찰할 수 있다.

[마가목속 Sorbus 검색표]
- 단엽이다 **팥배나무**
- 복엽이다 ▷● ●
  - ● ● 어린가지나 잎, 겨울눈에 털이 없으며, 잎 뒷면은 연초록색이고, 작은 잎은 7~13개이다 **마가목**

마가목의 잎과 열매

팥배나무의 잎과 열매

●● 겨울눈에 털이 있다 ▷●●●
●●● 겨울눈의 털은 갈색이고, 다소 광채가 나는 잎은 9~11개이며, 잎 가장자리 전체에 톱니가 발달해 있다 **산마가목**
●●● 겨울눈에는 털이 있지만, 잎에는 털이 없으며, 13~15개인 작은 잎의 가장자리는 아래로 내려가면서 톱니가 없어진다 **당마가목**

사과나무속

사과나무의 꽃은 배나무의 꽃과 흡사해서 간혹 혼동을 할 때가 많다. 배나무는 산방꽃차례를 하고 있는 반면, 사과나무는 총상꽃차례를 하고 있다. 꽃은 흰색 또는 은은한 분홍색이며, 꽃받침과 꽃잎은 각 5장이다. 자방하위이며, 암술대는 3-5개, 수술은 다수이다. 어린가지에 가시가 발달하는 경우가 종종 있으며, 잎은 어긋나고 잎의 가장자리에는 톱니가 발달해 있다. 열매는 이과이다.

사과나무속에는 야광나무, 아그배나무, 능금나무, 사과나무 및 이노리나무가 있다.

[사과나무속Malus 검색표]
- 🔴 잎은 삼주맥이다 **이노리나무**
- 🔴 잎은 삼주맥이 아니다 ▷ 🟢🟢
- 🟢🟢 잎의 가장자리에 결각이 있다 **아그배나무**
- 🟢🟢 잎의 가장자리에 결각이 없다 ▷ 🔴🔴🔴
- 🔴🔴🔴 열매 꼭지에 꽃받침이 없다 **야광나무**
- 🔴🔴🔴 열매 꼭지에 꽃받침이 있다 ▷ 🟢🟢🟢🟢
- 🟢🟢🟢🟢 열매의 기부는 혹처럼 생겼다 **능금나무**
- 🟢🟢🟢🟢 열매의 기부는 밋밋하다 **사과나무**

배나무속

잎은 어긋나기를 하고, 턱잎이 있다. 잎의 가장자리는 톱니가 발달되어 있거나 없으며, 결과가 발달하거나 발달하지 않는다. 잎자루에는 갈색털이 발달해 있으나, 성숙하면서 없어진다. 꽃은 산방꽃차례이며, 흰색이나 간혹 연한 분홍색으로 핀다. 자방하위이며, 암술대는 2-5개이며, 수술은 다수이다. 배나무속의 나무들은 꽃부터 피고 잎이 돋아난다. 열매는 이과이다.

배나무속에는 산돌배나무, 참배나무, 돌배나무, 콩배나무가 있다.

[배나무속Pyrus 검색표]
- 🔴 열매 꼭지에 꽃받침이 있다 ▷ 🟢🟢
- 🔴 열매 꼭지에 꽃받침이 없다 ▷ 🔴🔴🔴
- 🟢🟢 잎의 톱니는 길고 뾰족하다 **산돌배나무**
- 🟢🟢 잎의 톱니는 뾰족하지만 길지 않다 **참배나무**
- 🔴🔴🔴 잎의 가장자리에는 뾰족한 작은 톱니가 있고, 열매의 양쪽 끝은 움푹하게 들어가 있다 **돌배나무**
- 🔴🔴🔴 잎의 가장자리는 물결모양이고, 열매는 양쪽 끝이 오목하다 **콩배나무**

산사나무속 Crataegus

학명에는 나무의 '재질이 매우 단단하다'는 뜻이 담겨 있다. 아까시나무의 가시가 탁엽이 변한 것이라면, 산사나무의 가시는 줄기가 변한

산사나무의 열매와 가시

것으로 매우 강하다.

　대부분 아교목 형태로 자라고, 단지가 발달되어 있는 것이 산사나무의 특징이며, 잎이 떨어진 흔적인 엽흔은 초생달모양에서 삼각모양으로 나타난다. 관속흔은 3개가 발달되어 있다. 겨울눈을 감싸고 있는 아린의 조각은 7~8개이고, 대부분 병생부아를 하고 있다. 측아는 난형이며 끝이 둔하다. 산사나무속에는 산사나무, 아광나무 및 미국산사나무가 있다. 이노리나무는 우리나라 특산수목으로 분류한다.

[산사나무속Crataegus 검색표]
- 🔴 가시는 가지로부터 90도 정도 직각을 이루고 있고, 잎은 우상으로 길게 갈라진다 **산사나무**
- 🔴 가시는 가지와 90도 이상 벌어졌고, 결각 또는 장상으로 갈라진다 ▷ 🟢🟢
- 🟢🟢 잎은 얕은 결각을 보인다 ▷ 🔴🔴🔴
- 🟢🟢 잎은 장상으로 갈라진다 **이노리나무**
- 🔴🔴🔴 가시의 길이는 2cm 이하이다 **아광나무**
- 🔴🔴🔴 가시의 길이는 3cm 이상이고, 잎 뒷면에 털이 없다 **미국산사나무**

콩과 Leguminosae

다릅나무속, 싸리나무속, 자귀나무속, 족제비싸리, 개느삼, 아까시나무, 회화나무

종자에 배젖이 없고, 꽃은 대개 양성화이다. 암술은 1개이며, 열매는 협과이다.

다릅나무속 Maackia

다릅나무는 전국적으로 산에서 볼 수 있는 높이 10~15m 되는 낙엽교목이다. 어린가지에 흰털이 밀생하며, 잎이 어긋나는 복엽이다. 수피는 약간 금속빛이 돌고, 껍질이 때를 밀어 낸 듯 세로로 말려 있는 특징을 지니고 있다. 작은 잎의 뒷면에는 갈색털이 있다. 총상화서 또는 원추화서의 꽃은 7, 8월에 황백색으로 핀다. 열매는 협과로 넓은 선형이며 털이 없으며, 크기는 약 5cm 정도이다. 제주도에서 자라는 솔비나무는 다릅나무와 비슷한데, 종자에 복모가 있고, 날개가 다릅나무보다 비

다릅나무 새순

다릅나무 잎

다릅나무 수피

교적 작다. 소엽이 다릅나무보다 많지만, 크기는 작다.

[다릅나무속Maackia 검색표]
- 소엽은 11개를 넘지 않으며, 타원형 또는 장난형으로 길이가 5~8cm이다 **다릅나무**
- 소엽은 보통 13장 이상이고, 타원상 난형 또는 긴타원형이고 길이가 3~5.5cm이다 **솔비나무**

싸리나무속Lespedeza

싸리란 나무의 이름은 우리에게 매우 익숙하다. 그만큼 우리의 문화와 밀접한 관련이 있으며, 주변에서 흔히 만나는 관목이다. 싸리나무속에는 나무뿐 아니라 들풀인 친구들도 함께 있다. 풀싸리나 괭이싸리는 겨울이면 지상부가 말라죽는 다년초 식물이다. 참싸리, 싸리, 조록싸리, 개싸리, 좀싸리, 비수리 등이 이른바 진짜 싸리들이다.

싸리나무류의 잎은 어긋나고, 삼출엽이고, 꽃은 모두 무한총상화서로 핀다. 이들은 대개 무더위가 시작되는 6월부터 9월까지 꽃을 피워내며, 크기도 고만고만하다. 가장 높이 자라는 싸리가 3m를 넘지 못하고, 가장 작은 것은 50cm 정도의 키를 보인다.

참싸리

참싸리는 잎끝이 오목하게 들어간 요두모양에 흰빛이 도는 녹색 잔털이 있다. 양지바른 곳에서 잘 자라며, 소지에는 능선과 희고 짧은 털이 있는 게 특징이다. 참싸리의 꽃차례는 짧은 총상화서로 핀다.

싸리는 잎끝이 둥글며, 뒷면에 누운 털이 있다. 참싸리와 마찬가지로 양지바른 곳을 좋아하며, 어린가지에 능선이 발달되어 있고, 잎 뒷면은 회록색이다. 싸리나무의 총상화서는 총잎자루보다 훨씬 길게 자라나 있다는 점이 특징이다.

조록싸리는 잎끝이 뾰족하고, 윗면은 털이 없고, 뒷면과 잎자루에 담록색의 비단털이 있다. 총상화서는 비교적 긴 편이다. 조록싸리는 싸리류 가운데 가장 내음성이 강하다.

족제비싸리의 꽃

　개싸리는 원줄기와 가지에 능선이 발달해 있고, 긴 갈색모가 있다. 잎 앞면에도 잔털이 나 있으며, 뒷면에는 갈색모가 있다. 엽맥이 도드라져 있으며, 8~9월에 담황색 꽃이 핀다.

　좀싸리는 원줄기가 여러 개 나오며 비스듬하게 자라고, 줄기에는 능선이 발달해 있다. 잎 앞면에는 털이 없고, 회록색 뒷면에는 잔털이 있다. 거치가 없고, 잎자루에 털이 나 있다. 9월에 담황색, 또는 흰색 총상화서의 꽃이 핀다.

　비수리는 가지에 털과 능선이 있으며, 잎 뒷면에 자잘한 털이 있다. 꽃의 길이는 잎의 길이보다 짧은 것이 특징이며, 황록색 꽃에 붉은 반점이 보인다.

　싸리나무와 연관성이 없음에도 불구하고, 싸리란 이름을 가진 나무들이 많다. 땅비싸리, 족제비싸리, 광대싸리 등이 그들이다. 물론 같은 콩과이지만, 진짜 싸리나무와는 거리가 좀 멀다.

[싸리나무속Lespedeza 검색표]
- 🔴 꽃잎과 수술이 모든 꽃에 있다 ▷ ● ●
- 🔴 꽃잎과 수술이 없는 꽃도 있다 ▷ ● ● ● ●
  - 🟢🟢 꽃차례 밑부분에 포엽이 있으며, 작은잎(소엽)은 끝이 뾰족하고 밑부분이 둥글다 **조록싸리**
  - 🟢🟢 꽃차례 밑부분에 포엽이 없다 ▷ ● ● ●
    - 🔴🔴🔴 꽃차례는 잎보다 짧고, 작은 잎은 원형 또는 타원형이다 **참싸리**
    - 🔴🔴🔴 꽃차례는 잎보다 길고, 작은 잎은 넓은 난형 또는 도란형이다 **싸리**
    - 🟢🟢🟢 줄기는 땅을 기고, 작은 잎은 원형 또는 넓은 도란형이다 **괭이싸리**
    - 🟢🟢🟢🟢 줄기는 곧게 또는 비스듬히 선다 ▷ ◆
      - ◆ 식물의 몸에는 누운 털이 있다 ▷ ◆ ●
      - ◆ 식물의 몸에는 곧게 선 털이 있으며, 작은 잎은 타원형 또는 긴 타원형이다. 잎의 뒷면에 긴 갈색 털이 밀생한다 **개싸리**
        - ◆● 작은 잎은 선모양의 도피침형이며 밑부분은 뾰족하다 **비수리**
        - ◆● 작은 잎은 긴 타원형이며, 끝이나 밑부분이 둥글다 **좀싸리**

족제비싸리 Amorpha fruticosa

미국 동부 출신이다. 뿌리의 발달이 매우 강해서 철도변, 고속도로, 제방 등 사방공사용으로 많이 심는다. 아까시나무, 회화나무와 닮은 복엽은 어긋나고, 소엽은 11~25개 정도이다. 족제비싸리는 콩과로 하늘을 향해 곧추서 있는 열매가 족제비의 꼬리를 닮았다.

개느삼 Echinosophora koreensis

1속 1종이 존재하는데 우리나라에 있다. 함경남도 북청과 신흥군에서 발견되고, 강원도 화천이나 양구에서도 나타난다. 높이가 약 1~1.5m의 작은 관목이다. 땅속줄기로 번식하며, 가지가 많이 갈라지고 털이 있다. 5월에 피는 꽃은 매우 짙은 황색이다.

개느삼 꽃

아까시나무 Robinia pseudoacasia

아카시나무를 외국에서는 '로비니아'Robinia라고도 한다. 로비니아는 프랑스 원예가의 이름에서 왔다. 그리고 종소명은 열대우림에 살고 있는 아까시아나무와 비슷한 나무라는 뜻이다. 아까시나무 하면 흔히 척박한 땅에서 잘 자라는 나무로만 알고 있다. 하지만 비옥한 토양을 좋아하는 나무이다. 미국 동부 지역이 고향으로 나무의 줄기를 잘라도 다시 가지를 내어서 살 수 있는 맹아력이 매우 강인한 나무이다. 때문에 우리나라에서 산사태를 방지하기 위해 많이 심어 왔다.

아까시나무는 어린 나무이거나 환경이 좋지 못하면, 대체로 많은 가시를 만든다. 가시는 점점 성목이 되어 가면서 없어진다. 아까시나무의 가시는 작은 탁엽이 변해 만들어진 것이다. 수분증발에 대한 요구가 높을 때, 이를 억제하기 위한 수단으로 가시를 만든다.

아까시나무는 정아와 측아가 없는 것처럼 보이나, 잎이 떨어진 자리인 엽흔 속에 감춰져 있다. 이러한 눈을 은아라 한다. 꽃아까시나무는

꽃아까시나무의 꽃

바늘 같은 가시를 발달시키며, 키는 대략 1m 정도 자라는 낙엽관목이다. 가시가 없는 민둥아까시나무는 아까시나무의 변종이다. 엽흔은 삼각형이며, 관속흔은 3개가 발달해 있다.

[아까시나무속Robinia 검색표]
- ● 어린가지에는 가시가 있다 ● ●
- ● 어린가지에는 가시가 없거나 퇴화한 탁엽의 흔적이 있다 **민둥아까시나무**
- ● ● 어린가지에 가시가 있고, 겨울눈은 잘 보이지 않는 은아이며, 흰꽃이 핀다 **아까시나무**
- ● ● 줄기나 가지에 바늘 같은 가시가 밀생하며, 붉은꽃이 핀다 **꽃아까시나무**

회화나무 Sophora japonica

콩과에 속하는 회화나무는 주변 공원이나 마을 어귀 등에서 고목으로 자주 만날 수 있으며, 정직과 성실을 상징한다. 옛날 과거에 급제하고, 벼슬을 하는 양반 집안에서만 심게 허락되었다고 해서, 선비나무라고도 부른다.

회화나무는 대략 25m까지 자라며, 몇 년 동안은 가지의 색깔이 유난히 짙은 초록색을 띤다. 잎은 어긋나고, 기수우상복엽 또는 우수우상복엽이 동시에 나타난다. 작은 잎자루가 있는 작은 잎은 7~17개 정도이고, 달걀모양 또는 달걀모양의 타원형이며, 뒷면에는 누운 털이 있다. 열매 꼬투리는 길이가 5~8cm 정도이고, 종자 사이가 잘록하게 들어간 구슬모양의 노끈처럼 매달려 있다.

꽃은 8월에 연한 황색으로 피고 원추화서로 달린다. 꽃이 염료 또는 약으로 이용되어 귀한 나무로 인지되면서 회화라는 이름이 붙여졌다. 꽃으로 고혈압을 치유하고, 노란색을 뽑아서 염

회화나무 열매

색을 하였다. 옛날, 노란 종이는 바로 회화나무꽃의 색소로 만들었다.

회화나무는 잎이 밤에는 접히고 낮에는 펼쳐지는 특징을 가지고 있다. 그러나 밤에는 열리고 낮에는 접히는 변종인 수궁괴란 나무도 있다.

회화나무는 중국이 원산지로, 양자강이나 황하강 유역에 자생한다. 우리나라에서는 서울 조계사에서 천연기념물인 백송과 더불어 수령 400여 년으로 추정되는 회화나무를 만날 수 있다. 인천 신현동과 서울 정동 거리에 있는 회화나무도 수령이 대략 400~500년 정도에 이르는 것으로 추정한다.

범의귀과 saxifragaceae

[까마귀밥나무속 Ribes 검색표]
- ● 줄기의 마디에 1~3개의 가시가 있다 **서양까치밥나무**
- ● 줄기에 가시가 없다 ▷ ● ●
- ● ● 꽃은 잎겨드랑이에 모여 피고, 열매는 털이 없고 붉으며, 잎 뒷면에 털이 있다 **까마귀밥여름나무**
- ● ● 꽃은 총상꽃차례로 포가 오랫동안 남아 있다 ▷ ● ● ●
- ● ● ● 열매는 검다 **까막까치밥나무**
- ● ● ● 열매는 붉다 **까치밥나무**

[수국속 Hydrangea 검색표]
- ● 줄기는 덩굴성이다 **등수국**
- ● 줄기는 곧추선다 ▷ ● ●
- ● ● 가장자리만 무성화이다 **산수국**
- ● ● 무성화뿐이다 ▷ ● ● ●
- ● ● ● 산방꽃차례이다 **수국**
- ● ● ● 원추꽃차례이다 **나무수국**

[고광나무속 Philadelpus 검색표]
- ● 잎 뒷면과 잎자루에 털이 있다 **섬고광나무**
- ● 잎 뒷면에 털이 없다 ▷ ● ●

- ●● 꽃자루에 털이 없다 **애기고광나무**
- ●● 꽃자루에 털이 있다 ▷ ●●●
- ●●● 잎은 두꺼운 편이고, 화주에 털이 있다 **고광나무**
- ●●● 잎은 얇고 화주에 털이 없다 **얇은잎고광나무**

[말발도리나무속Deutzia 검색표]
- ● 산형꽃차례이며 꽃잎은 서로 겹쳐진다 ▷ ●●
- ● 원추꽃차례 또는 총상꽃차례이며, 꽃잎은 서로 겹쳐지지 않는다 ▷ ●●●
- ●● 잎의 앞뒷면에 별처럼 생긴 털(성모)이 있다 **말발도리**
- ●● 잎의 뒷면에 털이 없다 **물참대**
- ●●● 꽃은 묵은 가지에 달린다 ▷ ●●●●
- ●●● 꽃은 새로운 가지에 달린다 ▷ ◆
- ●●●● 잎의 앞뒤에 털이 있다 ▷ ●●
- ●●●● 잎의 앞에 털이 없고 뒷면에 별처럼 생긴 털이 있다 **해남말발도리**
  - ◆ 원추꽃차례이다 **꼬리말발도리**
  - ◆ 꽃은 1~3개씩 달린다 **바위말발도리**
- ◆● 잎 뒷면에 별처럼 생긴 털이 있고 꽃받침에 털이 없다 **매화말발도리**
- ◆● 잎 뒷면에 별처럼 생긴 털이 있고, 꽃받침엔 거의 털이 없다 **지리말발도리**

앵도나무아과 Prunoideae

벚나무속, 빈추나무

벚나무속 Prunus

주로 낙엽교목이지만, 가끔 관목형의 벚나무류도 있다. 겨울눈을 감싸고 있는 아린이 매우 많다는 것이 벚나무속의 특징 중 하나이다. 잎은 모두가 어긋나며, 대부분 가장자리에 톱니가 잘 발달되어 있고, 탁엽도 있다.

벚나무 꽃은 양성화로 1개 또는 여러 개씩 달리거나, 총상화서에 달린다. 꽃잎과 꽃받침은 5개이고, 꽃잎은 보통 흰색, 분홍색, 적색이며, 다수의 수술은 꽃받침통 위에 달린다. 암술은 1개로서 암술대는 길다. 벚나무속의 나무들은 화려한 꽃을 피우나 대부분이 장수하지 못한다. 열매는 모두가 핵과이다.

귀룽나무 밀선(꿀샘)

벚나무 겨울눈

벚나무 수피

벚나무 열매

왕벚나무의 가족사를 한번 보자. 왕벚나무는 올벚나무와 산벚나무 사이에 태어난 잡종이다. 올벚나무는 해발 500m 전후에서 많이 나타나는 반면, 산벚나무는 좀더 높은 해발 500~1,000m에서 주로 나타난다. 그러니까 산벚나무가 올벚나무보다 추위에 견디는 능력이 좀더 있다고 본다. 올벚나무의 화탁은 항아리모양이며, 털이 많고, 꽃은 약간 일찍 피는 반면, 산벚나무의 화탁은 깔때기모양이며, 털이 없다. 올벚나무는 꽃이 핀 뒤에 잎이 나지만, 산벚나무는 동시에 핀다. 둘 사이에서 태어난 왕벚나무는 털이 약간 있는, 아래 위 너비가 비슷한 일자 모양의 화탁을 가지고 있다.

우리에게 매우 친숙한 복숭아나무(복사나무)나 매실나무, 자두나무, 살구나무, 개살구나무, 산복사나무, 시베리아살구 들이 모두가 벚나무 속에 속한다. 이들의 공통점은 열매의 한쪽이 패여 있으며, 흰 가루로 덮여 있거나, 털이 있다는 점이다. 복숭아나무나 산복사나무만 제외하면 모두 겨울눈의 정아가 없고 액아는 1개씩이다. 복숭아나무와 산복사나무는 정아가 있고, 액아가 3개씩 있다. 복사나무와 산복사나무의 차이점은 꽃받침에 있다. 꽃받침에 털이 있는 것은 복사나무이며, 없는 것은 산복사나무이다.

열매에 능선이 있는가, 없는가?
잎자루에 털이 발달해 있는가?
꽃받침은 어떤 형태인가?
꽃잎의 모양은 어떤가?

[벚나무류 Prunus 검색표 1 – 열매에 능선이 발달한 나무들]

- 🟠 정아가 있으며, 액아는 3개이다 ▷ 🟢🟢
- 🟠 정아가 없으며, 액아는 1개이다 ▷ 🟢🟢🟢
- 🟢🟢 꽃받침에 털이 있다 **복사나무**
- 🟢🟢 꽃받침에 털이 없다 **산복사나무**
- 🔴🔴🔴 종자의 과육은 잘 떨어진다 ▷ 🔴🔴🔴🔴
- 🔴🔴🔴 종자의 과육은 잘 떨어지지 않는다 ▷ 🔶
- 🔴🔴🔴🔴 잎의 톱니는 불규칙한 겹톱니이며, 수피에 코르크가 잘 발달되어 있다 **개살구나무**
- 🔴🔴🔴🔴 잎의 톱니는 홑톱니이고, 종자는 옆에 날개 같은 돌기가 있다 **시베리아살구나무**
- 🔶 잎은 톱니가 규칙적이며, 어린가지는 초록빛을 띤다 **매실나무**
- 🔶 잎에는 크고 작은 톱니가 불규칙하다 **살구나무**

[벚나무류 Prunus 검색표 2 – 열매에 능선이 없는 나무들]

- 🟢 화서는 총상이다 **귀룽나무**
- 🟢 화서는 산형이다 ▷ 🟢🟢
- 🟢🟢 잎자루에 털이 없다 ▷ 🟢🟢🟢
- 🟢🟢 잎자루에 털이 있다 ▷ 🟢🟢🟢🟢
- 🔴🔴🔴 잎 뒷면에 털이 없다 ▷ 🔶
- 🔴🔴🔴 잎 뒷면에 미모가 있고, 수피는 자줏빛의 회갈색이다 **개벚나무**
- 🟢🟢🟢🟢 꽃받침은 뒤로 젖혀진다 ▷ 🔶🔶
- 🟢🟢🟢🟢 꽃받침은 뒤로 젖혀지지 않는다 ▷ 🔶🔶🔶
- 🔶 잎의 뒷면이 분백색(흰가루빛)이며, 잎자루에는 1쌍의 붉은빛 밀선이 있고, 수피는 검은 밤색 또는 짙은 자갈색이다 **산벚나무**
- 🔶 잎의 뒷면은 회록색이며, 2개 또는 3개가 있고, 수피는 암갈색이다 **벚나무**
- 🔶🔶 꽃잎은 원두이다 **산개벚나무**
- 🔶🔶 꽃잎은 요두이다 **섬벚나무**
- 🔶🔶🔶 암술대에 털이 있고, 수피는 회갈색이다 **왕벚나무**
- 🔶🔶🔶 암술대에 털이 없다 **올벚나무**

벚나무류의 화관통 모양

올벚나무   산벚나무   왕벚나무

조록나무과 Hamamelidaceae
조록나무, 히어리, 풍년화

　조록나무는 대표적인 남쪽 난대식물로 높이 15m까지 자란다. 두꺼운 잎은 어긋나고, 장타원형 또는 좁은 도란형이며, 길이는 3~8cm 정도이다. 붉나무의 오배자 충영처럼 조록나무 잎에도 충영이 잘 생긴다. 조록나무 수꽃에도 암술이 있지만 퇴화되어 가고 있다. 열매는 목질 삭과로 2개로 갈라진다.

　히어리는 조록나무과에 속하는 우리나라 특산수목이다. 히어리는 코리롭시스Corylopsis란 속명을 갖는데, 코리루스Corylus란 '개암나무'의 속명이며, 옵시스opsis는 '비슷하다'는 의미이다. 개암나무 잎과 비슷하다는 뜻이다. 히어리는 지역에 따라서 각설대나무 또는 송광납판화라고도 부른다. 지리산 낮은 지역에서 자라는 낙엽관목으로 높이는 5m 이상 자라지 못한다. 잎은 어긋나며, 거의 원형이고, 거치가 뾰족하게 발달해 있다. 잎의 앞부분은 녹색이지만, 뒷부분은 회백색이며, 양면에

히어리 잎과 열매

히어리 꽃

털이 없고, 5~8개의 뚜렷한 측맥이 잎의 가장자리까지 닿아 있다. 3월과 4월, 총상화서의 노란 꽃이 전년도의 가지 끝이나 마디에서 잎보다 먼저 핀다. 열매는 9월과 10월에 익는데 2개로 갈라지는 삭과이며, 4개의 검은 종자가 있다. 잎은 가을에 황색으로 변한다.

　풍년화도 조록나무과에 속하는데, 일본이 고향이다. 높이 3~5m까지 자란다. 가지는 황갈색 또는 암갈색이며, 잎은 어긋나고, 가장자리는 물결모양이다. 꽃받침, 꽃잎, 수술은 각각 4개씩이며, 꽃잎은 노란색의 선형으로, 암술머리는 2개로 갈라진다. 열매는 삭과로 10월과 11월에 황갈색으로 익는다. 삭과가 벌어지면 흑색의 종자가 2개 나온다.

[조록나무과 Hamamelidaceae 검색표]
- 상록활엽수이며 화관이 없다 **조록나무**
- 낙엽활엽수이며 화관이 있다 ▷ ● ●

- ● 갈래 꽃은 5가닥이다 **히어리**
- ● 갈래 꽃은 4가닥이다 **풍년화**

조팝나무아과 Spiraeoideae

조팝나무속, 국수나무, 개쉬땅나무, 산국수나무속, 가침박달, 금강인가목

조팝나무속 Spiraea

조팝나무는 모두 키가 작은 관목형태로 자란다. 조팝나무속에는 조팝나무, 인가목조팝나무, 산조팝나무, 아구장나무, 갈기조팝나무, 참조팝나무, 둥근잎조팝나무, 덤불조팝나무 등 매우 다양한 종이 있다. 조팝나무속의 열매들은 모두가 나선상으로 맺힌다. 이들을 구별하기 위해 다음과 같은 질문을 던져 보자.

조팝나무

꽃이 우산모양인가? 원뿔모양인가?

잎 가장자리 톱니모양은 어떤가?

꽃의 색깔과 잎의 형태는 어떤가?

[조팝나무속Spiraea 검색표]

- ● 산형꽃차례이다 ▷ ● ●
- ● 원뿔꽃차례 또는 산방꽃차례이다 ▷ ◆ ◆
  - ● ● 잎의 가장자리 전체에 톱니가 있고 뒷면에는 털이 없다 ▷ ● ● ●
  - ● ● 잎의 상반부에만 톱니가 있고, 뒷면에는 털이 있거나 없다 ▷ ● ● ● ●
    - ● ● ● 꽃은 묵은 가지에 달리고, 잎 가장자리에 톱니가 있다 **조팝나무**
    - ● ● ● 꽃은 어린가지에 달리고, 잎의 가장자리에 겹톱니가 있다 **인가목조팝나무**
    - ● ● ● ● 톱니는 끝이 둔하고, 잎은 도란형이며 양면에 털이 없다 **산조팝나무**
    - ● ● ● ● 톱니는 예리하고 잎은 타원형이거나 넓은 도피침형 또는 도란형이다 ▷ ◆
      - ◆ 잎은 타원형이고 가장자리에 겹톱니가 있고, 엽맥을 따라 잔털이 있다 **좀조팝나무**
      - ◆ 잎은 도피침형 또는 도란형이고 가장자리 하반부는 밋밋하며, 상반부 이상에 3~4쌍의 굵은 톱니가 있다. 앞면에 털이 없고 뒷면에 털이 있다 **아구장나무**
  - ● ● 원뿔꽃차례이며, 꽃은 분홍이다 **꼬리조팝나무**
  - ● ● 산방꽃차례이다 ▷ ◆ ● ●
    - ◆ ● ● 꽃차례가 달리는 가지의 잎은 가장자리에 톱니가 없거나, 윗부분에 1~2쌍의 톱니가 발달해 있다. 잎은 아래위 모두 털이 없다 **갈기조팝나무**
    - ◆ ● ● 꽃차례가 달리는 가지의 잎은 가장자리의 중앙부 이하에도 톱니가 없다 ▷ ◆ ● ●
      - ◆ ● ● 열매에 털이 없고, 잎은 난상의 원형 또는 타원형으로, 가장자리에 톱니 또는 겹톱니가 있다 **참조팝나무**
      - ◆ ● ● 열매에 털이 있다 ▷ ◆ ● ● ●
        - ◆ ● ● ● 잎은 타원형 또는 넓은 타원형이고, 가장자리에 겹톱니 또는 톱니가 있고, 때로는 엽맥 위에도 털이 있다 **둥근잎조팝나무**
        - ◆ ● ● ● 잎은 넓은 피침형이고, 가장자리에 겹톱니가 있으며 뒷면 엽맥 위에 털이 있다 **덤불조팝나무**

국수나무 Stephanandra incisa

국수나무는 키가 작은 관목으로, 숲의 길가에서 아주 흔하게 만나는 나무이다. 줄기는 회갈색이고 잔가지는 적갈색으로 부드러운 털이 흩어져 난다. 줄기를 잘라 보면 흰 심이 마치 국수 같은 모양을 하고 있어서 국수나무라고 불린다. 겨울눈이 붙은 자리마다 약간씩 각도가 꺾이면서 전체적인 가지의 모양은 지그재그로 나타난다.

국수나무의 잎은 어긋나고 가장자리에 결각처럼 큰 톱니가 발달해 있다. 뒷면은 흰색이 도는 녹색이고 잎맥 위에 털이 있다. 국수나무와 달리 잎이 깊고 잘게 갈라지는 특징을 지닌 나비국수나무가 있다.

국수나무는 흰꽃이 피고 수정이 이루어지고 나면, 수술은 관상으로 남아 있다.

국수나무 잎

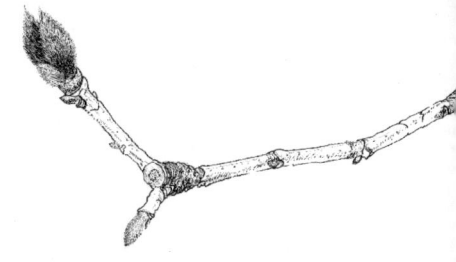

7
목련꽃 나무들

목련목 Magnoliales
목련과, 녹나무과, 방기과, 매자나무과, 미나리아재비과

목련속 나무들의 열매에는 가느다란 명주실 같은
끈이 달려서 종자들이 늘어지고 바람이 불면
떨어지는 특징이 있다. 녹나무과에 속하는 나무들의 꽃은
대부분 곤충에 의해 꽃가루가 수분된다.
자가수분을 방지하기 위해 수꽃과 암꽃이
시간차이를 두고 피워 낸다.

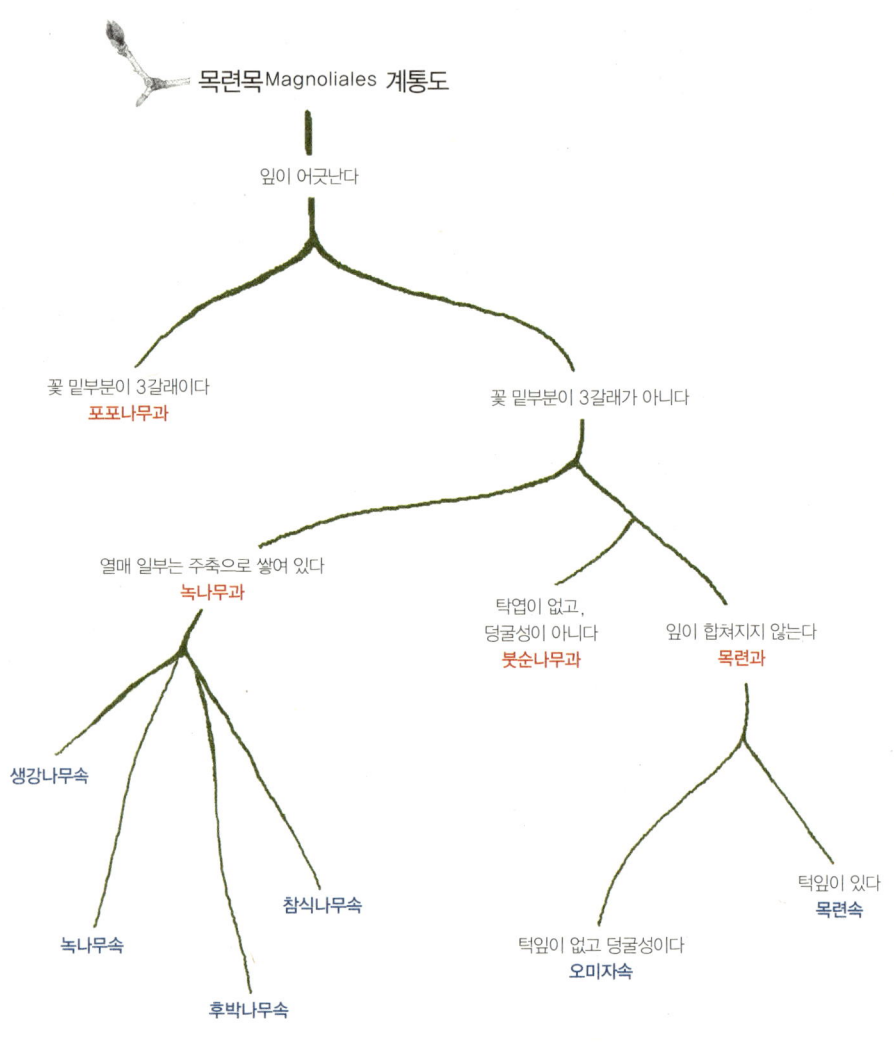

목련목 Magnoliales
목련과, 녹나무과, 방기과, 매자나무과, 미나리아재비과

목련과 Magnoliaceae
목련속, 오미자속, 남오미자, 초령목

마치 연못의 연꽃을 나무에 옮겨 놓은 듯하다. 나무연꽃, 목련이다. 상록성과 낙엽성의 교목, 관목 또는 덩굴선으로도 나타난다. 꽃받침과 꽃잎이 잘 구분할 수 없을 정도로 닮아 있다. 대개 9~10장 중 3~4개가 꽃받침이며, 6개가 꽃잎이다. 골돌과, 시과 또는 간혹 장과의 열매로도 나타난다.

목련속 Magnolia 및 튤립속 Liriodendron

목련속 나무들의 열매에는 가느다란 명주실 같은 끈(종사)이 달려서 종자들이 늘어지고 바람이 불면 떨어지는 독특한 특징들을 가지고 있다.

우선 목련과에는 목련속과 튤립속이 있다. 목련속의 모든 나무의 잎은 단엽이며, 가장자리가 밋밋하고, 결각이 발달하지 않는다. 그러나 튤립나무의 나뭇잎은 결각이 발달해 있다.

목련의 어린가지는 초록빛을 띠며 털이 없다. 꽃눈은 긴 달걀형이고, 길이가 최대 2.5cm이며, 긴 털로 덮인 눈비늘조각에 싸여 있다. 잎눈은

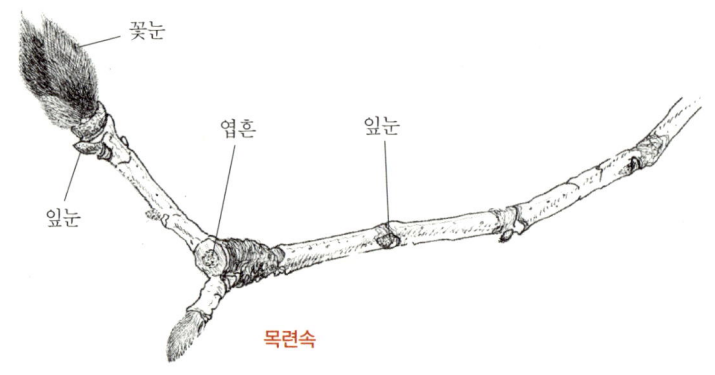

목련속

길이 1~1.5cm이고, 짧은 털로 덮여 있다. 엽흔은 초승달모양이며, 관속흔은 8~12개이고, 수는 흰색이다. 턱잎 자국이 가지를 한 바퀴 돈 흔적이 뚜렷하게 선으로 나타나 있다. 비옥한 사질 토양에서 잘 자라지만, 척박하고 건조한 곳에서는 잘 자라지 못한다.

별목련의 어린가지에는 털이 있다. 꽃눈은 긴 계란형이며, 길이가 2~2.5cm이고, 긴 털로 덮여 있으며, 잎눈에는 짧고 누운 털이 있다. 엽흔은 V자 모양이며, 역시 턱잎흔이 가지를 한 바퀴 돈다.

백목련은 어린가지와 겨울눈 그리고 잎의 표면과 엽맥에 털이 나 있으며, 뒷면은 담록색이고, 꽃눈은 긴 계란모양이며, 긴 털로 덮여 있다. 잎눈은 길이가 1~2cm 정도이며, 짧은 털로 덮여 있다. 엽흔은 V자 모양이고, 턱잎흔은 가지를 한 바퀴 돈다. 관속흔은 다수이고, 수는 흰색이다.

자주목련은 백목련의 변종이다. 백목련과 거의 흡사하지만, 꽃잎의 겉은 자주색이고, 안쪽은 흰색이다.

자목련은 엽흔이 V자 모양이고, 관속흔은 7~9개이며, 수는 황록색이다. 정아에 털이 있고, 잎눈에도 짧은 털이 있다.

함박꽃나무(산목련)는 엽흔이 V자 모양이고, 관속흔은 7~9개이며,

일본목련(꽃이 진 후의 열매 모습) 　　　　튤립나무의 꽃

백목련

정아에 짧은 털이 있는 가죽질의 아린으로 되어 있다. 함박꽃나무는 처음 명명한 피에르 마그놀Pierre Magnol이란 프랑스의 학자 이름에서 왔으며, 종명인 파비플로라Parviflora란 '약한 꽃' 또는 '빈약한 꽃'이란 뜻이다. 배수가 잘 되는 비옥한 사질토양에서 잘 자란다.

일본목련은 정아에 털이 없으며, 엽흔은 심장모양이고, 탁엽흔은 어린가지를 한 바퀴 돈다.

튤립나무는 정아에 털이 없으며, 타원형으로, 길이는 약 1~1.5cm이며, 2장의 아린으로 싸여 있다. 측아는 정아보다 매우 작다. 엽흔은 동그란 편이며, 관속흔 10개가 발달되어 있다. 턱잎의 자국은 가지를 한 바퀴 돈다.

[목련속Magnolia 검색표1 – 겨울눈]

- ● 꽃눈이 가죽질이다 ▷ ● ●
- ● 꽃눈에 털이 있다 ▷ ● ● ●
- ● ● 꽃눈에 짧은 털이 있다 **함박꽃나무**
- ● ● 꽃눈에 털이 없다 ▷ ● ● ● ●
- ● ● ● 어린가지에 털이 있다 ▷ ◆
- ● ● ● 어린가지에 털이 없다 ▷ ● ◆
- ● ● ● ● 엽흔이 심장모양이다 **일본목련**
- ● ● ● ● 엽흔이 동그란 편이며, 관속흔은 10개이다 **튤립나무**
- ◆ 꽃눈은 긴 계란형이며, 엽흔은 V자 모양이다 **별목련**
- ◆ 어린가지의 털이 자라면서 없어지고, 관속흔은 다수가 발달되어 있다 **백목련**
- ◆ ● 엽흔은 초승달모양이고 관속흔은 8~12개가 있다 **목련**
- ◆ ● 엽흔은 V자 모양이고 관속흔은 7~9개가 있다 **자목련**

[목련속Magnolia 검색표2 – 꽃]

- ● 꽃은 잎보다 늦게 핀다 ▷ ● ●
- ● 꽃은 잎보다 먼저 핀다 ▷ ● ● ●
- ● ● 꽃은 위로 향한다 **일본목련**
- ● ● 꽃은 아래로 향한다 **함박꽃나무**
- ● ● ● 꽃은 짙은 자줏빛이다 **자목련**
- ● ● ● 꽃은 희거나 거의 희다 ▷ ● ● ● ●

●●●● 꽃잎은 꽃받침잎보다 길고 6~9개이고,
    희지만 밑부분 겉에 연한 붉은 줄이 있다 **목련**
●●●● 꽃잎과 꽃받침잎은 거의 같은 길이이고, 6개이며 희다 **백목련**

녹나무과 Lauraceae

후박나무속, 생강나무속, 녹나무속, 참식나무속, 육박나무, 까마귀쪽나무

우리나라 전역에 나타나는 녹나무과에는 생강나무속, 후박나무속, 참식나무속 그리고 녹나무속이 있다. 낙엽활엽수로는 생강나무속이 있으며, 상록활엽수로는 녹나무, 후박나무, 참식나무속들이 있다. 전자는 주로 온대지역에서 자라고, 후자는 온대남부 및 난대지역에서 자란다. 난대지역에서 자라는 녹나무과 중에 꽃이 단성으로 피는 것은 참식나무속에 속하는 나무들이며, 후박나무와 녹나무속은 모두가 양성화로 핀다. 녹나무속 나무들의 잎은 3대맥이며, 화피는 빨리 떨어지는 반면, 후박나무속의 나무들의 잎은 우상맥을 하고 있으며, 화피는 한동안 매달려 있는 것이 특징이다.

녹나무과에 속하는 나무들의 꽃은 대부분 곤충에 의해 꽃가루가 수분되며, 매개곤충으로 파리나 벌 등이 있다. 자가수분을 방지하기 위해 수꽃과 암꽃이 시간 차이를 두고 피워 낸다. 결실을 맺은 핵과의 열매는 다시 새들을 유혹하여, 열매의 확산을 도모한다.

후박나무속 Machilus

후박나무의 어린가지에는 털이 없고 녹색을 띤다. 정아는 크고, 난형이며, 여러 개의 아린이 기왓장을 인 모양으로 배열되어 있다. 약간 붉은 색이 도는 가지에는 옆으로 뻗은 타원형의 피목이 발달해 있다. 잎은 도란상의 타원형이며, 가죽질이고, 끝이 갑자기 뾰족해진다. 잎의 양면에 털이 없고, 뒷면은 회백색이며, 가장자리는 밋밋한 모양이다.

녹나무

잎의 측맥 수는 10쌍 이하이다. 포엽 겨드랑이에 길이 4~7cm인 원뿔꽃차례를 만든다. 꽃받침은 6개이고, 열매는 장과이며, 7~9월에 검게 익는다. 후박나무와 비슷한 센달나무는 대체로 키가 후박나무보다 작다. 잎이 피침형이며, 측맥의 수는 12쌍 이상이다.

[후박나무속 Machilus 검색표]
- 잎의 측맥 수는 12쌍 이상이고, 잎은 피침형이다 **센달나무**
- 잎의 측맥 수는 10쌍 이하이고, 잎은 도란상 장타원형이다 **후박나무**

생강나무속 Lindera

생강나무는 전국 숲 각처에서 자라는 흔한 나무이다. 어린가지나 잎을 따서 냄새를 맡아 보면 생강향이 난다고 해서 생강나무란 이름이 붙여졌다. 생강나무속에는 비목나무, 감태나무, 털조장나무 및 생강나무가 있는데, 모두 암그루와 수그루가 따로 있는 자웅이주이다. 관목과 아교목 형태로 자라고, 정아와 병생부아가 있으며, 측아는 이열호생한다. 다소 두드러진 엽흔의 모양은 반원형, 타원형, 평원형으로 나타난다. 관속흔은 1~3개가 있다. 생강나무 가족들을 식별하기 위해서 다음

생강나무 꽃

과 같은 질문으로 시작해 보자.

열매는 붉은 색인가, 검은색인가?
잎의 가장자리는 어떻게 생겼는가?
잎 뒷면에는 털이 있는가?
겨울눈을 감싸고 있는 아린에는 털이 있는가?
잎이 떨어진 엽흔 속에 관속흔은 몇 개인가?

[겨울 생강나무속 Lindera 검색표]
- ● 어린가지에 털이 없다 ▷ ●●
- ● 어린가지에 다소 털이 있다 ▷ ●●●
- ●● 아교목이며 아병이 있다 **비목나무**
- ●● 관목이며 아병이 없고, 아린에 털이 있다 **감태나무**
- ●●● 관속흔은 3개이다 **생강나무**
- ●●● 관속흔은 1개이다 **털조장나무**

[여름 생강나무속 Lindera 검색표]
- ● 잎의 가장자리는 밋밋하고 결각이 없다 ▷ ●●
- ● 잎은 심장모양과 3개의 큰 결각으로 나타난다 **생강나무**
- ●● 열매는 검은색이며, 줄기에는 검은 반점들이 있다 **털조장나무**
- ●● 줄기에는 검은 반점이 없다 ▷ ●●●
- ●●● 잎은 타원형이며, 열매는 검다 **감태나무**
- ●●● 잎은 도피침형이고, 열매는 붉다 **비목나무**

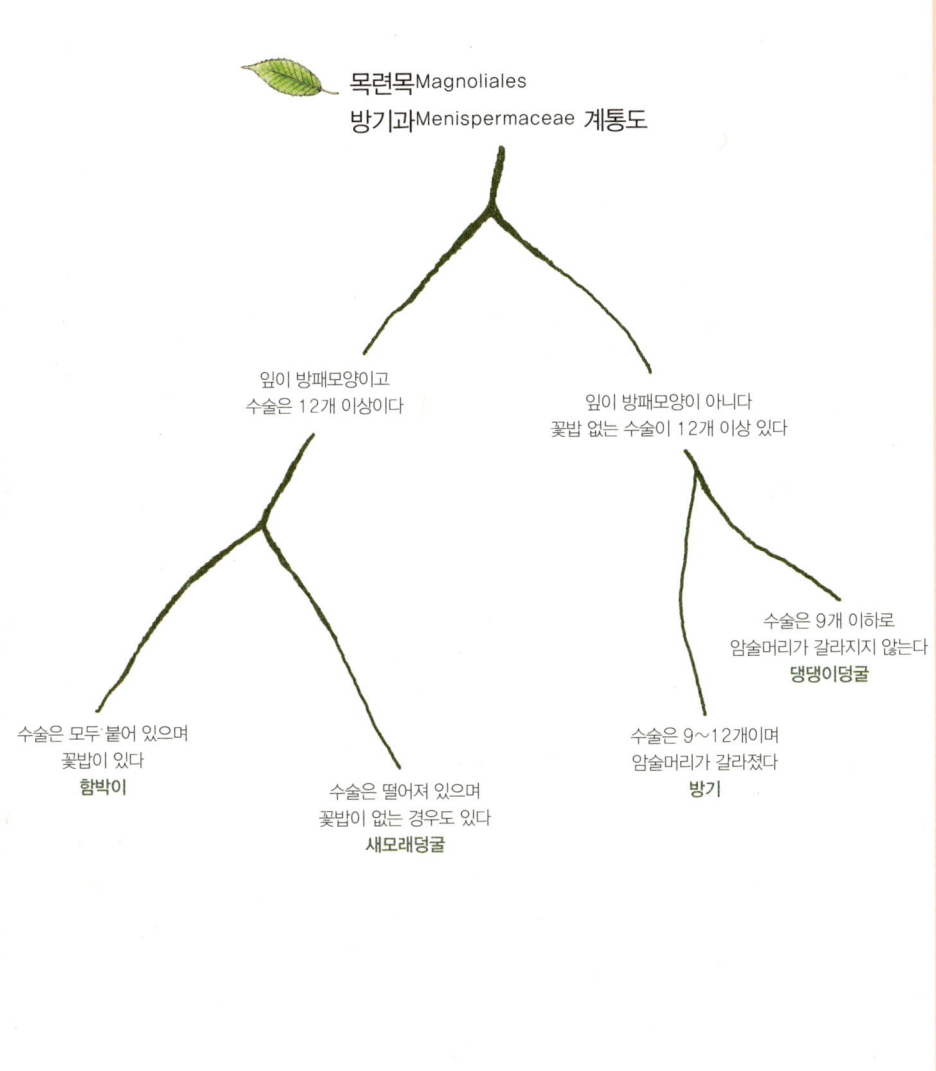

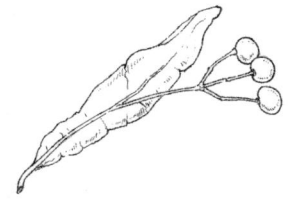

8
염주 나무들

아욱목 Malvales
피나무과, 벽오동과, 아욱과, 담팔수과

피나무속에는 다양한 종들이 있는데,
우리 주변에서 흔히 만날 수 있는 나무로는 피나무,
염주나무, 찰피나무, 구주피나무, 뽕잎피나무, 보리자나무 등이 있다.
이들은 모두 염주 모양의 열매를 맺는다.
실제로 염주나무의 열매로는 염주를 만들기도 한다.

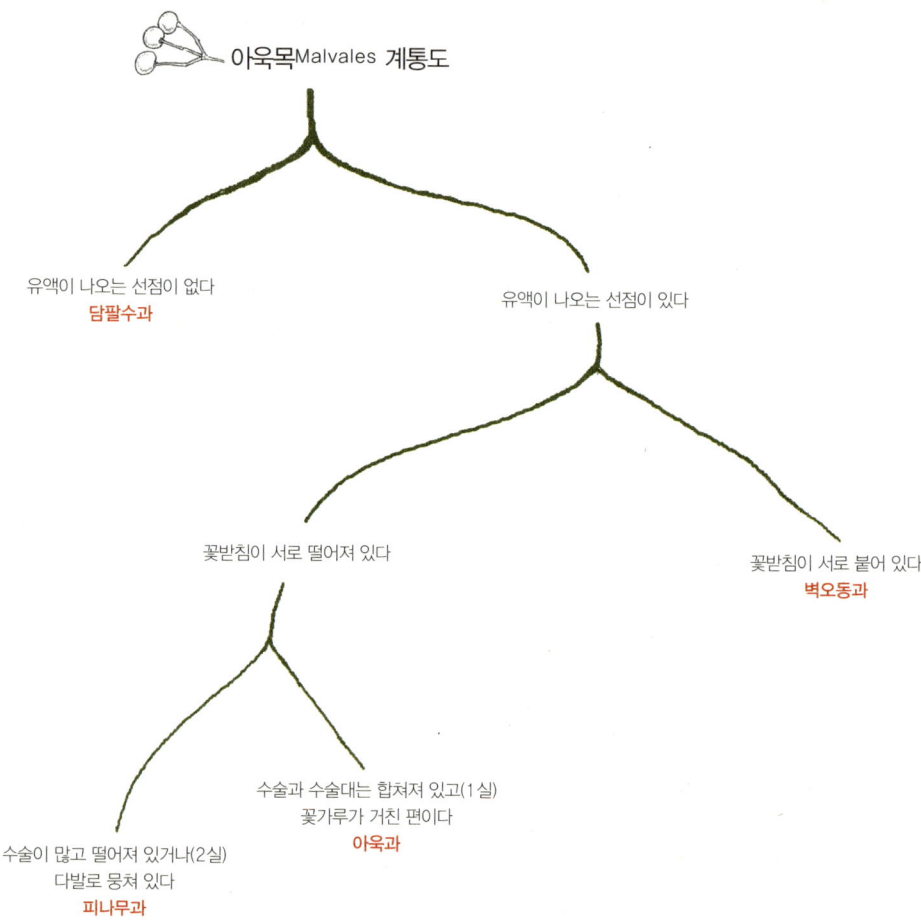

아욱목 Malvales
피나무과, 벽오동과, 아욱과, 담팔수과

피나무과 Tiliaceae
피나무속, 장구밥나무

꽃잎과 꽃받침은 각각 5장이며, 자방상위이다. 꽃받침은 서로 떨어져 있고, 수술은 다수이며 서로 떨어져 있거나 다발로 뭉쳐져 있다. 전 세계적으로 300종 넘는 종이 있다. 그 중 10종 정도가 우리나라에 분포한다.

피나무속 Tilia

피나무의 속명 틸리아Tilia는 꽃자루에 날개 같은 포(苞)가 발달해 있다는 뜻이다. 포 덕분에 우리는 피나무를 쉽게 알아 볼 수 있다. 피나무속에는 다양한 종들이 있는데, 우리 주변에서 흔히 만날 수 있는 나무로는 피나무, 염주나무, 찰피나무, 구주피나무, 뽕잎피나무, 보리자나무 등이 있다. 이들은 모두 염주 모양의 열매를 맺는다. 실제로 염주나무의 열매로 염주를 만들기도 한다. 이 중 찰피나무와 뽕잎피나무는 온대 중부지역에서 주로 나타나며, 염주나무와 피나무는 온대

피나무 열매

피나무 잎

북부지역에서 주로 만날 수 있다. 피나무류를 식별하기 위해서는 잎에 털이 있는지, 열매에 능선이 있는지, 능선이 있다면 몇 개인지, 열매의 모양은 도란형인지, 긴 도란형인지 등을 살펴보아야 한다.

[피나무속Tilia 검색표]

- 🔴 잎 표면에 잔털이 있다 **찰피나무**
- 🔴 잎 표면에 잔털이 없다 ▷ 🟢 🟢
- 🟢 🟢 열매에 능선이 있다 ▷ 🔴 🔴 🔴
- 🟢 🟢 열매에 능선이 없다 ▷ ◆
- 🔴 🔴 🔴 꽃은 산방화서, 열매는 기부에서부터 끝까지 5개의 능선이 있다 **염주나무**
- 🔴 🔴 🔴 꽃은 취산화서이다 ▷ 🟢 🟢 🟢 🟢
- 🟢 🟢 🟢 🟢 열매엔 갈색털이 밀생하고, 5개의 능선이 아래에만 있다 **구주피나무**
- 🟢 🟢 🟢 🟢 열매엔 연한 회갈색 성모가 밀생한다 **보리자나무**
- ◆ 잎 뒷면은 회록색이며, 맥액에 갈색털이 밀생한다 **피나무(달피)**
- ◆ 잎 뒷면은 털이 없다 **뽕잎피나무**

피나무속의 열매에는 포(날개)가 발달해 있는데 이것은 단풍나무처럼 열매가 성숙해서 먼 이동을 해야 할 때, 쉽게 멀리 날아가기 위한 것이다. 한쪽으로만 발달된 날개로 인해 비대칭적 낙하를 이용해 좀더 멀리 날아가기 위한 피나무만의 전략이다. 유럽에서는 이 피나무를 성스러운 나무로 여긴다. 성목이라고도 하며, 성지순례지에서 많이 볼 수 있다. 가로수나 공원수로 널리 심기도 한다.

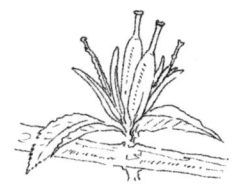

9
인동 나무들

꼭두서니목 Rubiales
인동과, 꼭두서니과

딱총나무의 잎이나 가지를 꺾어 향을 맡아 보면 한약 냄새가 난다.
'용각산' 냄새와도 비슷하다. 딱총나무의 겨울눈은
도톰한 난형으로 마주나기를 하고 있으며,
잎은 소엽이 5~7장씩 달리는 복엽이다.

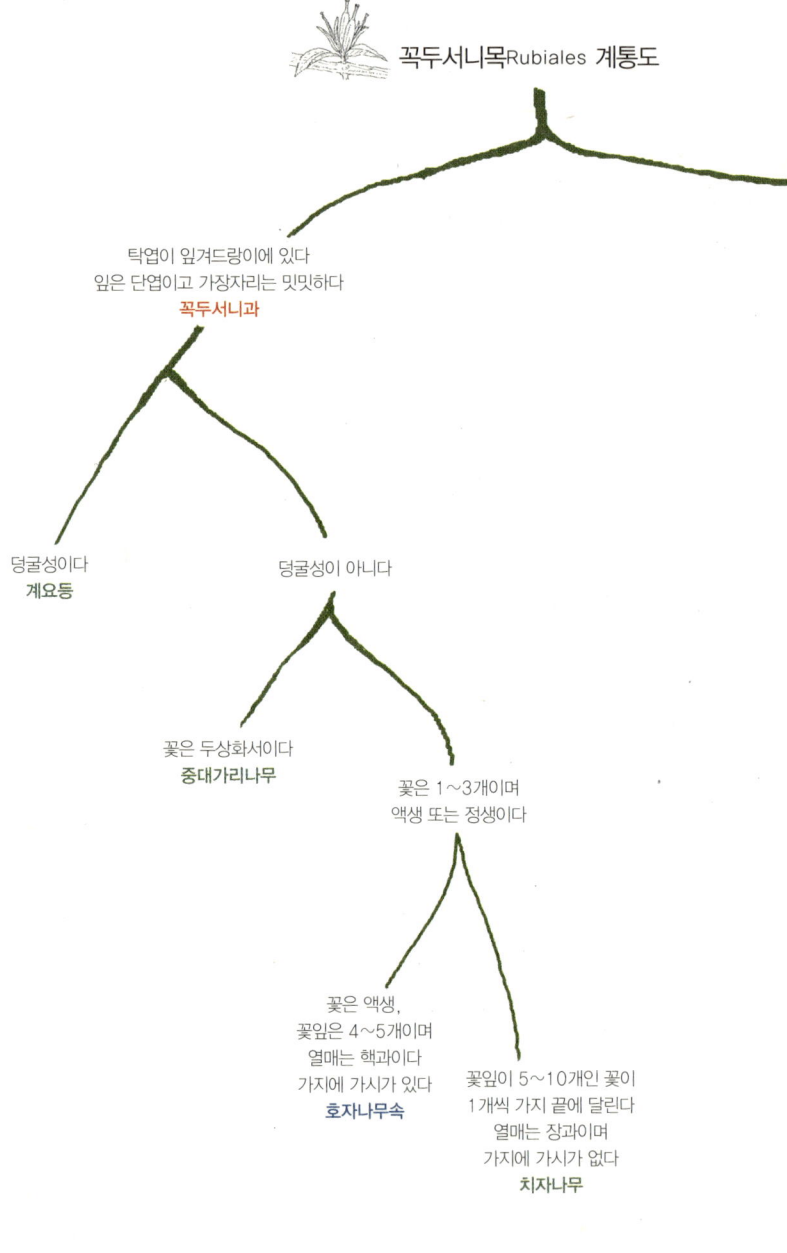

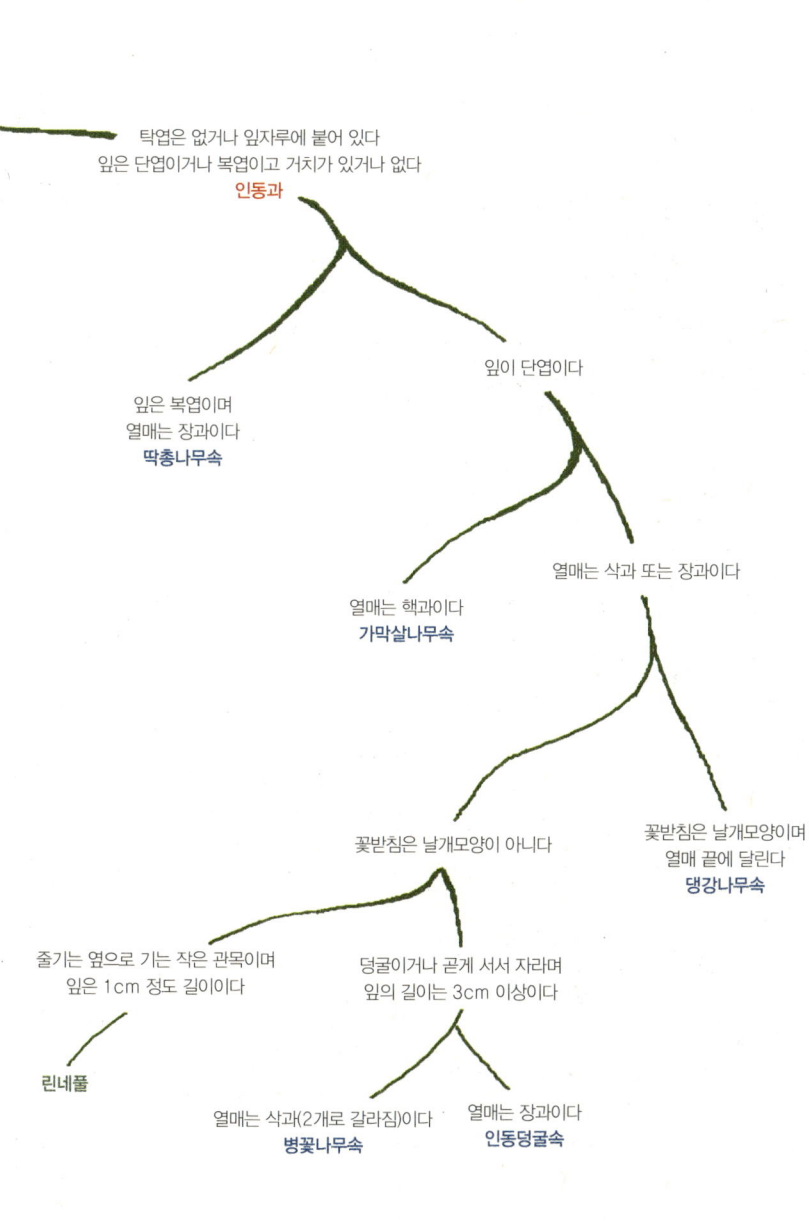

꼭두서니목 Rubiales
인동과, 꼭두서니과

인동과 Caprifoliaceae
가막살나무속, 병꽃나무속, 딱총나무속, 댕강나무속, 인동덩굴속, 린네풀

꽃은 양성화이며 자방상위이다. 잎은 단엽 또는 복엽이고, 거치가 있거나 없다. 탁엽은 없거나 잎자루에 붙어 있다. 열매는 핵과, 장과 또는 삭과이다.

가막살나무속 Viburnum

가막살나무속 나무들의 어린가지는 털이 있는 것과 없는 것이 있으며, 가지의 단면은 6각형으로 보인다. 엽흔은 다소 두드러지고, 초생달 모양 및 삼각모양이 흔하고, 관속흔은 3개가 발달되어 있다. 가지 끝에 정아는 있거나 없다. 겨울눈을 둘러싸고 있는 아린은 1개 또는 다수이고, 아린이 없는 것도 있다. 정아가 꽃눈인 것이 있는데 이때는 준정아가 자라므로 가지가 V자 모양으로 벌어진다.

아왜나무는 가막살나무속 가운데 유일한 상록활엽수로, 따뜻한 남쪽 제주도에서 자란다. 잎자루가 붉은빛이 돌며, 잎은 마주난다. 바람을 잘 막아 주고 불에 견디는 능력이 강해 울타리나 방화수벽으로 심기도 한다.

온대지역에서 자주 만나는 나무로는 가막살나무와 덜꿩나무가 있

덜꿩나무

다. 이 나무들의 잎을 만지면 마치 융단처럼 포근하고 부드러운 느낌이 든다. 잎은 마주나고, 앞뒷면에 별모양의 털이 있는데, 뒷면에는 아주 촘촘하게 발달해 있다.

　가막살나무와 덜꿩나무는 아주 흡사해서 식별이 쉽지 않다. 우선 가지에 정아가 발달되어 있는지부터 확인하는 게 요령이다. 정아가 있으면 가막살나무이고, 없으면 덜꿩나무이다. 어린가지를 살펴보면 또 다른 차이점을 발견할 수 있다. 어린가지에 턱잎이 있으면 덜꿩나무이며, 없으면 가막살나무이다.

[가막살나무속Viburnum 검색표]

● 상록수이다 **아왜나무**
● 활엽수이다 ▷ ● ●
● ● 어린가지에 털이 없다 ▷ ● ● ●
● ● 어린가지에 털이 있다 ▷ ● ● ● ●
● ● ● 아린은 1개이다 **백당나무**
● ● ● 아린은 4개이다 **산가막살나무**

- ●●●● 눈은 나아이다 **분꽃나무**
- ●●●● 아린으로 싸여 있다 ▷ ◆
  - ◆ 정아가 있다. 아린은 3개이며 털이 있다 **가막살나무**
  - ◆ 정아가 없다 **덜꿩나무**

병꽃나무속 Weigela

병꽃나무는 열매와 꽃의 모양이 마치 호리병 같아서 붙여진 이름이다. 잎은 마주나고, 잎자루가 거의 없으며, 가장자리에 잔톱니가 있고, 거꿀달걀모양 타원형 또는 넓은달걀모양으로 끝이 뾰족하다. 양면에 털이 있고, 뒷면 잎맥에 퍼진 털이 있다. 덜꿩나무와 비슷하지만 덜꿩나무의 잎이 융단처럼 부드러운 반면 병꽃나무의 잎은 다소 거친 느낌을 준다.

어린가지에는 털이 없거나 줄로 돋은 털이 있는 것도 있다. 줄기에는 연한 잿빛으로 얼룩무늬가 있으며, 가지에 다수 발달된 피목은 타원형이다.

겨울눈은 4~6쌍 내외의 아린이 감싸고 있으며, 아린에는 털이 없으나 가장자리에 털이 있는 것이 있다. 엽흔은 초생달모양 또는 삼각형모양을 하고 있으며, 관속흔은 3개가 발달되어 있다. 병꽃나무속으로는 대략 4종류를 만나게 된다. 어떤 병꽃나무들이 있는지 다음과 같은 질문을 통해서 식별해 보자.

병꽃나무 열매

가지에 줄로 돋은 털이 있는가?

겨울눈을 감싸고 있는 아린의 끝은 뾰족한가?

아린에는 털이 있는가? 아니면 가장자리에만 털이 있는가?

붉은 병꽃나무의 꽃받침은 절반 가량 갈라져 있지만, 병꽃나무는 더 깊이까지 갈라져 있다.

[병꽃나무속Weigela 검색표]
- ● 가지에는 줄로 돋은 털이 있다 ▷ ● ●
- ● 가지에 털이 없고 아린 끝은 날카롭다 ▷ ● ● ●
- ● ● 아린은 끝이 날카롭다 **붉은병꽃나무**
- ● ● 아린은 끝이 다소 둔하다 **병꽃나무**
- ● ● ● 아린에 털이 없다 **골병꽃**
- ● ● ● 아린에 털이 있다 **일본병꽃나무**

딱총나무속Sambucus

딱총나무는 우리 주변에서 흔히 볼 수 있는 나무로, 조금 습한 알카리성 토양을 좋아한다. 딱총나무는 가지를 꺾으면 '딱' 소리가 난다고 해서 붙여진 이름이다. 딱총나무의 속명은 삼부쿠스Sambucus인데, 꽃 모양이 마치 서양의 옛 악기인 삼부체Sambuce를 닮았다 해서 붙여진 이름이다. 딱총나무는 달리 말똥구리나무라고도 한다. 딱총나무의 꽃에 유난히도 말똥구리가 많이 보였기 때문일 것이다.

딱총나무의 꽃은 곤충들 특히 딱정벌레들이 좋아하고, 빨간 열매는 새들이 매우 좋아해서 생태적 가치가 매우 높다. 빨간 장과상의 핵과에는 3~5개의 종자가 들어 있다. 딱총나무속의 꽃차례는 모두 원추화서이나, 넓은잎딱총나무는 복산방화서를 하고 있다. 붉은 열매의 꽃차례는 모두 위를 향해 있으나, 열매가 맺히면 말오줌나무는 밑으로 처

딱총나무 꽃봉오리

딱총나무 열매

지고, 딱총나무는 비스듬하다. 말오줌나무의 종소명인 펜둘라pendula는 '밑으로 처진'이란 뜻이다.

딱총나무와 같은 속에는 말오줌나무(말오줌때), 덧나무, 지렁쿠나무 및 넓은잎딱총나무가 있다. 복엽을 이루고 있는 소엽들은 모두 가장자리에 톱니가 잘 발달되어 있는데, 딱총나무를 제외한 모든 딱총나무속들의 가장자리 톱니는 안쪽으로 말려 들어가 있다. 딱총나무속은 모두 잎 앞뒷면에 털이 없지만, 지렁쿠나무만은 잎의 앞면 맥과 뒷면 전체에 털이 있다. 딱총나무의 잎이나 가지를 꺾어 향을 맡아 보면, 한약 냄새가 난다. '용각산' 냄새와도 비슷하다. 딱총나무의 겨울눈은 도톰한 난형으로 마주나기를 하고 있으며, 잎은 소엽이 5~7장씩 달리는 복엽이다.

말오줌나무나 덧나무는 울릉도나 제주도 남쪽에서 만날 수 있고, 지렁쿠나무는 딱총나무속 중에서 가장 큰데, 6m까지 자란다. 지렁쿠나무와 말오줌나무의 수피는 코르크가 잘 발달되어 있다.

딱총나무속의 나무들은 식별하기가 쉽지 않다. 꽃차례, 잎 가장자리, 잎의 털 유무가 이들을 식별하는 키워드가 된다.

[딱총나무속 Sambucus 검색표]
- 🔴 소엽의 가장자리 톱니는 안으로 굽지 않는다 **딱총나무**
- 🔴 소엽의 가장자리 톱니는 많게 적게 안으로 굽는다 ▷ 🟢🟢
- 🟢🟢 꽃차례는 원추화서이다 ▷ 🟤🟤🟤
- 🟢🟢 꽃차례는 복산방화서 또는 짧은 원추화서이다 **넓은잎딱총나무**
- 🟤🟤🟤 붉은 열매의 꽃차례는 밑으로 처지고,
  수피에는 코르크가 잘 발달해 있다 **말오줌나무**
- 🟤🟤🟤 붉은 열매의 꽃차례는 위를 향한다 ▷ 🟢🟢🟢🟢
- 🟢🟢🟢🟢 잎의 윗면 맥 위나 뒷면 전체에 털이 있고,
  수피에 코르크가 발달해 있다 **지렁쿠나무**
- 🟢🟢🟢🟢 잎의 윗면 맥 위나 뒷면 전체에 털이 없다 **덧나무**

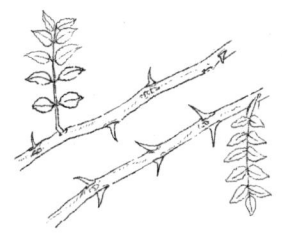

10
향기가 강한 나무들

운향목 Geraniales
소태나무과, 운향과, 대극과, 멀구슬나무과, 원지과

초피나무는 좋지 않은 냄새를 제거하기 위해서
추어탕이나 생선 요리 등에 사용한다.
어린 잎은 차를 끓여 마시고, 줄기는 감주를 만들어서 먹는다.
초피 열매로 술을 담그거나 수피를 말려서
물고기를 잡는 데 사용하기도 한다.

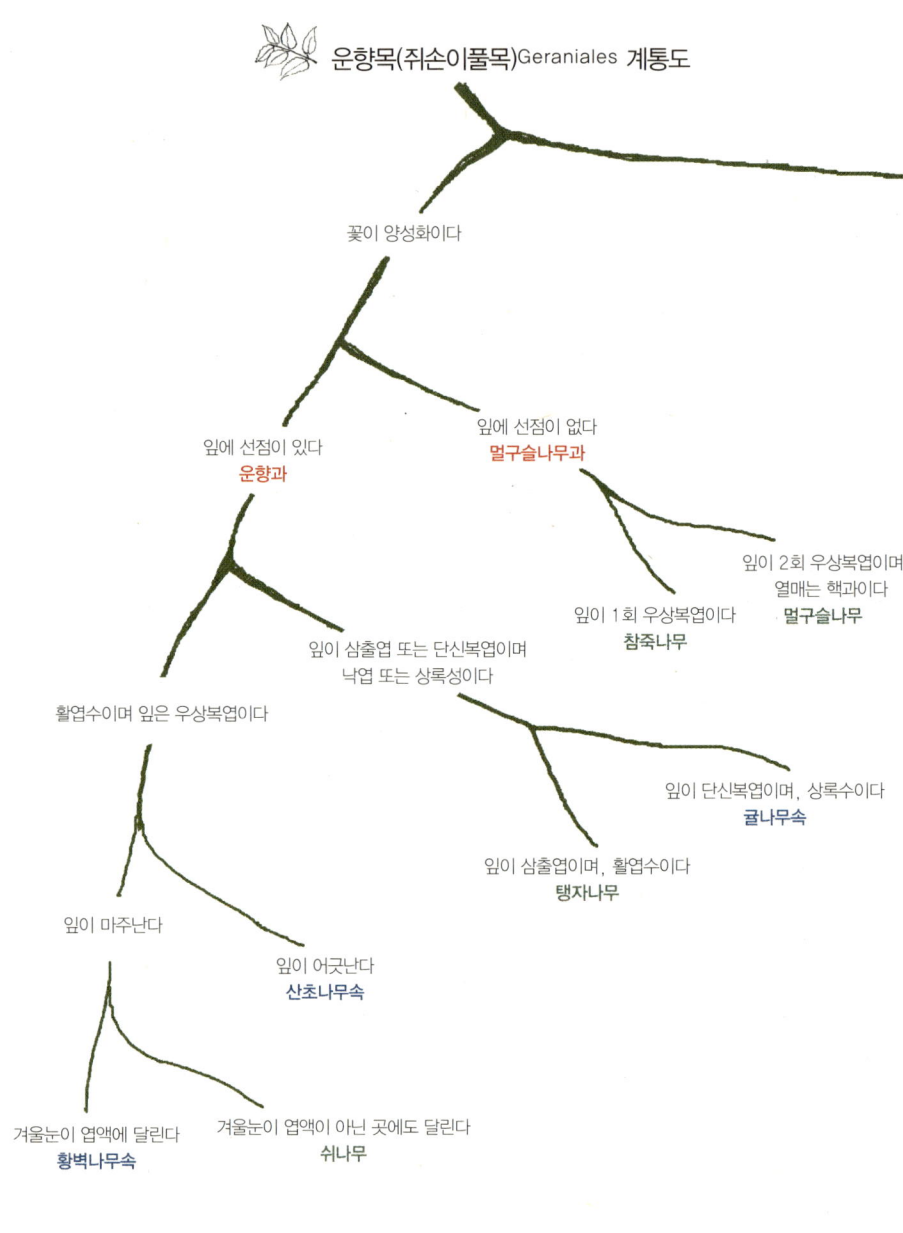

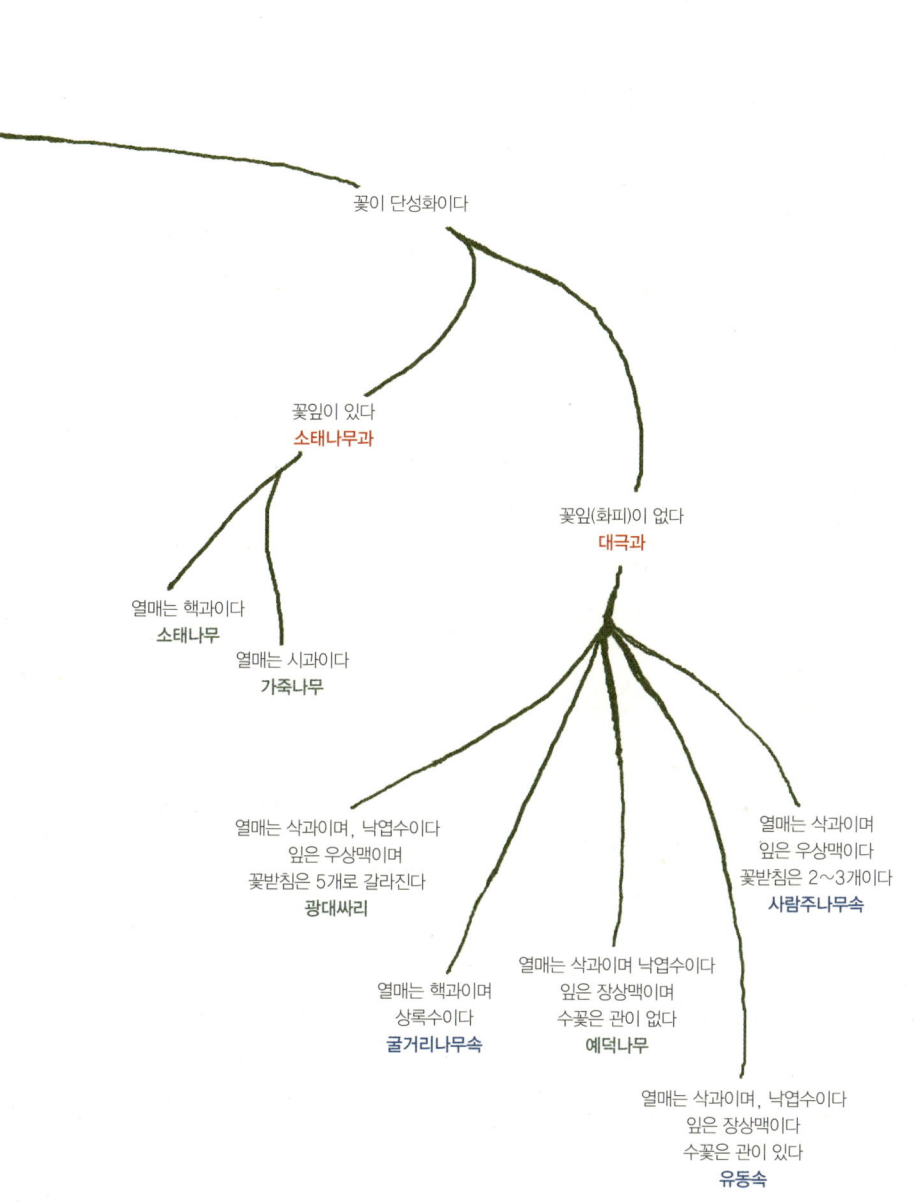

운향목 Geraniales
소태나무과, 운향과, 대극과, 멀구슬나무과, 원지과

소태나무과 Simaroubaceae
가죽나무, 소태나무

꽃은 단성화이다. 잎은 단엽, 또는 복엽으로 마주나기, 어긋나기가 있다. 꽃받침과 꽃눈은 3~5개이고 자방상위이다. 열매는 핵과, 시과, 장과가 있다. 수피나 잎에 쓴맛이 있다.

가죽나무 Ailanthus altissima

가죽나무를 유럽에서는 '신神들의 나무'라고 한다. 아이란투스Ailanthus란 '하늘나무'란 뜻이며, 알티씨마altissima는 '키가 매우 큰'이란 의미이다.

가죽나무는 한 잎자루에 소엽이 20~30개씩 달리며 끝으로 갈수록 날렵하게 뾰족해진다. 소엽의 아랫부분에는 큰 톱니가 2~4개 있는데, 톱니 끝에는 가죽나무만의 냄새를 분비하는 선점(밀선)이 있다. 냄새로 곤충을 유인하거나 쫓는다. 잎자루가 떨어진 흔적이 마치 호랑이눈 모양과 비슷하다고 해서 호랑이눈나무 즉 호안수라고 부르기도 한다.

가죽나무의 겨울눈과 엽흔

가죽나무 잎　　　　　　　　　　초피나무

　가죽나무는 중국에서 도입된 나무로 가로수로 많이 심어 왔다. 주변에서 흔하게 볼 수 있으며, 척박한 땅에서도 빠른 생장을 보인다.
　가죽나무는 종자를 중앙에 두고 양쪽으로 길게 붙어 있는 날개가 마치 프로펠러처럼 약간 휘어 있다.

소태나무 Picrasma quassioides

　낙엽성 교목이며, 잎은 기수우상복엽으로 가장자리에 톱니가 발달해 있다. 소엽은 7~13개이다. 산방꽃차례가 액생하며 잡성화이다. 열매는 핵과이다.

[소태나무과 Simaroubaceae 검색표]
- 소엽의 가장자리에 톱니가 있고,
산방꽃차례는 액생하며, 열매는 핵과이다 **소태나무**
- 소엽의 가장자리는 밋밋하지만, 소엽 아랫부분에 몇 개의 톱니가 발달해 있으며, 밀선이 있고, 원추꽃차례는 정생하고, 열매는 시과이다 **가죽나무**

산초 가시가 어긋난다.

초피 가시가 마주난다.

운향과 Rutaceae

산초나무속, 귤나무속, 황벽나무속, 쉬나무, 탱자나무, 상산, 금감

꽃은 양성화이며, 자방상위이다. 잎은 단엽삼출엽, 우상복엽이 있다. 열매는 골돌, 삭과, 장과, 감각, 핵과이다.

산초나무속 Zanthoxylum

산초나무는 토질이 좋은 곳에 자생하며 양지를 좋아한다. 산초나무의 라틴명은 '황색 빛을 띤 목재'란 뜻이다. 운향과에 속하는 나무이므로, 매우 진한 향기를 발산한다. 다른 이름으로 난두나무라고도 한다. 산초나무는 줄기에 가시가 있지만 초피나무보다 작고 어긋난다. 복엽인 잎은 소엽이 초피나무보다 다소 많은 13~23개를 갖고 있다.

산초나무는 자웅이주이며, 5~6월에 연한 초록색 꽃이 산방화서로 피며, 꽃잎이 발달해 있다. 열매는 9~10월에 초록빛을 띤 갈색이나 붉은색으로 여문다. 꽃과 열매가 모두 하늘을 향해 달리는 것이 특징이다. 산초나무와 거의 같지만, 간혹 가시가 없는 나무가 나타나는데, 이를 민산초나무라 한다.

초피나무는 주로 남부지방의 깊은 산 계곡가에서 자라며, 산초나무보다 흔하지 않다. 열매의 껍질을 먹는 나무라 하여 초피나무라고 부른다. 다른 이름으로 제피나무라고도 한다. 초피나무는 소엽이 9~13개 정도이고, 꽃은 복총상화서로 꽃잎이 발달해 있지 않다.

초피나무는 좋지 않은 냄새를 제거하기 위해서 추어탕이나 생선요리 등에 사용한다. 어린잎은 차를 끓여 마시고, 줄기는 감주를 만들어서 먹는다. 초피 씨앗으로 짠 기름은 전을 부치거나 나물을 무치는 데에도 쓴다. 초피 열매로 술을 담그거나 수피를 말려서 물고기를 잡는 데 사용하기도 했다. 초피나무를 집 울타리로 심어 두면 모기가 가까이 오지 않는다.

왕초피나무는 어린가지에 잔털이 있고, 소엽이 7~11개, 길이가 2~5cm 정도 된다.

[산초나무속Zanthoxylum 검색표]
- ● 작은 잎의 수는 7개 이하, 키 작은 상록성이다 **개산초**
- ● 작은 잎의 수는 7개 이상, 관목 또는 교목의 낙엽성이다 ▷ ● ●
- ● ● 꽃은 가지 끝에서만 피는 정생이며, 작은 잎의 수는 19~23개이다 **머귀나무**
- ● ● 꽃은 겨드랑이에서 피는 액생이며, 작은 잎의 수는 19개 이하이다 ▷ ● ● ●
- ● ● ● 줄기의 가시는 어긋나 있고, 작은 잎은 11~21개이다.
  꽃잎과 꽃받침이 구분된다 **산초나무**
- ● ● ● 줄기의 가시는 마주난다 ▷ ● ● ● ●
- ● ● ● ● 어린가지에 잔털이 있고, 작은 잎의 크기가 2~5cm이다 **왕초피나무**
- ● ● ● ● 어린가지에 잔털이 없고, 작은 잎의 크기가 1~3.5cm이다 **초피나무**

굴거리나무

대극과 Euphorbiaceae

굴거리나무속, 사람주나무속, 유동속, 광대싸리, 예덕나무

꽃은 단성화이며, 암수딴그루이다. 화피가 퇴화되었다. 잎은 단엽이며, 어긋난다. 열매는 삭과, 핵과이다.

굴거리나무속 Daphniphyllum

우리나라에 자생하는 대극과 나무로는 굴거리나무, 좀굴거리나무, 예덕나무, 사람주나무, 유동, 광대싸리, 오구나무 등이 있는데, 모두 따뜻한 남쪽 지방을 선호한다. 이 중 굴거리나무는 상록활엽수이며 열매는 핵과로 익고, 나머지 모두는 낙엽성이고 열매는 삭과로 익는다.

굴거리나무는 울릉도, 제주도 등에서 자생하며, 한라산 해발 1,200m

지점까지도 나타난다. 상록교목으로, 10m가량 자라고, 암수가 딴 그루이다. 잎은 긴 타원형으로 길이는 15~20cm 정도이며, 뒷면은 흰빛이 돈다. 대략 5~6월경, 꽃잎과 꽃받침이 없는 단성화가 핀다. 열매는 흑자색이며 핵과이다.

좀굴거리나무는 제주도 해발 200m 아래인 바닷가에서 주로 자생한다.

예덕나무는 온대남부지역 난대림에서 나타난다. 어린가지와 막 돋아난 새 잎에 붉은빛이 감돈다. 암수딴그루로 꽃은 6월에 노란색으로 핀다. 예덕나무는 수꽃에 화관이 없고, 잎은 장상맥을 하고 있지만, 유동이나 일본유동은 수꽃에 화관이 있고, 잎은 우상맥을 하고 있다는 차이점이 있다.

광대싸리는 대극과에 빼놓을 수 없는 나무이다. 전체적인 수형이 싸리나무를 닮았지만, 싸리나무와는 전혀 관계가 없다. 양지바른 곳이면 전국적으로 나타나며, 2~3m 정도 자라는 관목이다. 자웅이주로 노란 꽃이 피고, 수꽃은 엽액에서 나오며, 암꽃은 화경에서 발생한다. 열매는 삭과로 황갈색을 띤다.

[굴거리나무속Daphniphyllum 검색표]
- 꽃받침조각이 없거나 1~2개, 잎의 길이가 12~13cm이며, 측맥은 15~19쌍이다
  굴거리나무
- 꽃받침조각은 4~6개이고, 잎의 길이는 6~12cm이며, 측맥은 8~10쌍이다
  좀굴거리나무

사람주나무속Sapium

사람주나무는 높이 8m 정도까지 자라는 낙엽소교목이다. 가지와 잎을 잘라 보면 흰 유액이 나오며, 잎자루와 엽맥 등에 약간 붉은빛이 감도는 것이 특징이다. 종자로 기름을 짤 수 있다.

오구나무(조구나무라고도 한다)는 중국이 고향으로 우리나라 남쪽에서 자라고 있다. 키가 20m에 달하는 교목으로, 추위에 매우 약하다. 종자는 흰빛이 감도는 납질 성분으로 덮여 있는데, 이것을 채취해서 양초 대용으로 사용하기도 했다.

[사람주나무속 Sapium 검색표]
- 관목 또는 작은 교목이고, 잎은 타원형에 가깝다 **사람주나무**
- 교목이며, 잎은 넓은 난형이다 **오구나무**

유동속 Aleurites

유동은 잎이 보통 3개로 갈라지며, 긴 잎자루 끝에 선점이 있다. 선점은 분비작용을 하는 기관이다. 열매는 둥글며 뾰족하다.

일본유동은 선점에 대가 발달해 있다는 점에서 유동과 구별된다. 납작한 구형 열매로 잉크의 원료인 기름$^{tung\ oil}$을 짜던 나무이다. 대극과 나무에서 나오는 기름은 인간의 삶에 많은 영향을 미쳐 왔다.

[유동속 Aleurites 검색표]
- 잎의 기부에 있는 꿀샘에 자루가 있고, 삭과인 열매는 지름이 3cm 이하이다 **일본유동**
- 잎의 기부에 있는 꿀샘에 자루가 없고, 삭과인 열매는 지름이 3cm 이상이다 **유동**

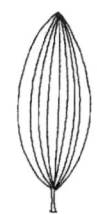

11
우산 꽃 나무들

산형목 Umbellales
층층나무과, 두릅나무과

산수유나무는 온대중부와 온대남부에서 잘 자란다.
산수유나무는 정아와 측아의 크기가 서로 비슷한데
정아는 곧게 서 있다.
정아의 아린은 길이가 서로 조금 다르다.
산수유는 온대중부와 온대남부에서 잘 자라지만
야산에서 자생하지 않는다.

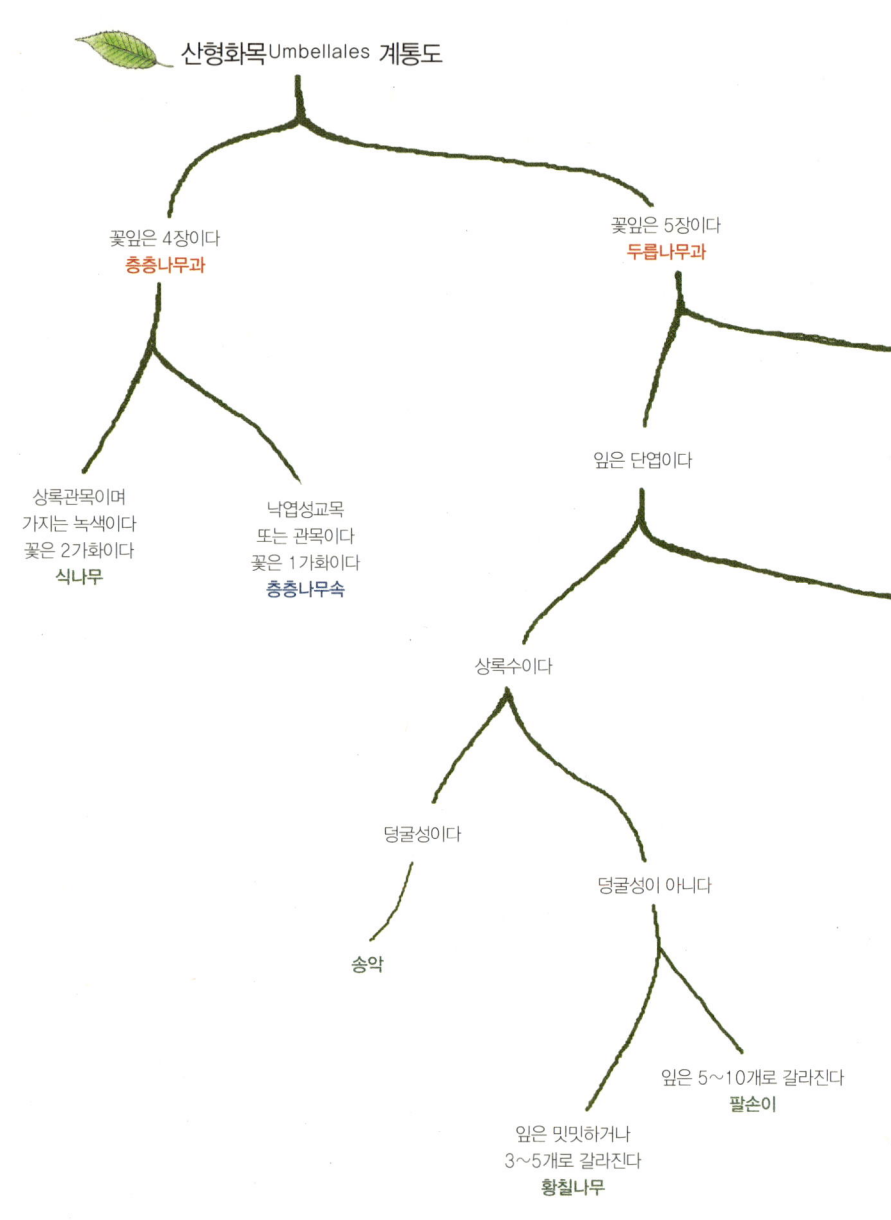

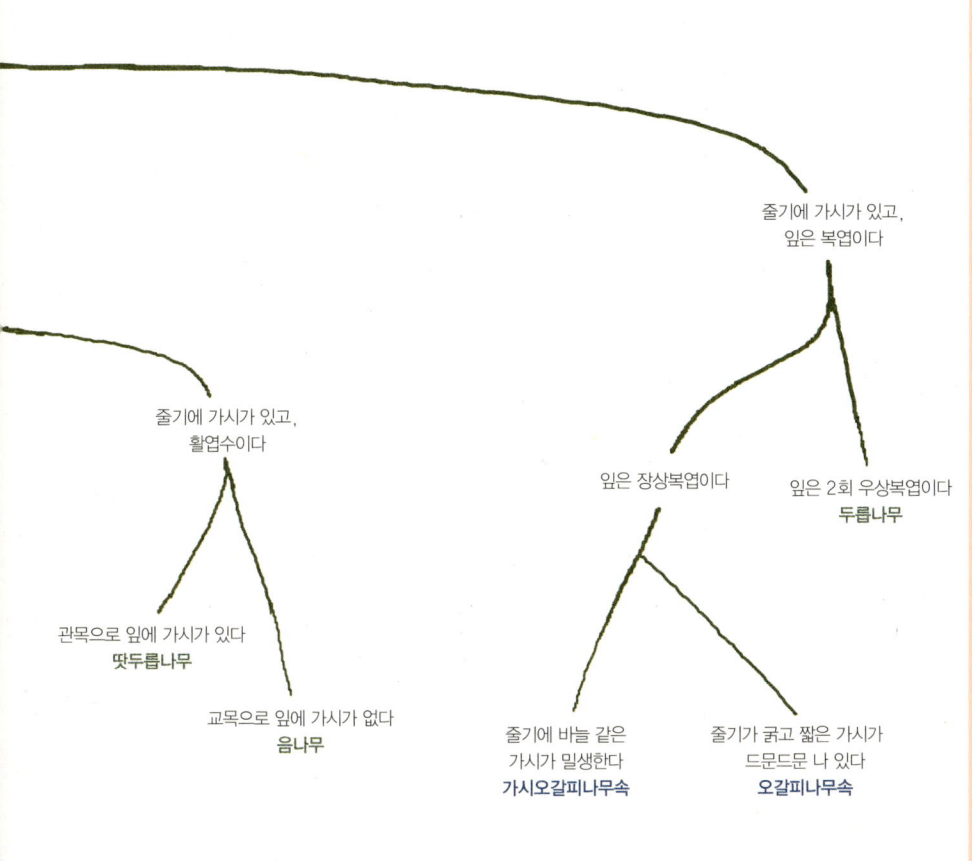

산형목 Umbellales
층층나무과, 두릅나무과

층층나무과 Cornaceae
층층나무속, 식나무

꽃잎은 4장이며, 자방상위이이다. 잎은 단엽이며 마주나기나 어긋나기이다. 열매는 핵과이다. 상록관목, 낙엽성 교목, 관목으로 자란다.

층층나무속 Cornus

층층나무의 속명인 코르누스Cornus는 '뿔처럼 단단한'이란 뜻이다. 층층나무는 재질이 매우 단단하다. 층층나무는 층층나무속 중에서 중부지방 계곡 어디에서든 잘 자랄 만큼 그 분포도가 넓다. 나무의 수형이 마치 층을 이루고 있어서 붙여진 이름이다. 층층나무는 측아가 어긋나고, 열매에 소과경이 있다.

산딸나무는 높이 7m 정도로 자라고, 정아의 아린은 길이가 서로 다르다. 정생부아는 옆으로 굽었고, 화아는 특별히 둥글며 크다. 진짜 꽃은 보잘것없으며, 마치 흰 꽃잎처럼 보이는 것은 꽃받침이 변형된 것이다. 산딸나무는 측아가 마주나고, 열매에 소과경이 없다.

산수유나무는 온대중부와 온대남부에서 잘 자란다. 산수유나무는 정아와 측아의 크기가 서로 비슷한데 정아는 곧게 서 있다. 정아의 아린은 길이가 서로 조금 다르다.

  말채나무나 흰말채나무가 좀 더 추운 지역인 온대북부에서 자라고, 곰의말채는 온대남부지역에서 잘 자란다. 산딸나무는 온대중부와 북부에서, 그리고 산수유는 온대중부와 온대남부가 잘 자란다. 하지만 산수유나무는 야산에서 자생하지 않는다.

측맥은 몇 쌍인가?
잎 뒷면에는 갈색털이 밀생하는가?
잎은 마주나는가? 어긋나는가?

[층층나무속 Cornus 검색표 1 – 잎]
- ● 측맥은 5쌍 이하이다 ▷ ● ●
- ● 측맥은 6쌍 이상이다 ▷ ● ● ●
- ● ● 잎뒷면에 갈색 털이 밀생한다 **산딸나무**
- ● ● 잎뒷면은 흰빛이며, 누운 털이 있다 **말채나무**
- ● ● ● 잎은 마주난다 ▷ ● ● ● ●
- ● ● ● 잎은 어긋난다 **층층나무**
- ● ● ● ● 잎 뒷면에 갈색모가 있다 **산수유**
- ● ● ● ● 잎 뒷면이 흰빛이며 털이 있다 **곰의말채**

[층층나무속 Cornus 검색표 2 – 열매]
- ● 열매에 과경이 없고, 딸기같이 붉게 익으며, 화서에는 커다란 포가 있다 **산딸나무**
- ● 열매에 각각 과경이 있다 ▷ ● ●
- ● ● 화서에 포가 없고, 열매는 검은색 또는 흰색이다 ▷ ● ● ●
- ● ● 화서에 포가 있고, 꽃은 노란색이며 열매는 붉은색이다 **산수유**
- ● ● ● 잎은 어긋난다 **층층나무**
- ● ● ● 잎은 마주난다 ▷ ● ● ● ●
- ● ● ● ● 열매는 흰색이고, 가지는 나중에 붉게 된다 **흰말채**
- ● ● ● ● 열매는 검은색이다 ▷ ◆
- ◆ 잎은 측맥은 4~5쌍이고, 가지는 나중에 자줏빛이며, 화서는 위가 편편하다 **말채나무**
- ◆ 잎의 측맥은 6~9쌍이고, 가지는 황색 또는 적갈색이 되고, 화서는 둔두이다 **곰의말채**

곰의말채 잎

산딸나무 꽃과 꽃받침

산수유나무 꽃

산수유 열매

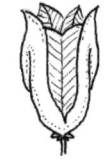 

12
진달래과 나무들

진달래목 Ericales
진달래과, 매화오리과

산철쭉과 진달래의 잎 모양은 긴 타원형인 데 반해
철쭉은 거꾸로 된 달걀형이다.
철쭉은 꽃이 남성적이고 강인한 이미지인 반면,
진달래는 꽃이 흐느적거리고 부드러워 여성적이다.

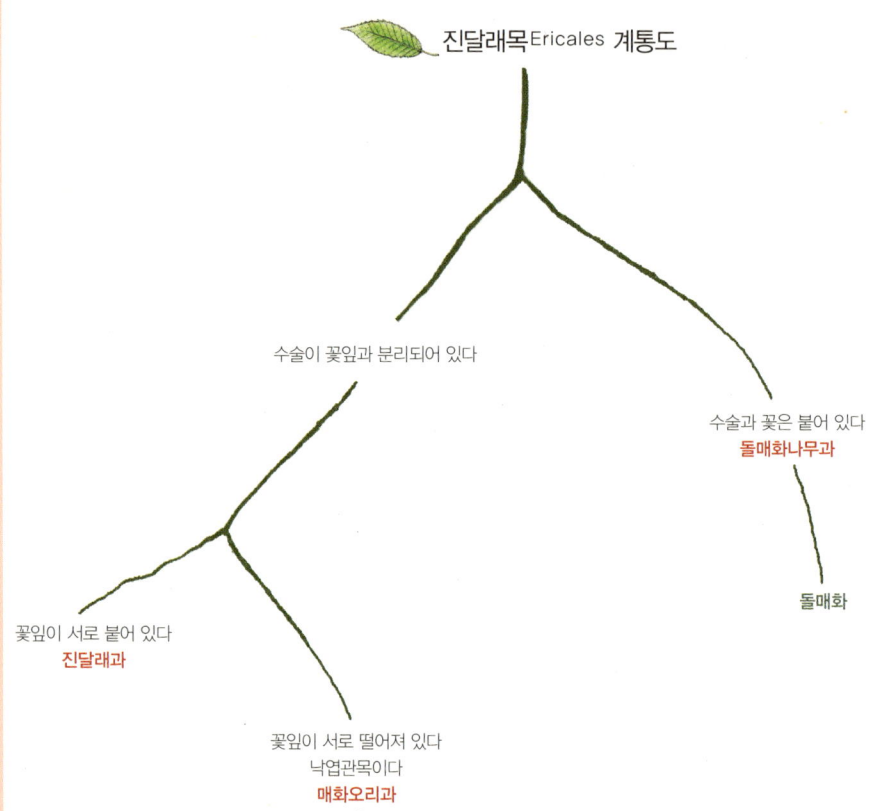

진달래목 Ericales
진달래과, 매화오리과

진달래과 Ericaceae

진달래속, 산앵도나무속, 산매자나무, 가솔송, 진퍼리꽃나무, 넌출월귤속, 백산차, 홍월귤

꽃은 양성화로 자방상위 또는 자방하위이다. 수술은 꽃잎과 분리되어 있고, 꽃잎은 서로 붙어 있다. 잎은 단엽이고 어긋난다. 열매는 삭과, 핵과, 장과이다.

진달래속 Rhododendron

진달래속에 속하는 나무들은 대부분이 관목형으로 자라지만, 간혹 소교목인 것도 있다. 자라는 모양은 2단 또는 3단으로 가지가 갈라지는 수형을 갖는다. 정아는 특별히 크고, 측아는 거의 발달하지 않으며, 엽흔은 두드러지지 않고 반원형이다. 엽흔에는 1개의 관속흔이 발달해 있다. 진달래와 철쭉은 잎이 다 떨어진 겨울에도 삭과의 열매주머니가 5개로 벌어진 채 매달려 있다. 진달래의 삭과는 얇고 길쭉하고, 철쭉류는 도톰한 계란형이다.

산철쭉과 진달래의 잎모양은 긴 타원형인 데 반해 철쭉은 거꾸로 된 달걀형(주걱형)이다. 철쭉은 꽃이 남성적이고 강인한 이미지인 반면, 진달래는 꽃이 흐느적거리고 부드러워 여성적이다.

우리가 흔히 만나는 진달래속의 나무로는 철쭉, 산철쭉 그리고 진달래가 있다. 봄에 꽃이 피었을 때는 구분이 쉽지만, 유감스럽게도 꽃이 피어 있는 기간은 그리 길지가 않다. 꽃이 없는 대부분의 기간에는 어떻게 구분할까?

산철쭉 잔가지에 털이 있고 겨울눈은 달걀형이다. 잎 앞면에 털이 드문드문 있으며 뒷면 잎맥 위에 갈색 털이 빽빽이 나 있다. 열매집도 달걀형으로 도톰하다.

진달래 겨울눈은 가지 끝에 여러 개씩 모여 나고 8개의 눈비늘 조각으로 덮여 있다. 잎에 털이 없고 뒷면에는 선점이 있다. 열매집도 길쭉하고 날씬하다.

철쭉 거꾸로 된 달걀형(주걱형)으로 잎은 어긋나지만 가지 끝에서는 4~5개가 모여 달린다. 잎 뒷면은 흰색이 돌고 털이 있고, 가장자리가 밋밋하다. 열매집은 산철쭉과 닮았으나 더 크다.

진달래 가족에는 늘 푸른 상록활엽수인 노랑만병초, 만병초, 꼬리진달래, 담자리참꽃, 좀참꽃이 있으며, 잎이 떨어지는 활엽수로는 진달래, 털진달래, 철쭉, 산철쭉, 참꽃나무 등이 있다. 진달래 가족은 다음과 같이 식별할 수 있다.

[진달래속 Rhododendron 검색표]

- ● 낙엽 관목이다 ▷ ● ●
- ● 상록 관목이다 ▷ ◆ ●
- ● ● 잎에 둥근 비늘조각이 있다 ▷ ● ● ●
- ● ● 잎에 둥근 비늘조각이 없다 ▷ ● ● ● ●
- ● ● ● 어린가지와 잎에 털이 없다 **진달래**
- ● ● ● 어린가지와 잎에 털이 있다 **털진달래**
- ● ● ● ● 어린가지에 섬모(샘털)가 있고 끈끈하며 가지는 회갈색이다 **철쭉**

철쭉 열매(삭과)

진달래 열매(삭과)

●●●● 어린가지에 섬모(샘털)가 없고, 가지에는 갈색털이 있다 ▷◆
　　◆ 어린가지나 잎자루에 누운 긴 털이 촘촘하게 발달되어 있다 **산철쭉**
　　◆ 어린가지나 잎자루에 털이 없고, 꽃자루에 연한 갈색의 긴 털이 산재한다
　　　참꽃나무
　●● 잎의 양면에 털이 없으며, 타원형이고 꽃은 연한 노란색이다 **노랑만병초**
　●● 잎의 양면 또는 단면에 털이나 비늘조각이 있다 ▷◆◆◆
　◆●● 잎의 길이는 8cm이고, 타원형이며 뒷면에 갈색털이 밀생한다.
　　　꽃은 붉은빛이 있는 흰색이다 **만병초**
　●●● 잎의 길이는 8cm 이하이다 ▷●●●●
　●●● 꽃은 자홍색 또는 홍색이다 ▷●●●●
　●●●● 꽃은 흰색이며, 잎은 타원형이고, 길이는 2~4cm이다.
　　　잎 뒷면에 갈색 비늘조각이 밀생하고, 꽃차례는 술모양이다 **꼬리진달래**
　●●●● 꽃은 자홍색이며 잎은 긴 타원형 또는 피침형이고, 길이는 2cm 정도가 된다.
　　　비늘털이 있고 뒷면에 갈색 비늘조각이 덮여 있다 **담자리참꽃**
　●●●● 꽃은 홍색이며, 잎은 도란형 또는 도피침형이고 길이가 5~8cm이다.
　　　가장자리에는 샘털(섬모)이 밀생한다 **좀참꽃**

산앵도나무속 Vaccinium

　산앵도나무속에는 상록관목인 월귤과 모새나무, 그리고 낙엽관목인 들쭉나무, 정금나무, 산앵도나무, 산매자나무의 6종이 있다.

　월귤은 주로 강원도 이북 온대중부지역에서 자라는 상록소관목으로 높이가 20~30cm 정도 되는 키가 아주 작은 나무이다. 땅을 기어 다니면서 자라고, 지하경이 발달해 있다. 다른 이름으로 땃들쭉이라고도 한다.

　모새나무는 남쪽 섬 지방에서 자라는 상록관목으로 높이 약 3m 정도이다.

　들쭉나무는 한대 지역에서 자라는 낙엽소관목으로 높이 1m 정도이다.

　정금나무는 온대북부에서 자라는 낙엽관목으로 높이 2~3m 정도이다.

　산앵도나무는 온대지역에서 자라는 낙엽소관목으로 높이 약 1m 정도이다.

　산매자나무는 한라산 중턱에서 자라는 낙엽소관목으로 높이 20~30cm 정도 되는 작은 나무이다.

산앵도나무와 산매자나무는 모두 열매가 붉지만, 산앵도나무는 잎이 마주나고, 산매자나무는 어긋난다.

[산앵도나무속 Vaccinium 검색표]

- 🔴 잎은 상록성이다 ▷ 🔴🔴
- 🔴 잎은 낙엽성이다 ▷ 🔴🔴🔴
- 🔴🔴 잎의 가장자리에 뚜렷한 거치가 있으며, 액생 총상화서로 꽃이 핀다. 열매는 검다 **모새나무**
- 🔴🔴 잎의 가장자리에 뚜렷한 거치가 없으며, 정생 총상화서에 2~3개의 꽃이 피고, 열매는 붉다 **월귤**
- 🟤🟤🟤 열매는 검다 ▷ ◆
- 🟤🟤🟤 열매는 붉으며 가지 끝에 1~3개씩 달리고, 잎 가장자리에 거치가 발달했다 ▷ 🟢🟢🟢🟢
- 🟢🟢🟢🟢 잎은 마주난다 **산앵도나무**
- 🟢🟢🟢🟢 잎은 어긋난다 **산매자나무**
  - ◆ 잎의 가장자리에 거치가 발달했으며, 꽃은 총상화서로 많이 달린다 **정금나무**
  - ◆ 잎의 가장자리는 밋밋하고, 꽃은 1~2개씩 달린다 **들쭉나무**

13
무환자나무목 나무들

무환자나무목 Sapindales
감탕나무과, 노박덩굴과, 고추나무과, 단풍나무과
옻나무과, 나도밤나무과, 칠엽수과, 회양목과, 시로미과

호랑가시나무는 주로 전남 해안 지방에서 자라는
높이 3cm 정도의 상록관목, 또는 소교목이다.
진한 광택이 나는 잎에는 날카로운 가시가 5개가량 발달되어 있다.
여름에 흰꽃이 모여서 피는데 꽃보다 열매가 더 아름답다.

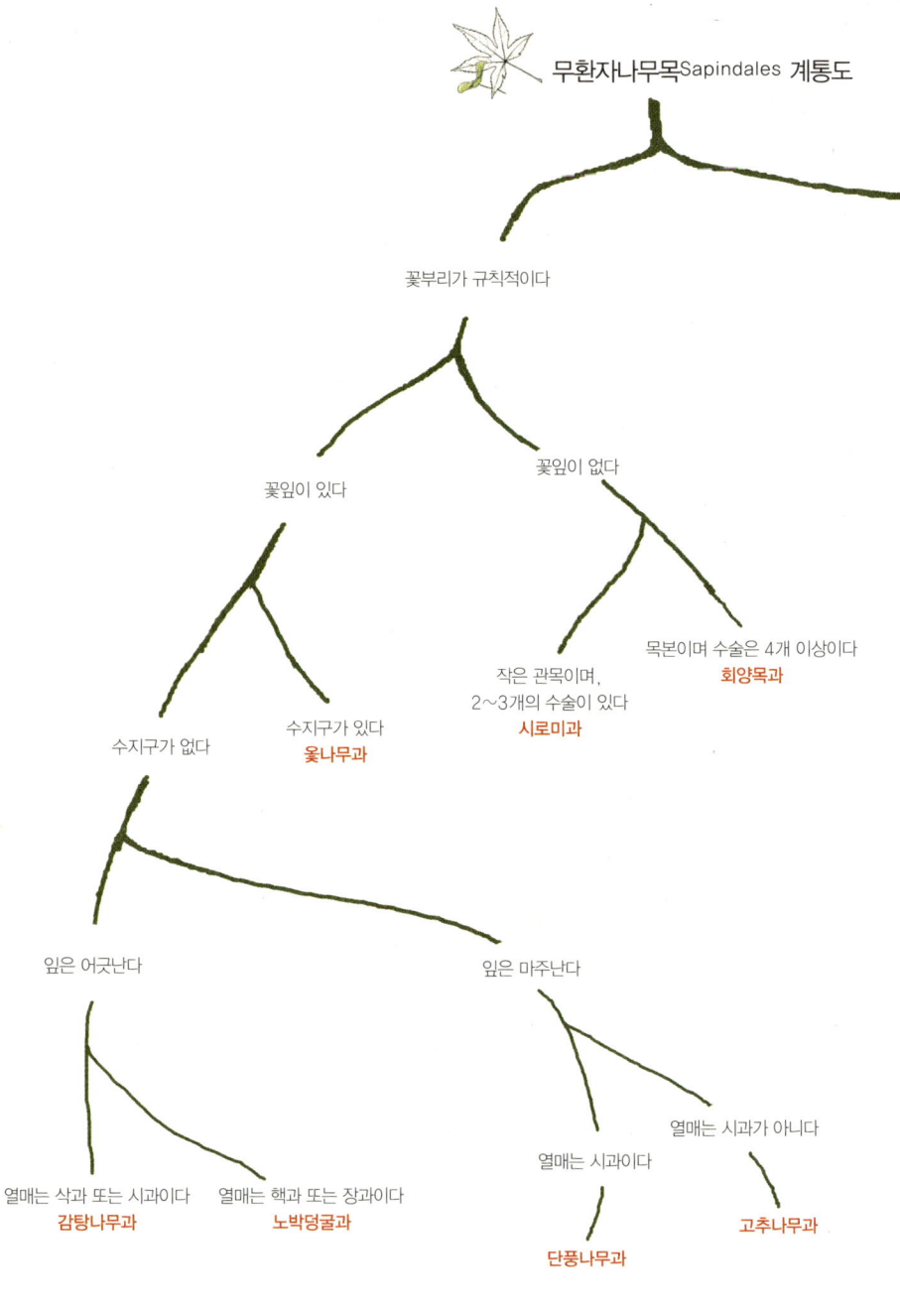

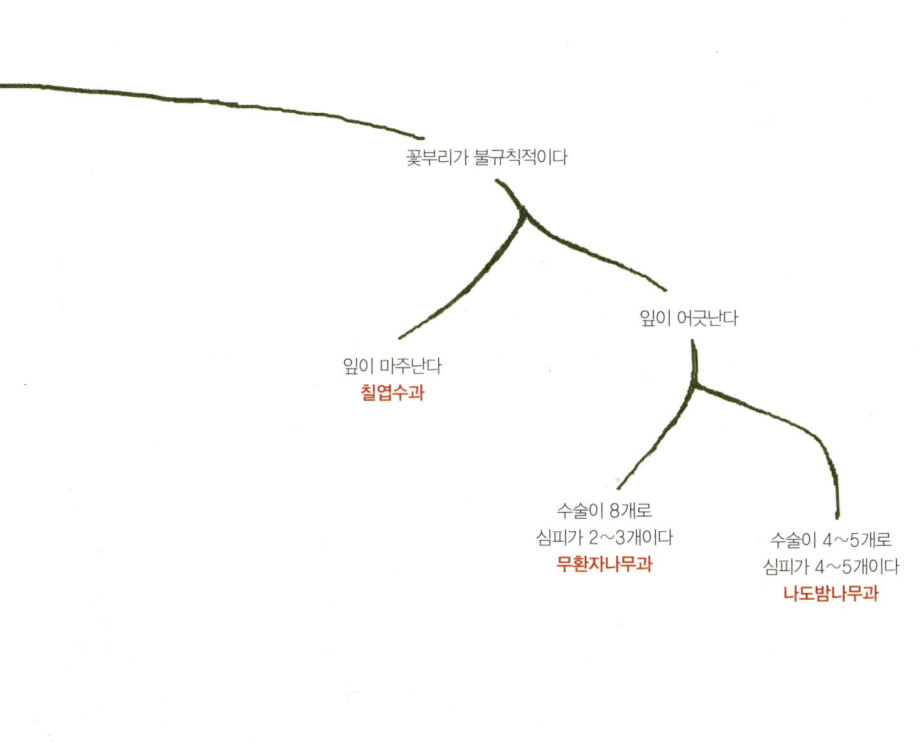

무환자나무목 Sapindales

감탕나무과, 노박덩굴과, 고추나무과, 단풍나무과, 옻나무과,
나도밤나무과, 칠엽수과, 회양목과, 시로미과

감탕나무과 Aquifoliaceae

주로 상록성이나 낙엽성도 있다. 암수딴그루이며, 자방상위이다. 열매는 장과 또는 핵과이다. 잎은 단엽이며 어긋나기를 한다.

감탕나무속 Ilex

속명인 일렉스 Ilex는 서양의 '호랑가시나무 잎을 닮은 나무의 일종'이라는 뜻에서 왔다. 꽝꽝나무와 호랑가시나무와 대팻집나무는 비교적 내한성이 강해 온대남부까지 관상용으로 식재되는 편이지만, 감탕나무와 먼나무는 남쪽 난대지방에서만 자란다.

꽝꽝나무는 제주도나 거제도 남쪽지방에서 자라는 높이 3cm 정도의 관목이다. 핵과 열매는 검게 익고 잎은 작다.

호랑가시나무는 주로 전남 해안 지방에서 자라는 높이 5m 정도의 상록관목, 또는 소교목이다. 진한 광택이 나는 잎에는 날카로운 가시가 5개 가량 발달되어 있다. 여름에 흰꽃이 모여서 피는데 꽃보다 열매가 더 아름답다.

감탕나무는 남부 지역 해안에서 자라는 높이 10m 정도의 상록소교목이다. 잎에는 톱니가 없다. 4월경에 황록색의 꽃이 그 해에 자란 가지

에서만 모여서 핀다. 열매는 핵과이며 붉게 익는다.

먼나무는 제주도나 난대림에서 자라는 높이 10m 정도의 상록소교목이다. 잎의 가장자리는 밋밋하다. 5월경에 엷은 보라색의 꽃이 전년생 가지에서만 핀다. 열매는 핵과이며 붉게 익는다.

대팻집나무는 충청도 이남에서 자라는 높이 15m 정도의 낙엽교목이다. 수피가 얇고, 내피는 녹색이다. 가을에 붉은 핵과 열매가 익는 아름다운 나무이다. 문경새재와 속리산 법주사에서도 볼 수 있다.

호랑가시나무 잎

[감탕나무속 Ilex 검색표]
- 낙엽교목이고, 열매는 붉다 **대팻집나무**
- 상록성이고, 열매는 붉거나 검다 ▷ ● ●
- ● ● 교목이다 ▷ ● ● ●
- ● ● 관목이다 ▷ ● ● ● ●
- ● ● ● 어린가지에만 황록색 꽃이 피고, 열매는 붉다 **감탕나무**
- ● ● ● 전년도 가지에 보라색 꽃이 피고, 열매는 붉게 익는다 **먼나무**
- ● ● ● ● 잎에 날카로운 가시가 있고, 열매는 붉게 익는다 **호랑가시나무**
- ● ● ● ● 잎의 가장자리에 가는 거치가 발달해 있으며, 열매는 검다 **꽝꽝나무**

감탕나무 열매와 잎

호랑가시나무 열매와 잎

노박덩굴과 Celastraceae
사철나무속, 노박덩굴속

주로 낙엽성이나 상록성도 있다. 꽃은 단성화이며, 자방상위이다. 잎은 단엽이며, 마주나기 또는 어긋나기도 있다. 열매는 삭과, 장과, 핵과, 시과로 나타난다.

사철나무속 Euonymus

사철나무속 학명의 의미는 '평판이 좋은'이란 뜻이다. 관목 또는 작은 교목형으로 자라며, 수피는 밋밋하지만 코르크 날개가 발달한 화살나무 같은 것도 있다.

사철나무속 열매들

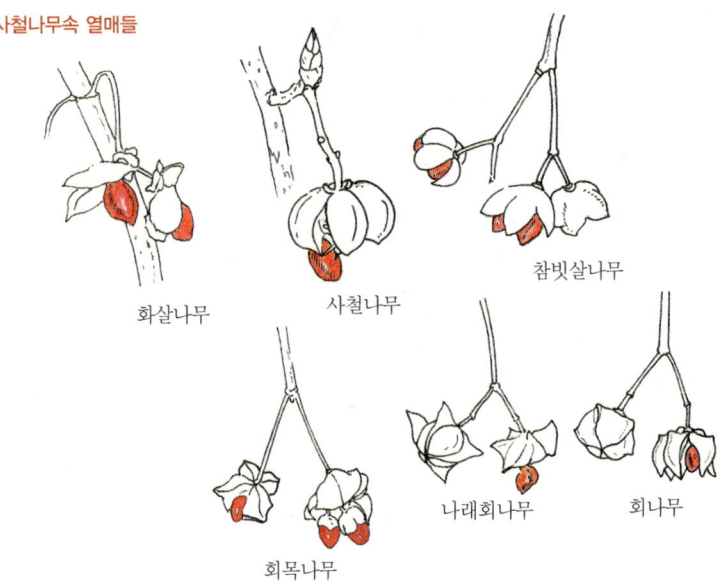

화살나무 사철나무 참빗살나무

회목나무 나래회나무 회나무

대개 어린가지에는 털이 없고 둥글지만, 회잎나무처럼 네모난 것도 있다. 엽흔은 반원모양에서 초생달모양이며 순백색이다. 관속흔 1개로 자세히 보면 U자형으로 배열되어 있다. 겨울눈은 긴 난형이며, 길이가 약 1cm 이상이고, 끝이 뾰족한 것과 짧고 둔한 것이 있다. 겨울눈을 감싸고 있는 아린은 4~9쌍이고 가장자리에 털이 발달해 있다. 측아는 밑으로 내려갈수록 작아지고, 부아는 있는 것과 없는 것이 있으며, 수(골속)는 작고 사각형이며 연한 녹색이다.

[사철나무속 Euonymus 검색표]

- ● 열매는 심피별로 떨어져 발달한다. 1~3개의 분과를 이룬다 **화살나무**
- ● 열매는 심피가 붙은 채로 발달한다. 따라서 분과를 이루지 않는다 ▷ ● ●
  - ● ● 잎은 상록성이며, 가죽질이고 광택이 있다 ▷ ● ● ●
  - ● ● 잎은 낙엽성이며, 엷고 광택이 없다 ▷ ● ● ● ●
    - ● ● ● 줄기는 곧게 선다. 잎자루는 매끄럽다.
       열매는 지름 6~8mm이다 **사철나무**
    - ● ● ● 줄기는 덩굴성이다. 잎자루는 잔돌기가 밀생하여 껄끄럽다.

사철나무 잎 　　　　　　　　　　참빗살나무 꽃

　　　　　　　　열매는 지름 8~10mm이다 **줄사철나무**
●●●● 꽃밥은 2실이다 ▷◆
●●●● 꽃밥은 1실이다 ▷◆●
　　　　　◆ 가지는 매끄럽고, 잎자루는 길이 8~20mm 정도이며,
　　　　　　열매는 날개가 없고 네모지다 **참빗살나무**
　　　　　◆ 가지에 흑갈색의 잔돌기가 밀생한다.
　　　　　　잎자루는 길이 3~10mm이며, 열매는 4개의 날개가 있다 ▷◆●●
　　◆● 열매에 날개가 없다 **참회나무**
　　◆● 열매에 날개가 있다 **회나무**
　　　◆●● 꽃잎은 꽃받침보다 약 2배 길며, 잎 겨드랑이에서 10개 내외의 꽃이 핀다
　　　　　나래회나무
　　　◆●● 꽃잎은 꽃받침과 거의 비슷하며, 잎 겨드랑이에서 2~3개의 꽃이 핀다 **회목나무**

고추나무과 Staphyleaceae

　낙엽성이며, 잎은 복엽(삼출엽 또는 기수우상복엽)이며 마주나기를 한다. 열매는 골돌 또는 낭과이다. 꽃은 양성화 또는 잡성화이다.

　고추나무과에는 고추나무속과 말오줌때속이 있다. 말오줌때는 주로 남쪽에서 자라는 낙엽소관목이다. 마주나기를 하는 잎은 기수우상복엽으로 길이는 25cm 정도이다. 꽃은 원추화서이고, 열매는 1~3개씩 모여 달린다.

[고추나무과 Staphyleaceae 검색표]
- 잎은 기수우상복엽이며, 열매는 골돌이다 **말오줌때**
- 잎은 삼출엽이며, 열매는 낭과이다 **고추나무**

고추나무 Staphylea bumalda

고추나무는 잎이 고추잎을 닮았다 해서 붙여진 이름이다. 잎 1개가 3개로 분화된 삼출엽이다. 어린잎은 나물로 먹기도 한다. 수피는 회갈색으로 피목이 발달해 있다. 열매는 두 개의 주머니 안에 각각 한 개의 종자가 들어 있는 낭과이다.

고추나무는 낙엽성의 키 작은 관목으로, 해발이 낮고 습도가 높은 지역이면 전국 어디서나 쉽게 볼 수 있다. 열매를 손으로 누르면 '딱' 하는 소리가 난다. 4월 말과 5월에 피는 흰꽃의 꽃잎은 5장이며, 수술이 5개, 암술이 1개이다.

단풍나무과 Aceraceae

단풍나무속

낙엽성이며, 잎은 마주나기를 한다. 잎은 주로 단엽이나, 삼출엽과 장상복엽도 있다. 열매는 모두 시과이다.

단풍나무속 Acer

참나무는 단지 전체 나무를 부르는 총명이지만, 단풍나무는 총명이기도 하고, 단풍나무란 고유한 이름을 지니고 있는 나무도 있다. 단풍나무도 참나무나 버드나무처럼 대가족을 이루고 있다. 복장나무, 복자기, 산겨릅나무, 시닥나무 등은 단풍이란 이름이 들어

카로티노이드 Carotinoid
동식물계에 널리 분포하는 노랑, 주황, 빨간색을 가진 색소군의 총칭. 엽록체 속에 존재하는 카로티노이드는 광합성 때 보조색소로서 빛 에너지를 흡수하여, 이것을 엽록소 a로 옮기는 역할을 한다. 또 카로티노이드는 세포가 자외선에 의해 나뭇잎의 엽록소가 파괴되는 것을 막아 주는 역할도 한다.

안토시아닌 anthocyanin(수용성 색소)
안토시아닌류는 식물성 색소인 플라보노이드flavonoid계 색소의 일종으로 식물체의 꽃과 열매 등에서 나타나는 색소이며, 이 색소는 세포 내 액포에 들어 있어, 이웃하고 있는 세포로 이동이 매우 용이하다. 과실, 줄기, 잎, 뿌리 등에 분포하고 포도당 등의 당류와 결합하여 대부분 배당체의 형태로 존재하며 안토시안의 배당체를 안토시아닌이라고 한다.
안토시아닌은 강력한 항산화물질로서 활성산소 제거 또는 중화 작용을 한다. 대부분의 식물체에 존재하나 아쉬운 점은 분자 구조의 특성상 체내 흡수가 어렵다는 점이다. 따라서 안토시아닌 함유량이 높으면서도 체내흡수가 용이한 식물체를 발견할 수 있다면 만병의 근원으로 알려진 활성산소에 천적 역할을 하게 하여 인체에 매우 유익한 효능을 기대할 수 있을 것이다.

있지 않지만 단풍나무 가족들이다. 모두 한 쌍을 이루는 독특한 시과 열매를 가지고 있기 때문이다.

단풍나무 가족들이 사는 곳은 제각기 다르다. 복장나무는 복자기보다 더 높은 곳에서 살고, 당단풍나무는 단풍나무보다 더 높은 곳에서 산다. 단풍이란 이름처럼 이들은 붉고 아름다운 단풍을 만들어 내는 것이 특징이다.

가을이 되면, 잎들은 대개 밖에서 안쪽으로, 위에서 아래로 단풍이 들며 빛을 많이 받는 곳이 먼저 붉은색으로 변한다.

단풍나무의 특징은 거의 모두가 교목이란 점이며, 정아가 없거나 정아가 꽃눈일 경우 가지가 V자 모양으로 자라게 된다. 엽흔은 V자형, U자형, 초생달모양을 하고 있다. 엽흔에 나타나는 관속흔은 3개이며, 겨울눈을 감싸고 있는 아린은 2조각이다. 단풍나무는 모두가 마주나기를 한다.

우리나라에서 만날 수 있는 단풍나무의 종수는 15종 정도가 된다. 그 중 가장 흔하게 만날 수 있는 것은 단풍나무와 당단풍나무이다. 어떻게 구분할까?

잎의 손가락은 몇 개인가? 잎의 가장자리 거치는 어떻게 발달해 있는가? 겨울눈에는 털이 있는가, 없는가?

다음의 표와 같이 정리해 볼 수 있다.

단풍나무와 당단풍나무의 차이점

기준	단풍나무	당단풍나무
거치	거치가 규칙적이다	불규칙적이다
결각	깊다	얕다
엽맥	털이 없다	털이 있다
겨울눈	털이 거의 없다	털이 있다
손가락 수	7개(5개와 9개가 가끔 있다)	9개(7개와 11개가 가끔 있다)

중국단풍은 신나무와 같이 잎이 세 개로 갈라지나 거치가 발달되어 있지 않다. 어린잎은 약간의 거치가 결각 형태로 발달했다가 나중에 모두 사라진다. 세 손가락 중 가운뎃손가락이 유난히도 길고 크면 그것은 신나무이다. 겨울눈의 아린은 서로 포개졌거나 2개의 겉 아린으로 덮여 있다. 잎은 마주나며(대생), 잎자루가 있고, 단엽 장상으로 갈라진다. 이 밖에도 단풍나무의 종류들이 많다. 서로 어떻게 구분하는지 따라가 보자.

[단풍나무속Acer 검색표]

- 잎은 복엽이다 ▷ ● ●
- 잎은 단엽이다 ▷ ● ● ● ●
- ● ● 잎은 3출엽이다 ▷ ● ● ●
- ● ● 잎은 5갈래(간혹 7갈래)의 우상복엽이다 **네군도단풍**
- ● ● ● 잎의 가장자리는 밋밋하고, 몇 개의 결각이 있으며, 잎자루와 열매(시과)에 털이 있다 **복자기**
- ● ● ● 잎의 가장자리에 잔 톱니가 있고, 열매(시과)에 털이 없다 **복장나무**
- ● ● ● ● 잎의 가장자리는 밋밋하고, 잎은 3~7개로 갈라진다 ▷ ◆
- ● ● ● ● 잎의 가장자리에 톱니가 있다 ▷ ◆ ● ●
  - ◆ 잎은 3개로 갈라진다 **중국단풍**
  - ◆ 잎은 5~7개로 갈라진다 ▷ ◆ ●
  - ◆ ● 잎은 주로 5개로 갈라지고, 잎과 잎자루에 털이 있다 **고로쇠나무**
  - ◆ ● 잎은 주로 7개로 갈라지고, 잎 뒷면 엽맥 위를 제외하고는 털이 없다 **우산고로쇠**

단풍나무속 단엽과 복엽, 그리고 열매들

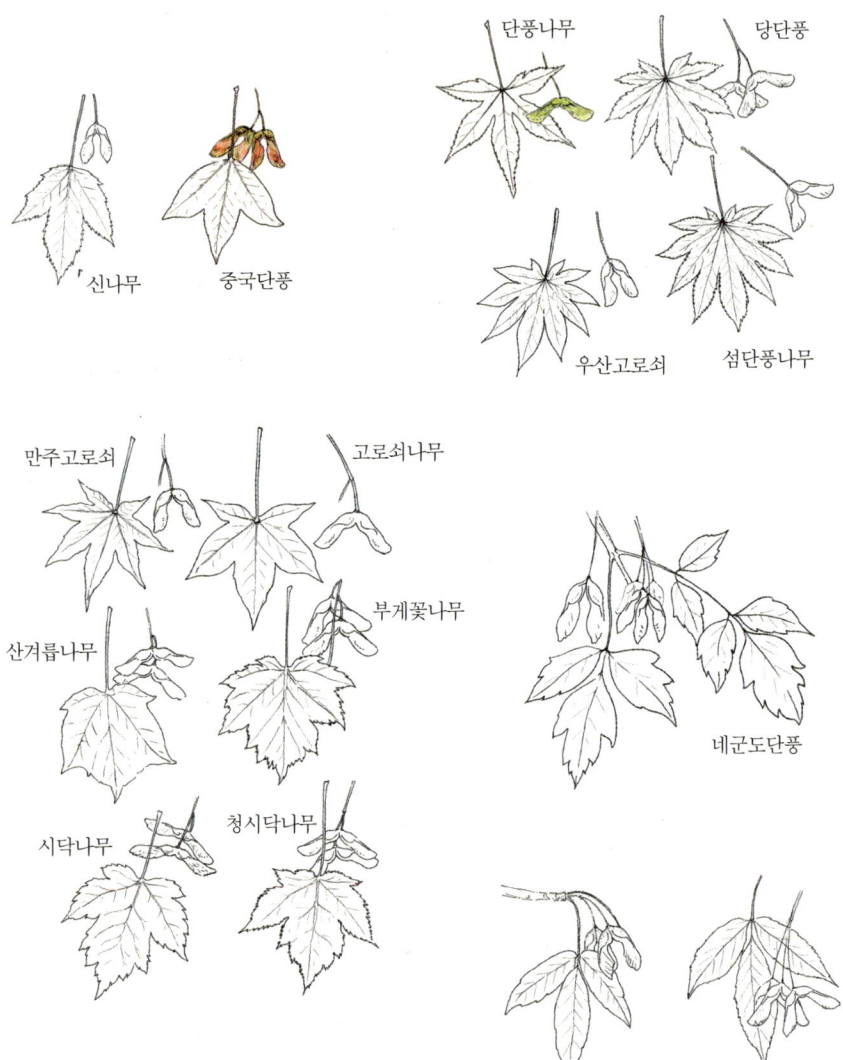

◆●● 잎은 3개로 갈라진다 **신나무**
◆●● 잎은 넓은 난형, 타원상 난형 또는 원형이다 ▷◆●●●
◆●●● 잎은 넓은 난형이거나 타원상 난형이다 ▷◆●●●
◆●●● 잎은 원형이다 ▷★●
◆●●●● 잎은 대개 3개로 갈라진다 **청시닥나무**
◆●●●● 잎은 대개 5개로 갈라진다 ▷★
　★ 잎은 깊게 갈라지고, 열매(시과)는 약 1.5cm이다 **부게꽃나무**
　★ 잎은 얕게 갈라지고, 열매(시과)는 약 3cm이다 **산겨릅나무**
　★ 잎은 7개(5~9개)로 갈라지고, 열매(시과)에는 털이 없다 **단풍나무**
　★ 잎은 9개 이상이다 ▷★●●
　★●● 잎은 9~11개 정도로 갈라진다 **당단풍**
　★●● 잎은 11~13개 정도로 갈라진다 **섬단풍나무**

옻나무과 Anacardiaceae
옻나무속

낙엽성이며, 잎은 어긋나기를 하는 기수우상복엽이다. 열매는 핵과이다. 중국에서 도입된 안개나무는 옻나무속에 속한다. 안개나무 Cotinus Coggyria의 잎은 단엽으로 나타난다.

옻나무속 Rhus

붉나무는 단풍이 붉게 물든다 해서 붙여진 이름이다. 홍미紅美라고도 한다. 붉나무 잎에는 동그란 주머니처럼 보이는 것이 자주 관찰되는데 작은 진딧물들이 만든 것이다. 사람들이 그것을 약용으로 사용하면서 붙인 이름이 오배자이다. 그래서 오배자나무라고도 한다. 붉나무를 염부목이라고도 한다. 붉나무의 열매가 익으면 짠맛을 낸다고 해서 붙여진 이름이며, 실제로 붉나무의 열매를 소금 대용으로 사용하기도 했다.

붉나무는 옻나무와 가깝지만 독성이 없어서 옻이 오르지 않는다. 대략 높이 3m 내외로 자라며, 굵은 가지는 드문드문 나오고 작은 가지에

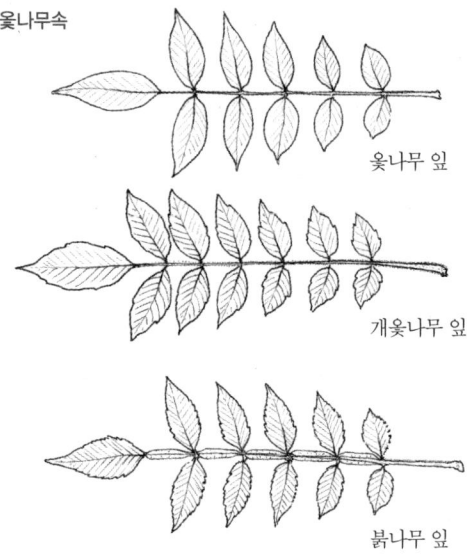

옻나무속
옻나무 잎
개옻나무 잎
붉나무 잎

는 노란빛을 띤 갈색 털이 있다. 잎은 어긋나고, 7~13개의 작은 잎으로 된 깃꼴겹잎이며, 작은 잎을 매달고 있는 총잎자루에 날개가 있다는 것이 옻나무와 구분되는 식별 열쇠이다. 작은 잎은 달걀모양으로 굵은 톱니가 잘 발달되어 있고 뒷면에 갈색 털이 있다. 붉나무는 열매의 과피(핵과)에 털이 있지만, 옻나무의 과피에는 털이 없다. 개옻나무의 과피에는 가시털이 있다.

산검양옻나무와 옻나무는 비슷하지만, 옻나무는 소엽이 16cm 정도로 길며, 너비가 7cm 정도인 반면, 산검양옻나무는 소엽의 길이가 12cm를 넘지 못하며, 너비는 2~4cm 정도로 작다. 소엽의 측맥이 5cm 이상의 간격을 두고 발달한 옻나무에 비해, 산검양옻나무는 그 간격이 5cm 이하로 촘촘하게 보인다. 옻나무속에 속하는 친구들을 다음의 검색표를 이용해 정확히 식별해 보자.

[옻나무속Rhus 검색표]
- 소엽의 가장자리에 톱니가 발달해 있고, 열매에는 털이 있다 **붉나무**
- 소엽의 가장자리에 톱니가 없고, 몇 개의 결각이 발달해 있다 ▷●●
- ●● 소엽과 과피에 털이 없다 **검양옻나무**
- ●● 소엽은 뒷면에 털이 있다 ▷●●●
- ●●● 소엽에는 몇 개의 결각이 있고, 과피에 털이 있다 **개옻나무**
- ●●● 소엽은 밋밋하고, 과피에 털이 없다 **옻나무**

나도밤나무과 Sabiaceae

나도밤나무, 합다리나무

낙엽성이며, 잎은 어긋나기를 하는 단엽 또는 복엽이다. 꽃은 양성화이며 열매는 핵과이다. 나도밤나무와 합다리나무 2종류만이 우리나라에 자생한다.

나도밤나무속 Meliosma

나도밤나무속의 학명 멜리오스마Meliosma는 '봉밀의 향기가 나는 특성을 지닌 나무'라는 뜻이다. 남쪽에서 자라는 난대지역수목으로 높이가 약 10m까지 자라며, 나도밤나무와 합다리나무가 대표적이다. 나도밤나무는 잎이 한 장인 단엽이고, 합다리나무는 여러 장의 소엽으로 된 복엽이다. 이 둘은 비슷한 장소에서 자라며, 꽃의 색깔이 흰색이란 점과 6월에 핀다는 점도 같다. 둘 다 열매도 붉고, 크기도 비슷하다.

[나도밤나무속 Meliosma 검색표]
- 단엽이며 겨울눈이 나아이다 **나도밤나무**
- 복엽이며, 소엽들이 바깥으로 오면서 점점 커진다 **합다리나무**

붉나무 잎에 있는 오배자진딧물 집

나도밤나무의 겨울눈(아린이 없는 나아)

나도밤나무 잎

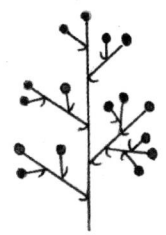

14
개나리와 수수꽃다리

용담목 Gentianales
물푸레나무과, 협죽도과, 마전과

수수꽃다리는 산성보다는 알칼리성 토양에서 잘 자란다.
자연상태에서 자라는 수수꽃다리를 만나면
토양이 비교적 비옥한 곳으로 생각할 수 있다.
꽃이 아름답고 향기가 좋아서 정원수로 많이 심고 있다.

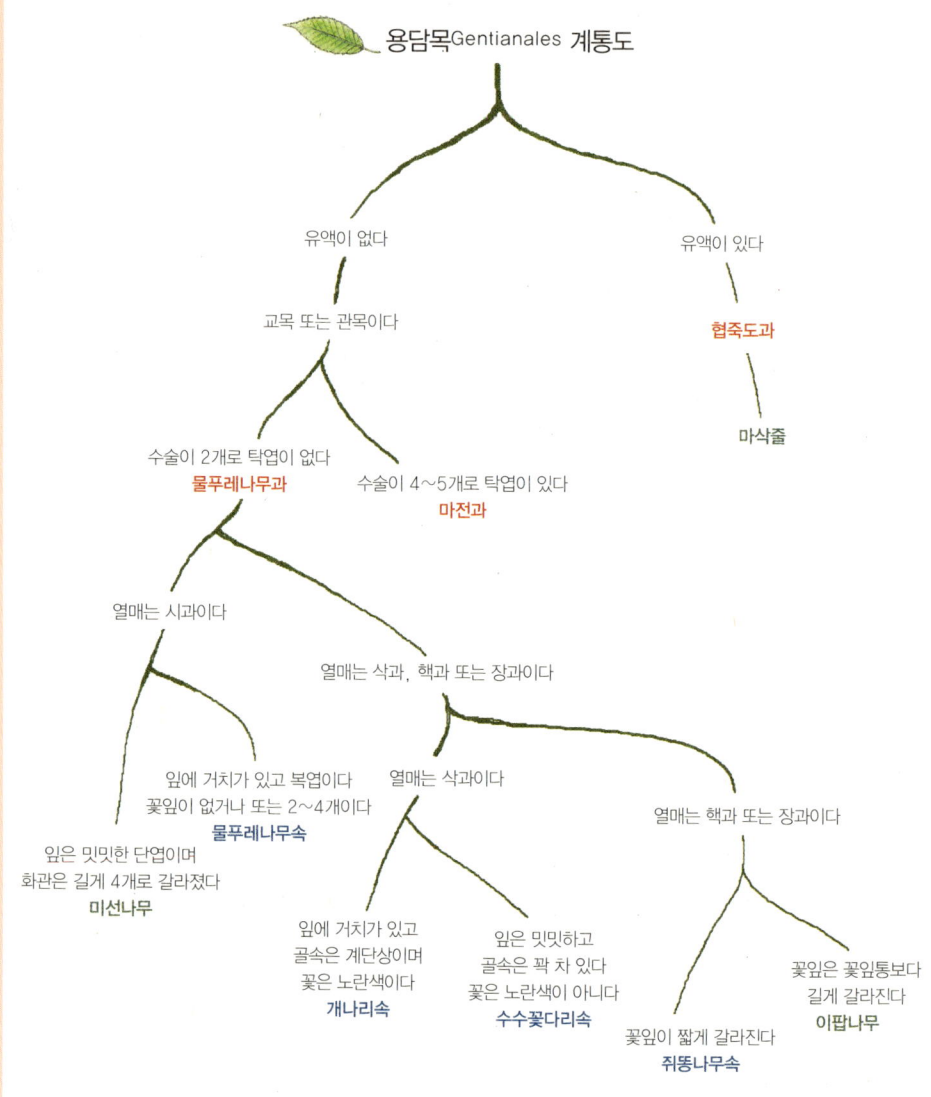

용담목 Gentianales
물푸레나무과, 협죽도과, 마전과

물푸레나무과 Oleaceae
물푸레나무속, 개나리속, 수수꽃다리속, 쥐똥나무속, 미선나무, 이팝나무

꽃은 양성화이며, 가끔 단성도 있다. 잎은 대부분 복엽이지만 단엽도 있다. 꽃잎은 4갈래이나 간혹 5갈래도 있다. 열매는 핵과, 시과, 장과 또는 삭과이다.

물푸레나무속 Fraxinus

물푸레나무란 이름은 어디서 왔을까? 어린가지나 잎을 따서 물에 넣어 비벼보면, 푸른 물이 흘러나온다. 그래서 이름이 물푸레나무이다. 물푸레나무의 가족들은 모두가 교목으로 자라고, 대체로 수피는 검은 회색빛을 띤다. 겨울눈 가운데 정아가 왕관모양을 하고 있으며, 측아에 비해 매우 큰 것이 특징이다. 잎은 마주나기를 하며

물푸레나무 새순

14 개나리와 수수꽃다리 403

기수우상복엽이다. 물푸레나무 가족으로는 들메나무, 물푸레나무, 미국에서 들어온 미국물푸레나무, 쇠물푸레나무 등이 있다. 어린가지로 식별하는 방법과 잎과 꽃으로 구분하는 방법을 함께 살펴 보기로 하자.

[물푸레나무속 Fraxinus 검색표1 – 어린가지]
- 어린가지는 연한 황갈색이며 단면은 사각형에 가깝다 **들메나무**
- 어린가지는 검은 회색이며 다소 편평하다 ▷ ● ●
- ● ● 정아에 병생부아가 없고, 엽흔 위쪽 가장자리는 도드라졌다 **물푸레나무**
- ● ● 정아에 병생부아가 있고, 엽흔 위 가장자리는 수평에서 다소 볼록하다 **쇠물푸레나무**

[물푸레나무속 Fraxinus 검색표2 – 잎과 꽃]
- 꽃차례는 잎이 달린 가지에 정생한다 ▷ ● ●
- 꽃차례는 잎이 없는 가지에 액생하고, 엽축과 소엽 밑에 적갈색 털이 밀생한다 **들메나무**
- ● ● 잎 뒷면 맥액 근처에 갈색 털이 밀생한다 **물푸레나무**
- ● ● 잎 뒷면에 잔털이 있고, 소엽은 5~9개이다 **쇠물푸레나무**

개나리속 Forsythia

장수만리화는 황해도 장수산에서 처음 발견되었다 해서 그 이름을 얻었다. 장수만리화는 개나리속 중에서 가장 추운 곳인 온대북부지역에서 주로 나타난다.

개나리와 산개나리 그리고 만리화는 온대중부지역이 살아가기 적합한 곳이다. 개나리속에 속하는 모든 종들은 우리나라 고유종이며, 특히 만리화는 특산수목으로 분류하고 있다. 개나리 가족들의 공통점은 정아가 없다는 것이며, 어린가지는 다소 사각형이다. 겨울눈을 감싸고 있는 아린은 대개 6~9쌍이며, 비늘같이 포개진다.

개나리는 어린가지와 잎에 털이 없고, 잎은 피침형이며, 맹아지에서 돋아난 잎은 3개로 갈라진다. 측아는 병생 및 중생부아이다.

산개나리는 어린가지나 잎에 털이 있고, 측아에 병생부아가 없으며,

밑의 아린은 회황색이고 위의 것은 자줏빛이다.
　만리화는 어린가지나 잎에 털이 없고, 넓은 난형이고 갈라지지 않는다. 측아는 병생부아가 없고, 아린은 모두 회황색이다.

잎 뒷면에 털이 있는가?
잎은 어떤 모양을 하고 있는가?
줄기는 곧은가, 아래로 굽는가?
어린가지는 털이 있는가?
병생 또는 중생부아가 있는가?
눈을 감싸고 있는 아린의 색깔은 어떤가?

개나리꽃

[개나리속Forsythia 검색표1 – 잎]
- ● 잎 뒷면에 털이 없다 ▷ ● ●
- ● 잎 뒷면에 털이 있고, 줄기는 곧게 서며 잎은 난형 또는 장난형이다 **산개나리**
- ● ● 잎은 피침형이지만 맹아의 잎은 세 개로 갈라지고, 줄기의 끝은 옆으로 굽는다 **개나리**
- ● ● 잎은 넓은 난형이며, 갈라지지 않는다 ▷ ● ● ●
- ● ● ● 잎은 윤채가 있고 어린가지엔 섬모가 없고, 줄기는 갈라져 옆으로 퍼진다 **만리화**
- ● ● ● 잎은 윤채가 나지 않고 어린가지에 융모가 있으며 줄기는 곧게 선다 **장수만리화**

[개나리속Forsythia 검색표2 – 겨울눈]
- ● 소지의 밑부분에 짧은 털이 있다 **장수만리화**
- ● 소지에 털이 없다 ▷ ● ●
- ● ● 측아는 병생 및 중생부아가 있다 **개나리**
- ● ● 측아엔 병생부아가 없다 ▷ ● ● ●
- ● ● ● 밑의 아린은 회황색이고 위의 것은 자줏빛이 돈다 **산개나리**
- ● ● ● 아린은 모두 회황색이다 **만리화**

수수꽃다리속 Syringa

아름다운 우리말 이름을 가진 나무 가운데 하나이다. 수수꽃다리는 산성보다는 알칼리성 토양에서 잘 자란다. 자연 상태에서 자라는 수수꽃다리를 만나면 토양이 비교적 비옥한 곳으로 생각할 수 있다. 4월과 5월, 은은한 자주색 원추화서의 꽃이 피며, 길이 1~2cm 정도의 4개로 갈라지는 삭과가 달린다.

꽃이 아름답고 향기가 좋아서 정원수로 많이 심고 있다. 더욱 풍성한 꽃을 보기 위해 사람들은 수수꽃다리의 생리를 이용하기도 한다. 겨울에 나뭇가지를 냉동처리해 주면 봄에 많은 꽃들이 피게 된다.

수수꽃다리는 외국에서 들어온 라일락과 비슷하다. 수수꽃다리는 라일락보다 화관통이 더 길고, 잎의 길이가 길며, 맹아지를 만들지 않는다.

수수꽃다리속에 속하는 나무들에는 개회나무, 정향나무, 털개회나

수수꽃다리의 꽃과 잎

라일락과 수수꽃다리의 차이점

수종	화관통부의 길이	잎의 크기	뿌리 부근 맹아
라일락	10mm 내외	4~10cm	잘 발생한다
수수꽃다리	5~12mm	12~20cm	잘 발생하지 않는다

무, 섬개회나무, 꽃개회나무 등이 있다. 특히 털개회나무는 우리나라에서만 나타나는 특산수목이다. 이들을 어떻게 식별하지는 알아보자.

　개회나무는 수수꽃다리보다 늦은 6월경 전년도의 가지에서 흰색의 원추화서로 꽃이 핀다. 화관통부는 짧고, 수술은 화관통부 밖으로 나와 있다. 잎의 양면에 털이 없다.

　정향나무는 어린가지와 화서에 보통 털이 있고, 잎은 아원형이며, 표면의 맥이 약간 들어갔다. 잎의 주맥을 따라 흰색 잔털이 있다. 화관통부는 짧고, 수술은 화관통부 밖으로 나와 있다.

　꽃개회나무는 잎뒷면 전체 또는 엽맥 위에 잔털이 있고, 잎의 가장자리에도 털이 있다. 6월과 7월경 그 해 새로 나온 가지에 자홍색 원추화서의 꽃들이 핀다.

　털개회나무는 전년도 묵은 가지 끝에 달리는 꽃차례 축에 털이 있으며, 꽃밥은 자줏빛이다. 화관통부는 길고, 수술은 화관통부 안에 있다. 잎 뒷면 잎자루 및 어린가지와 꽃받침에 융모가 있으며, 열매에 피목(호흡구멍lenticel)이 있다.

[수수꽃다리속Syringa 검색표]
- ● 화관통부는 길고, 수술은 화관통부 안에 있다 ▷ ● ●
- ● 화관통부는 짧고, 수술은 화관통부 밖으로 나와 있다 ▷ ● ● ●
　● ● 꽃차례는 새로 나온 어린가지에 달린다 **꽃개회나무**
　● ● 꽃차례는 전년도 묵은 가지 끝에 달린다 ▷ ● ● ●
　　● ● ● 잎의 주맥 밑부분에 백색 잔털이 있고, 맥이 튀어나와 있지 않다 **정향나무**
　　● ● ● 잎 양면에 털이 없다 **개회나무**

●●●● 꽃차례 축에 샘딜(심모)모양의 돌기가 있고, 꽃받침에 샘털이 있으며,
꽃가루와 암술머리는 노랗다 **수수꽃다리**
●●●● 꽃차례 축에 털이 있으며, 꽃받침에 우단모양의 털이 있거나 없으며,
꽃밥은 자줏빛이고 열매에 껍질눈이 있다 **털개회나무**

쥐똥나무속 Ligustrum

가을에 열리는 열매의 크기와 색깔이 쥐똥을 닮았다고 붙여진 이름이다. 겨우내 열매를 가지에 매달아 놓고 새들을 겨냥하는 전략가다. 쥐똥나무의 학명에는 '가지로 물건을 잡아 맬 만큼 단단하다'는 의미가 들어 있다. 쥐똥나무속의 나무들에는 상록성과 낙엽성이 있으며, 거의 모두 어린가지에 털을 많이 만들어 낸다. 정아가 대부분 없으나 가끔 발달하는 것도 있다. 엽흔이 두드러지며, 관속흔은 1개이다. 겨울눈을 덮고 있는 아린은 3~4쌍이며, 끝이 뾰족하다. 쥐똥나무, 왕쥐똥나무, 상동잎쥐똥나무, 산동쥐똥나무 등이 주로 나타난다.

쥐똥나무의 꽃과 잎

어린가지에 털이 있는가?
잎은 난형인가? 피침형인가?
아니면 긴 타원형인가?

[쥐똥나무속Ligustrum 검색표]
- 🔴 어린가지에 털이 없다 ▷ 🔴🔴
- 🔴 어린가지에 털이 있고, 반상록성이다 **상동잎쥐똥나무**
- 🔴🔴 잎은 난형이며, 반상록성이다 **왕쥐똥나무**
- 🔴🔴 낙엽성이며, 총상화서이다 ▷ ⚫⚫⚫
- ⚫⚫⚫ 잎은 긴 타원형이고, 어린가지에 털은 떨어지지 않는다 **쥐똥나무**
- ⚫⚫⚫ 잎은 끝이 뾰족하며, 타원형 또는 피침형이다 **산동쥐똥나무**

15
독을 지닌 나무들

통꽃식물목 Tubiflorales
마편초과, 능소화과, 현삼과, 백리향, 송양나무, 가지과

정원이나 공원 등에 심어 놓은 키 작은 나무들 중에서
최근에는 좀작살나무와 작살나무를 자주 만나게 된다.
10월경 유난히 아름다운 자줏빛 작은 열매를 맺는데
좀작살나무인지 작살나무인지 구분이 쉽지 않다.
작살나무속의 나무들은 어떻게 구분할까?

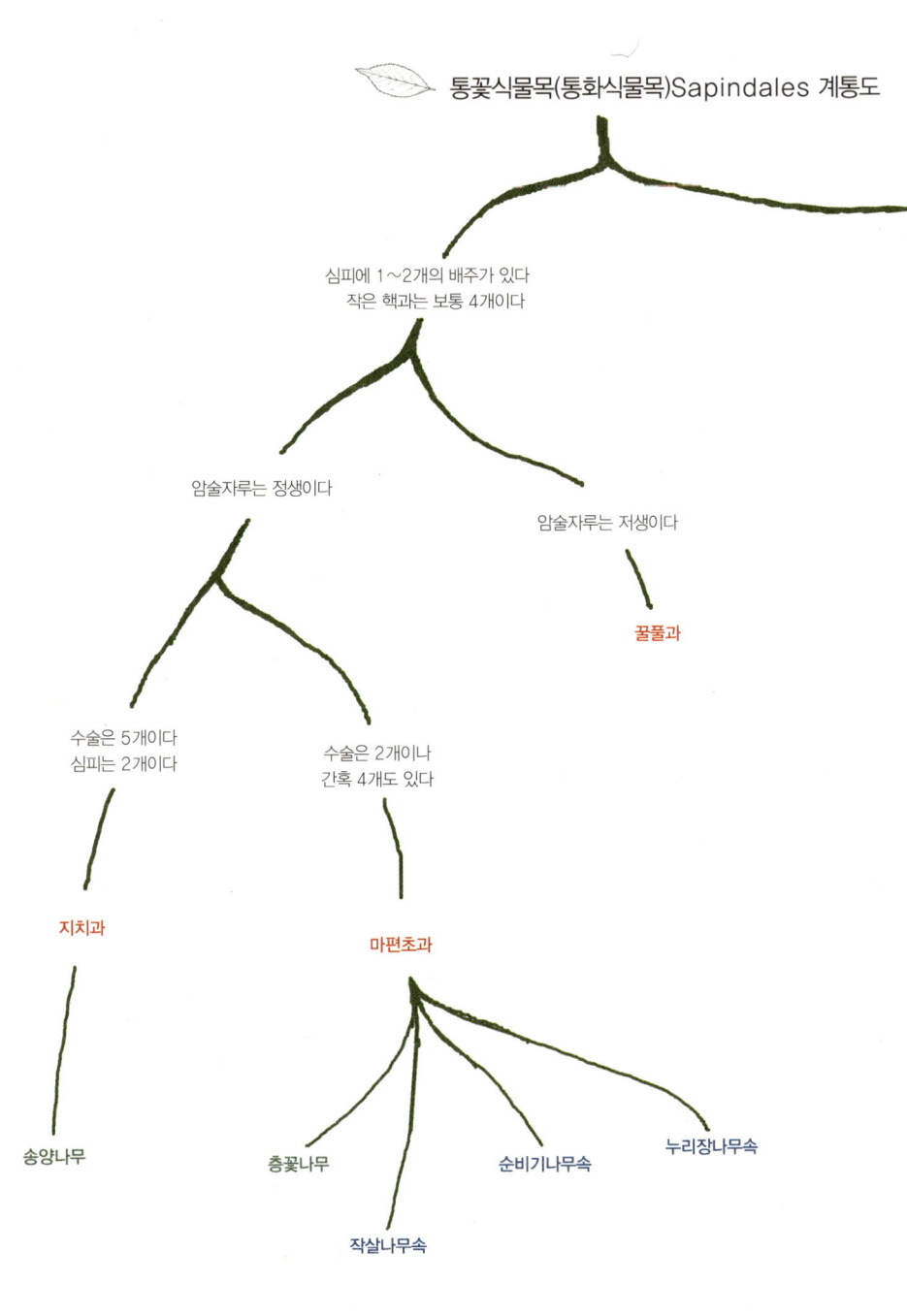

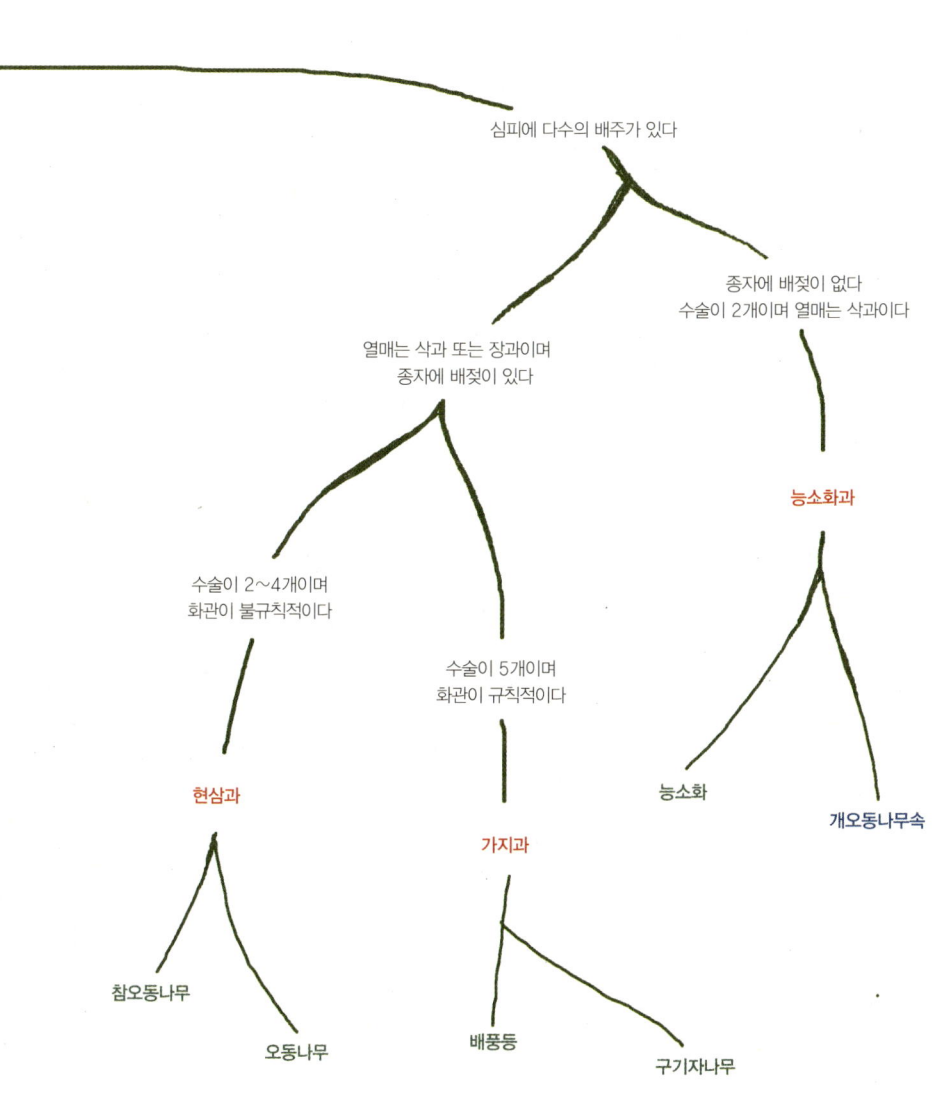

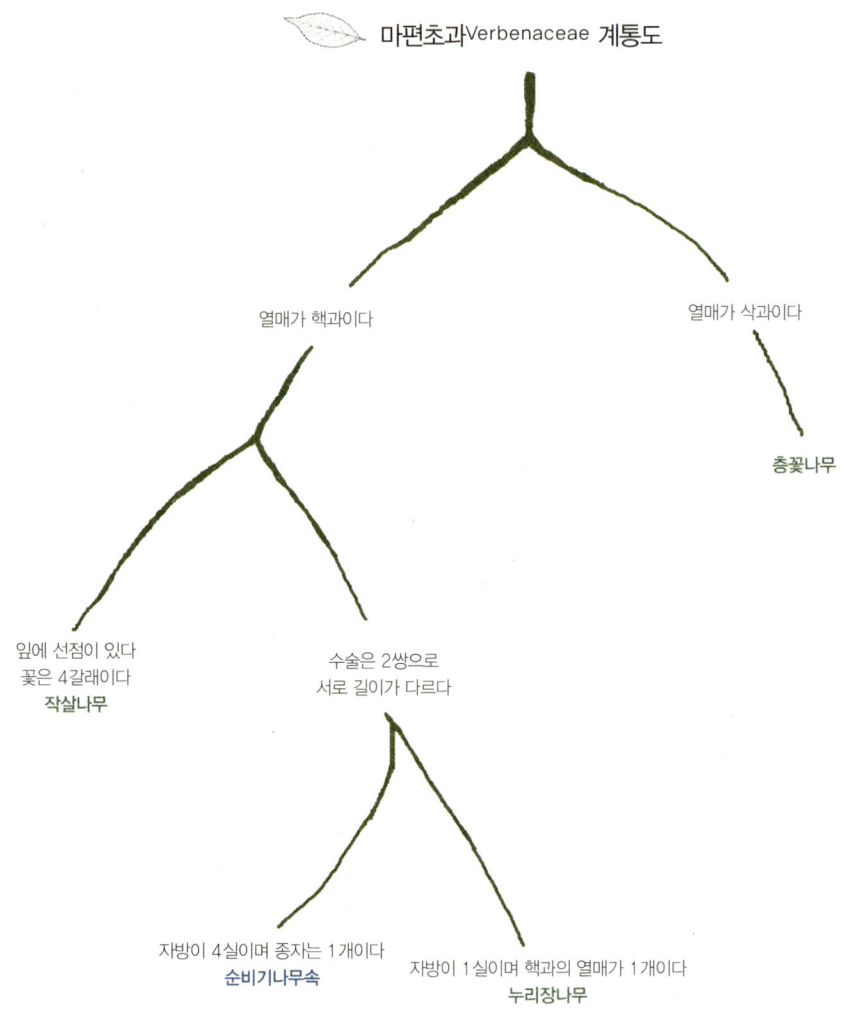

통꽃식물목 Tubiflorales

마편초과, 능소화과, 현삼과, 백리향, 송양나무, 가지과

마편초과 Verbenaceae

순비기나무속, 작살나무속, 누리장나무, 층꽃나무

꽃은 양성화 또는 잡성화이며, 자방상위이다. 열매는 핵과 및 삭과이고, 잎은 단엽과 복엽도 있다.

순비기나무속 Vitex

순비기나무속은 마편초과로 분류된다. 순비기나무의 속명 비텍스 Vitex는 '가지로 바구니를 만드는 나무'라는 뜻이다. 순비기나무는 비교적 온난한 바닷가에서 자라는 낙엽성 작은 관목이며, 가지를 보면 네모가 나 있다. 잎은 마주나고, 가장자리는 밋밋하며, 뒷면은 회백색을 띤다. 7~9월경, 원뿔꽃차례의 자주색 꽃이 가지 끝에서 피고, 핵과인 흑자색 열매가 달린다.

순비기나무와 비슷한 나무로 좀목형과 목형이 있는데, 좀목형은 잎이 마주나고, 장상복엽으로 소엽은 5장이 보편적이나, 가끔 3장인 것도 있다. 꽃은 자주색으로 7~8월경에 피고, 열매는 구형으로 검게 익는다. 줄기와 잎에 향이 있어 모기를 쫓는 데 사용하기도 한다. 반면 목형은 잎이 3장인 삼출엽이지만, 가끔은 5장이 나오기도 하고, 잎의 뒷면

에 짧은 털이 있고, 가장자리에는 톱니가 없는 밋밋한 모양이지만, 약간 발달할 수도 있다.

[순비기나무속Vitex 검색표]
- 단엽이다 **순비기나무**
- 복엽이다 ▷ ● ●
- ● ● 소엽은 5장이며, 가장자리에 큰 톱니 또는 결각이 있다 **좀목형**
- ● ● 소엽은 3장이지만, 가끔 5장일 수 있고, 가장자리에 톱니가 없거나 있고, 뒷면에 짧은 털이 있다 **목형**

작살나무속 Callicarpa

정원이나 공원 등에 심어 놓은 키 작은 나무들 중에서 최근에는 좀작살나무와 작살나무를 자주 만나게 된다. 작살나무는 높이가 1.5m 정도 되고, 사각모양의 어린가지는 여러 갈래로 갈라진다. 꽃눈과 잎눈의 구분 없이, 하나의 눈에서 잎과 꽃이 동시에 돋아나는 혼합눈을 가지고 있다. 10월경 유난히 아름다운 자줏빛 작은 열매를 맺는데, 좀작살나무인지 작살나무인지 구분이 쉽지 않다. 가끔 흰색 열매가 눈에 띄는데, 그것은 흰작살나무 또는 흰좀작살나무의 열매이다. 이들과 비슷한 나무로 새비나무가 있다. 새비나무는 주로 남쪽 따뜻한 지방에서 나타난다.

작살나무속의 나무들을 어떻게 구분할까? 잎과 열매만으로도 충분히 구분이 가능하다. 이들은 가을과 겨울철에도 마른 잎과 보랏빛 열매를 매달고 있다.

잎의 가장자리에 발달한 톱니가 어디까지 있는가?

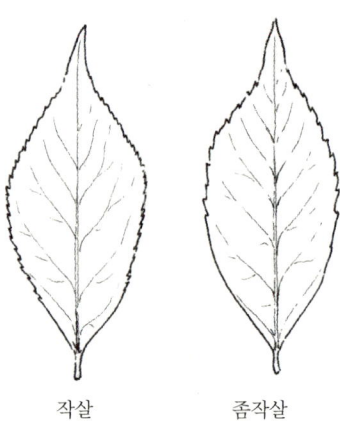

작살　　좀작살

새비나무 열매와 어린가지

열매의 크기는 대략 어느 정도인가?
잎에는 샘털이 있는가?

[작살나무속Callicarpa 검색표]
- 잎의 가장자리에 발달한 톱니가 중반까지만 있다 **좀작살나무**
- 잎의 가장자리에 발달한 톱니가 중반부를 넘어선다 ▷ ● ●
- ● ● 잎에는 털이 없고, 뒷면에 선모(샘털)가 있다 **작살나무**
- ● ● 어린가지에 털이 있고, 잎의 표면에 단모가 있지만, 선모(샘털)는 없다 **새비나무**

작살나무의 잎과 열매

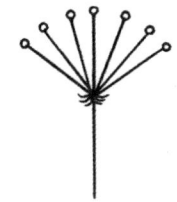

16
윤기 나는 나무들

도금양목 Myrtales
팥꽃나무과, 보리수나무과, 박쥐나무과, 석류과, 부처꽃과

서향은 중국이 고향인 약 1m 정도의 상록소관목이다. 남부지방에서 간혹 정원수로 심기도 한다. 3~4월에 꽃이 피는데, 그 향이 천리를 간다 하여 '천리향'이라고도 부른다. 암수 딴그루로 꽃의 색깔은 흰색 또는 홍자색이고, 전년도의 가지 끝에 모여 달린다.

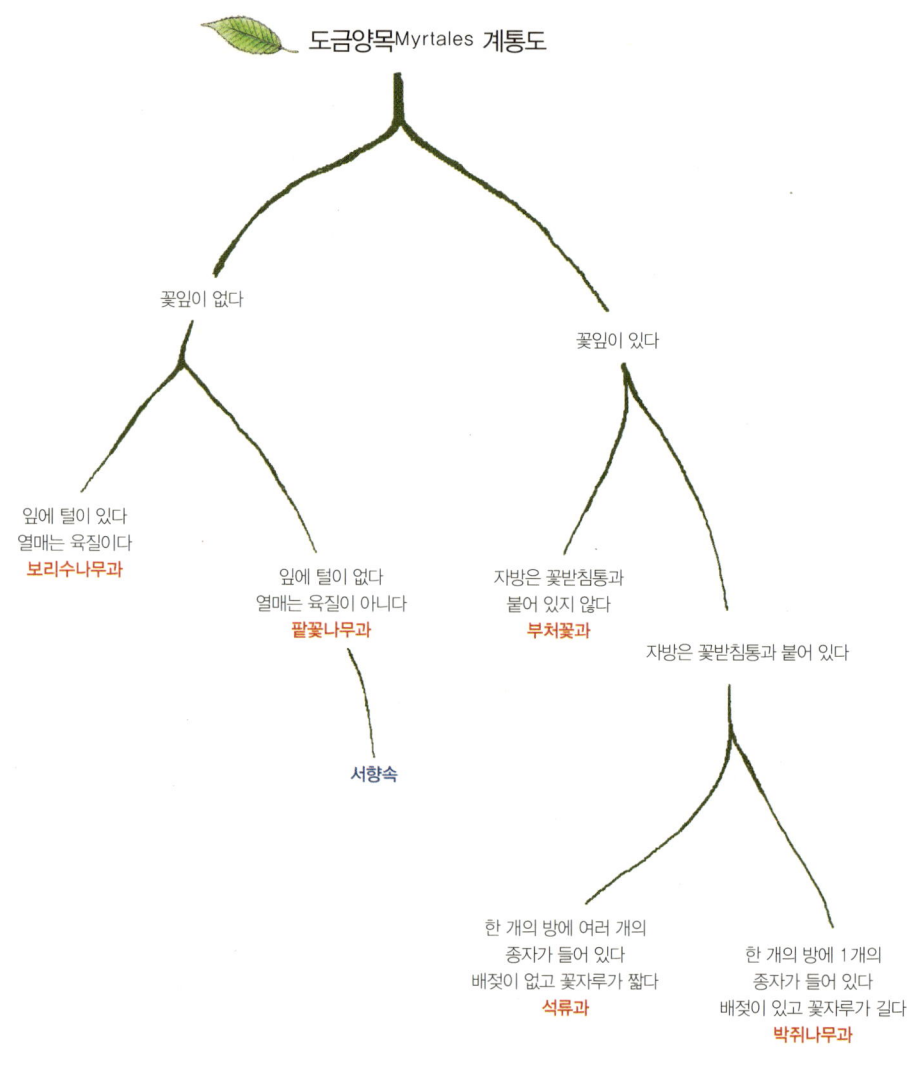

도금양목 Myrtales

팥꽃나무과, 보리수나무과, 박쥐나무과, 석류과, 부처꽃과

팥꽃나무과 Thymeleaceae

서향속, 삼지닥나무, 산닥나무

도금양목에는 보리수나무과, 팥꽃나무과, 부처꽃과, 석류과, 박쥐나무과 등이 있다.

도금양목의 라틴명인 미르탈레스 Myrtales는 '윤기 나는'이란 뜻을 지니고 있다.

잎은 단엽이며, 마주나기 또는 어긋나기를 하는 낙엽성 또는 상록성이다. 꽃은 양성화 또는 단성화이다. 열매는 견과, 핵과, 장과, 삭과로 나타난다.

서향속 Daphne

서향나무속의 라틴 학명 다프네 Daphne는 '월계수'란 뜻이다. 우리나라에서 쉽게 볼 수 있는 나무로는 팥꽃나무, 두메닥나무, 서향, 백서향이 있다.

팥꽃나무는 주로 온대남부지역인 바닷가에서 잘 자라는 약 1m 정도의 낙엽소관목이다. 어린가지에는 가늘고 긴 털이 있으며, 잎은 마주나기를 하지만, 간혹 어긋나기도 한다. 잎의 가장자리는 밋밋하고, 장타

백서향

원형 또는 도피침형이며, 뒷면은 담록색이다. 4월경, 산형화서의 꽃이 전년도 가지 끝에서 담자색으로 피며, 화경에 털이 없다. 열매는 장과로 둥글며, 길이는 7~8mm이다.

두메닥나무는 한라산, 지리산, 강원도 이북에서 자라는 약 30~40cm 정도의 낙엽소관목이다. 잎은 어긋나고, 길이는 4~8cm 정도이며, 장도란형 또는 도피침형이고, 가장자리는 밋밋하다. 윗부분은 녹색이지만 뒷면은 약간 분백색이다. 암수딴그루로 4월경, 총상화서의 꽃이 전년도 가지의 엽액에서 핀다. 열매는 구형 또는 단원형이며, 가을에 적색으로 익는다.

서향은 중국이 고향인 약 1m 정도의 상록소관목이다. 남부지방에서 간혹 정원수로 심기도 한다. 3~4월에 꽃이 피는데, 그 향이 천리를 간다 하여 '천리향'이라고도 부른다. 천리향의 라틴어 학명인 오도라 odora는 '향기가 있는' 또는 '방향이 있는'이라는 뜻이다. 잎은 어긋나고, 가죽질이며, 타원형 또는 타원상 피침형이고, 가장자리는 밋밋하며, 길이는 5~10cm 정도이다. 가끔 잎 가장자리가 흰색을 띠는 경우도 있다. 암수딴그루로 꽃의 색깔은 흰색 또는 홍자색이고, 전년도의 가지 끝에 모여 달린다. 구형 열매는 장과로 총생하고, 6월이면 붉게 익는다.

백서향은 거제도나 제주도가 고향이며, 서향과 비슷한 키의 상록소관목이다. 서향과 습성이 비슷하나 줄기나 잎에 털이 없으며, 화서에 털이 있고, 흰 꽃이 피는 것이 다르다. 잎은 어긋나고, 도피침형이며, 가장자리가 밋밋하다. 암수딴그루이며, 꽃은 가지 끝에 모여 달리며, 3월과 4월에 흰 꽃이 핀다. 열매는 장과로 타원형이고, 길이는 1cm 정도 되며, 5월과 6월에 익는다.

서향속에 속하는 친구들을 다음과 같이 간단하게 정리해 보자.

[서향속Daphne 검색표]

- 🟠 상록관목이다 ▷ 🟢🟢
- 🟠 낙엽관목이다 ▷ 🔴🔴🔴
- 🟢🟢 줄기나 잎에 털이 없고, 흰꽃이 핀다 **백서향**
- 🟢🟢 줄기나 잎에 털이 있고, 백색 또는 홍자색꽃이 핀다 **서향(천리향)**
- 🔴🔴🔴 잎은 마주나고, 담자색꽃이 핀다 **팥꽃나무**
- 🔴🔴🔴 잎은 어긋나고, 노란색 또는 황색꽃이 핀다 **두메닥나무**

17
이나무는 무슨 나무

측막태좌목 Parietales
이나무과, 차나무과, 다래나무과, 위성류과

사스레피나무는 남부 해안가에서 자라는 상록소교목이다.
잎의 윗부분 주맥은 오목하게 들어가 있고,
아랫부분의 주맥은 볼록하게 튀어나와 있다.
암수딴그루이다. 꽃은 3~4월에 피는데
연한 황록색, 흰색, 담자색이 있다.

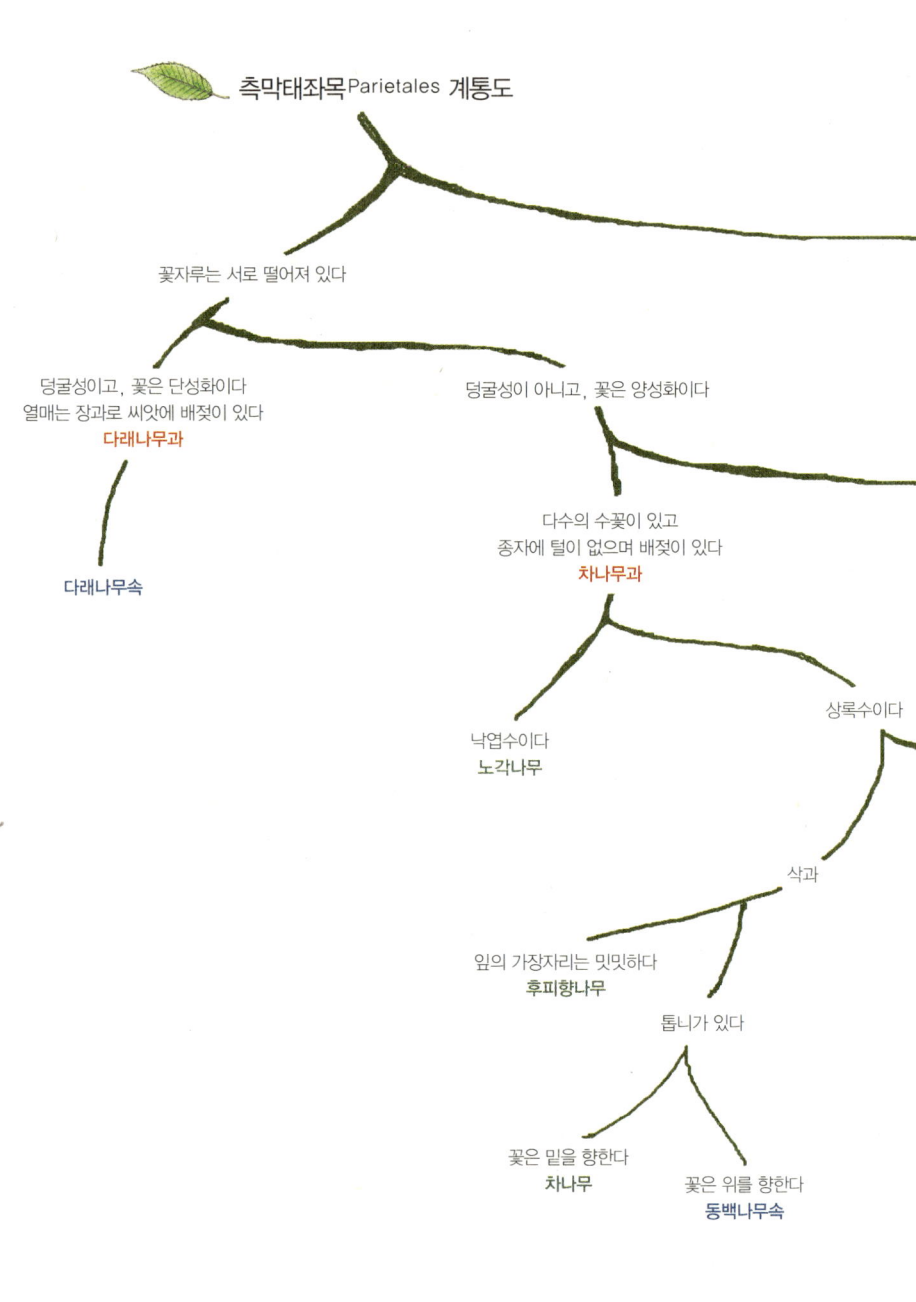

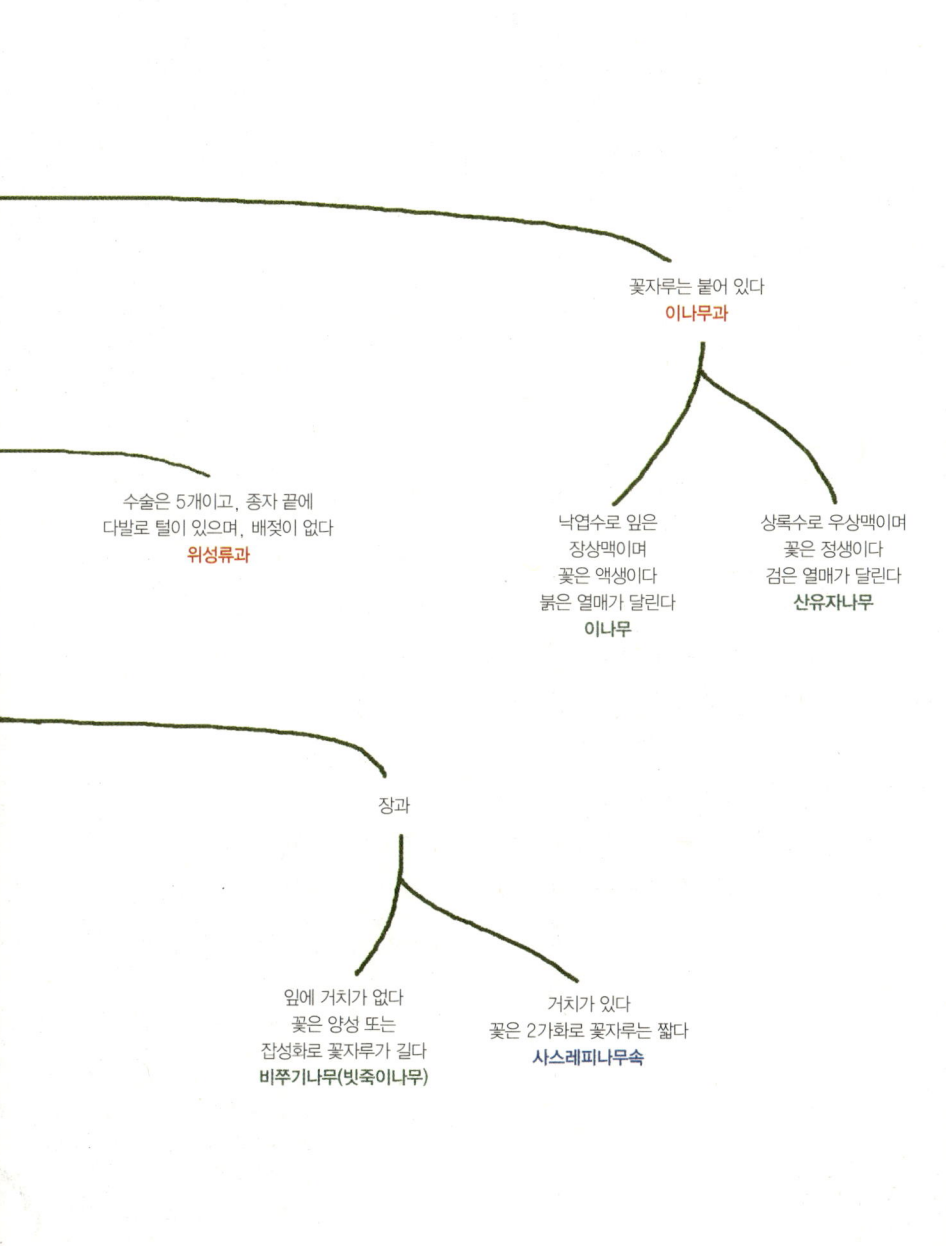

측막태좌목 Parietales
이나무과, 차나무과, 다래나무과, 위성류과

이나무과 Flacourtiaceae
이나무, 산유자나무

이나무과에는 산유자나무와 이나무가 유일하게 우리나라에 자생하는 나무이다. 남해안 이남에서 산유자나무가, 남부지방에서 이나무가 자란다. 잎은 단엽이며 어긋나기를 한다. 열매는 장과이다.

이들은 서로 비슷하지만, 같은 속으로 분류를 할 수 없을 만큼 다른 유전적, 생태적, 생리적 성격을 띠고 있다. 이나무는 남쪽 따뜻한 곳에서 만날 수 있다. 높이가 15m까지 자라는 낙엽교목이며, 수피는 회백색으로, 갈라지지 않고 밋밋하다. 잎은 어긋나고, 길이가 25cm까지 자라는 난원형이다. 암수딴그루이며, 꽃은 원추화서로, 녹황색의 꽃이 4월과 5월에 핀다. 열매는 10~11월에 붉게 익으며, 한 개의 열매 안에 대략 10개의 종자가 들어 있다.

산유자나무도 이나무와 마찬가지로 남쪽 섬에서 만날 수 있는 상록소교목이며, 7m까지 자란다. 잎은 어긋나고, 길이는 4~8cm이며, 난형 또는 장타원상 난형이다. 암수딴그루이며, 총상화서가 액생하며, 황백색 꽃이 8~9월에 핀다. 열매는 장과로 구형이며, 지름은 약 5mm 정도이고, 11월에 검은색으로 익는다.

우묵사스레피의 겨울눈

사스레피나무의 겨울눈

[이나무과Flacourtiaceae 검색표]
- 낙엽교목이며, 잎은 장상맥이고, 화서는 정생하며 열매는 붉은색이다 **이나무(의나무)**
- 상록교목이며, 잎은 우상맥이고, 화서는 액생하며 열매는 검은색이다 **산유자나무**

차나무과Theaceae
사스레피나무속, 동백속

동백나무, 노각나무, 사스레피나무 등은 모두 차나무와 친척들이다. 차나무과의 식물들은 꽃받침과 꽃잎은 5장이며 자방상위이다. 열매는 삭과, 장과, 핵과이다. 잎은 단엽이고 어긋나기를 하며 주로 윤택이 있는 가죽질이다.

사스레피나무속Eurya

사스레피나무는 남부 해안가에서 자라는 상록소교목이다. 잎의 윗부분 주맥은 오목하게 들어가 있고, 아랫부분의 주맥은 볼록하게 튀어나와 있다. 암수딴그루이다. 꽃은 3~4월에 피는데 연한 황록색, 흰색, 담자색이 있다. 열매는 장과로 지름이 5~6mm이며, 10월에 흑자색으로 익고, 겨우내 가지에 달려 있다. 우묵사스레피는 남부 해안가에서 자라며 상록관목이다. 암수딴그루로, 수꽃은 흰색으로 피고, 암꽃은 연초록빛으로 핀다. 장과인 열매는 11월에 익으며, 검은색이 된다.

[사스레피나무과Eurya 검색표]
- 잎은 점첨두이다 **사스레피나무**
- 잎끝은 오목한 요두이며, 가장자리는 뒤로 말린다 **우묵사스레피**

18
가래 나무들

가래나무목 Juglandales
가래나무과

가래나무과에는 가래나무속, 굴피나무속과 중국굴피나무속이 있다. 가래나무속에는 호두나무와 가래나무가 있다. 호두나무는 자연상태에서는 거의 나타나는 일이 없이 주로 재배되고 있으며, 가장 비옥한 토질을 요구하는 나무 가운데 하나이다.

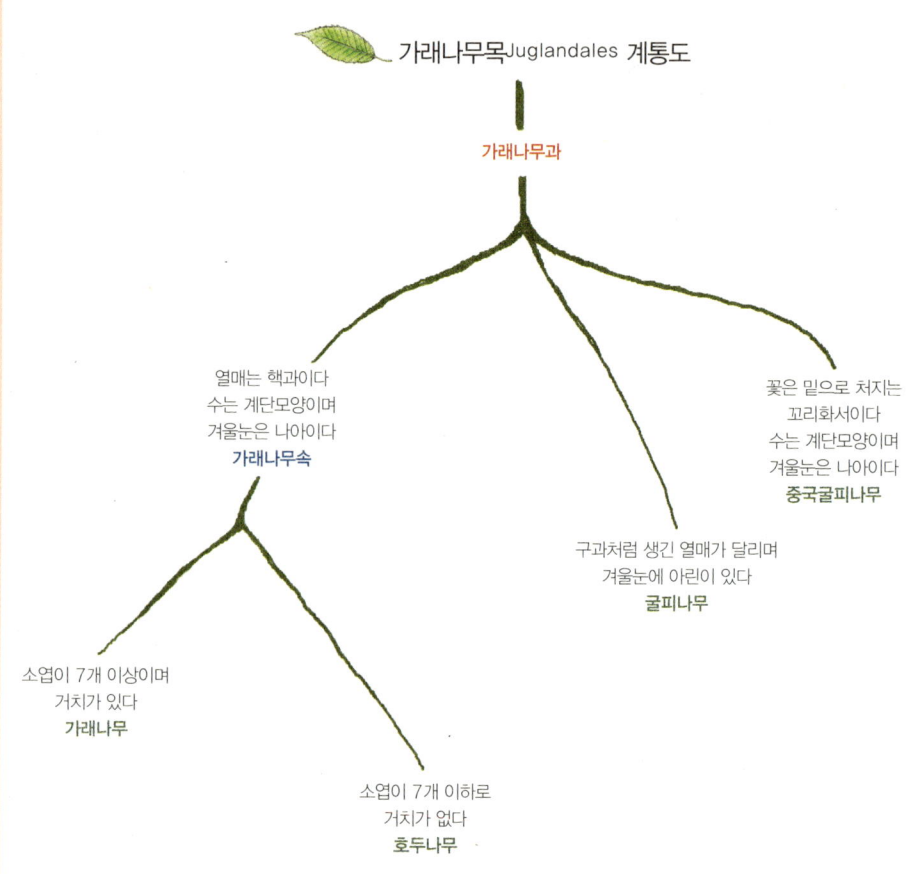

가래나무목 Juglandales
가래나무과

가래나무과 Juglandaceae
가래나무속, 굴피나무속, 중국굴피나무

낙엽성 교목이며, 잎은 어긋나고 복엽이다. 꽃잎이 퇴화된 꽃을 갖고 있으며, 수꽃은 꼬리화서이다. 열매는 핵과, 견과, 시과이다. 전 세계적으로는 9속 63종이 있는데, 우리나라엔 가래나무, 호두나무, 굴피나무, 중국굴피나무가 있다.

가래나무속 Juglans

가래나무과에는 가래나무속, 굴피나무속과 중국굴피나무속이 있다. 가래나무속에는 호두나무와 가래나무가 있다. 호두나무는 자연상태에서는 거의 나타나는 일이 없으며, 주로 재배되고 있다. 잎은 복엽이며, 소엽은 5~7개이고, 타원형이다. 잎의 가장자리에는 톱니가 발달해 있지 않다. 둥근 핵과인 열매는 끝이 뭉툭하다. 호두나무는 가장 비옥한 토질을 요구하는 나무 가운데 하나이다.

가래나무는 소엽이 7개에서 많으면 17개로 발달을 하며, 가장자리에는 톱니가 발달해 있다. 가래나무는 토질이 좋은 깊은 숲에서 자생적으로 자라는 나무이다. 둥근 핵과인 열매는 끝이 뾰족하다.

가래나무의 겨울눈과 열매

[가래나무속 Juglans 검색표]
- 가장자리는 밋밋하고, 작은잎이 7개 이하이다 **호두나무**
- 가장자리에는 톱니가 발달해 있으며, 작은잎이 7개 이상이다 **가래나무**

굴피나무 Platycarya strobilacea

굴피나무의 잎은 소엽들이 홀수로 나타나는 기수우상복엽이며, 소엽은 7~19개로 가장자리에는 톱니가 발달해 있다. 솔방울처럼 생긴 구과모양의 열매가 가지에 앉아 있다. 어린가지를 잘라보면 골속(수)은 꽉 차 있으며, 겨울눈에는 아린이 있다.

중국굴피나무 Pterocarya stenoptera

중국굴피나무의 잎은 복엽이며, 소엽은 10~20개 정도로, 중앙에 잎이 없는 우수우상복엽의 형태로 나타난다. 소엽들이 나 있는 총잎자루에는 날개가 발달해 있다. 열매는 밑으로 처지는 수상화서에 달리며,

굴피나무 열매

어린가지를 잘라보면 골속(수)은 계단상이고 겨울눈은 아린이 없다.
열매는 이삭모양으로 아래로 처져 있다.

[굴피나무Platycarya와 중국굴피나무Pterocarya 검색표]
- 잎은 기수우상복엽이고, 솔방울 같은 열매가 있으며,
  겨울눈은 아린으로 싸여 있다 **굴피나무**
- 잎은 기수우상복엽이거나 우수우상복엽이고, 열매는 꼬리처럼 아래로 처지며,
  겨울눈에는 아린이 없다 **중국굴피나무**

Tip 1

유일하게 떡잎이 한 장인 덩굴나무

백합목 Liliales **백합과** Liliaceae

청가시 덩굴속

낙엽성 덩굴이고, 잎은 어긋나며, 잎자루에는 덩굴손이 발달되어 있다. 꽃은 단성화이며, 열매는 장과이다. 우리나라에 백합과의 목본으로는 청가시덩굴과 청미래덩굴이 있다.

청가시덩굴속 Smilax

청가시덩굴과 청미래덩굴은 목본덩굴식물로 유일한 외떡잎식물에 속한다. 청가시덩굴의 덩굴줄기는 녹색이고, 검게 익은 열매에는 1개의 종자가 들어 있으며, 잎아래(엽저)는 심장저의 형태를 보이고, 잎은 난형이다. 청미래덩굴의 덩굴줄기는 갈색빛을 띠며, 빨간색의 열매에는 여러 개의 종자가 들어 있다.

[청가시덩굴속 Smilax 검색표]
- 잎은 원형이며, 원저이고, 덩굴줄기는 갈색이다. 열매는 붉게 익는다 **청미래덩굴**
- 잎은 난형이며, 약간 심장저이기도 하고, 덩굴줄기는 겨울에도 녹색이며, 열매는 검다 **청가시덩굴**

Tip 2

나무에 기생하는 나무들

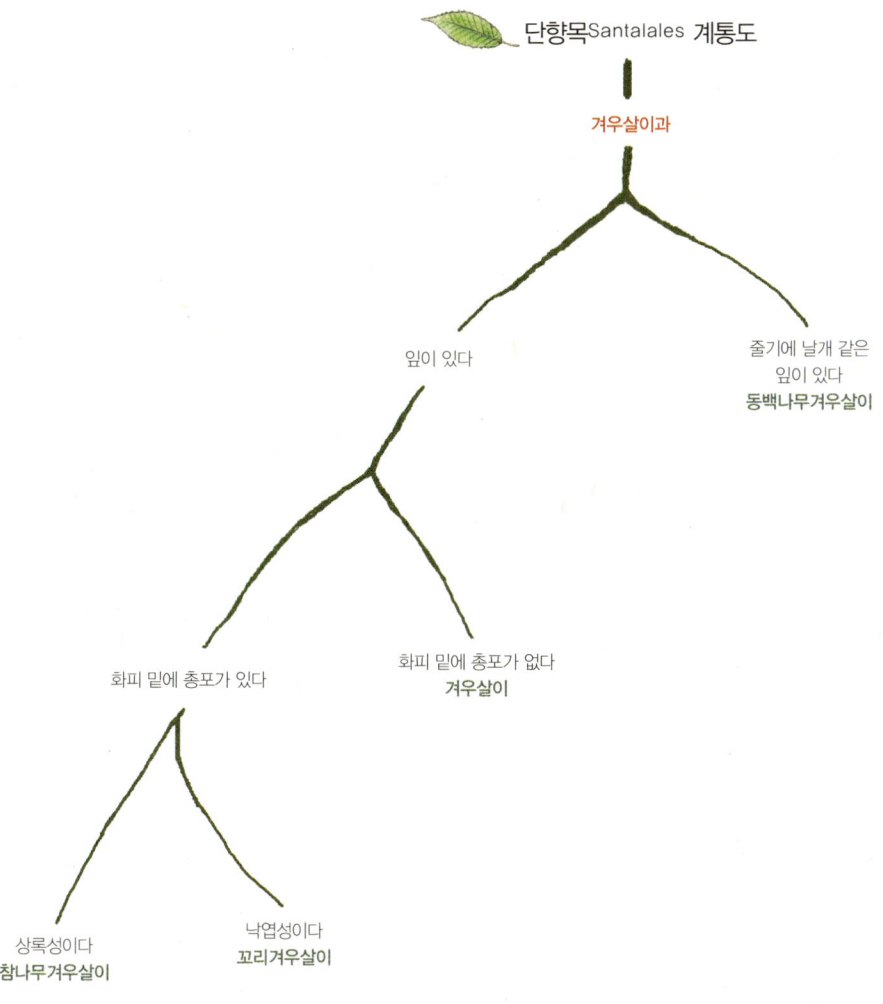

참고문헌

강혜순, 『꽃의 제국』, 다른세상, 2005.
고경식, 『관속식물분류학』, 세문사, 1991.
고경식, 『한국식물검색도감 - 수목』, 아카데미서적, 2003.
고경식·전의식, 『한국의 야생식물』, 일진사, 2003.
공우석, 『생물지리학으로 보는 우리식물의 지리와 생태』, 지오북, 2007.
김정환, 『곤충관찰도감』, 진선, 2004.
김태욱, 『한국의 수목』, 교학사, 2001.
남효창 외, 『숲 생태 가이드북』, 도서출판 애벌레, 2003.
남효창, 『나는 매일 숲으로 출근한다』, 청림출판, 2004.
남효창, 『얘들아 숲에서 놀자 - 숲 체험 교육의 모든 것』, 추수밭, 2006.
배기환, 『한국의 약용식물』, 교학사, 1999.
성락춘·이호진 옮김, 『작물생리학』, 고려대학교출판부, 2002.
신만용·김기원, 『식물과 생활환경』, 국민대학교출판부, 2006.
안동림 역주, 『장자』, 현암사, 2008.
윤경은·곽병화, 『식물생리학』, 향문사, 2006.
이경준, 『수목생리학』, 서울대학교출판부, 2001.
이상태, 『한국식물검색표』, 아카데미서적, 1997.
이상태 외, 『식물분류학』, 신일상사, 2005.
이와나미 요조, 반옥 옮김, 『식물의 섹스』, 전파과학사, 1986.
이와나미 요조, 권영명 옮김, 『광합성의 세계』, 아카데미서적, 2000.
이우철, 『한국 식물명의 유래』, 일조각, 2005.
이유성·이상태, 『현대식물분류학』, 우성문화사, 1991.

이정식 · 윤평섭, 『최신 자생식물학』, 대선, 2002.
이창복, 『식물분류학』, 삼화문화사, 1980.
이창복, 『수목학』, 향문사, 1984.
이창복, 『원색 대한식물도감 I, II』, 향문사, 2006.
임경빈, 『조림학원론』, 향문사, 1981.
임록재 외, 『조선식물원색도감 I, II』, 향문사, 2000.
장진성, 『한국동식물도감 – 식물편』, 교육과학기술부, 2011.
홍성천 외, 『원색한국수목도감』, 계명사, 2002.

Doris Laudert, *Mythos Baum-Was Bäume uns Menschen bedeuten Geschichte, Brauchtum, 30 Baumporträts*, BLV, 2001.

Enche & Buchheim Seybold, *Handwörterbuch der Pflanzennamen*, Ulmer, 1984.

Erich Oberdorfer, *Pflanzensoziologische Exkursions Flora*, Ulmer, 1990.

Eugene P. Odum, *Ökologie-Grundlagen, Standorte, Anwendung*, Thieme, 1999.

Gerhard Mitscherlich, *Die Welt, in der wir leben, Entstehung, Entwicklung, Heutiger Stand*, Rombach Verlag, 1995.

Hans Althaus, *Feldbuch, Naturspur-Lebensräume von Pflanzen und Tieren erforschen*, SchulVerlag, 2005.

Hans-Jürgen Otto, *Waldökologie*, Ulmer, 1994.

Helmut J. Braun, *Bau und Leben der Bäume*, Rombach Wissenschaft, 1988.

Jean-Denis Godet, *Knospen & Zweige-einheimischen Baum-und Straucharten*, Neumann-Neudamm, 1987.

Jost Fitschen, *Gehölzflora mit Früchteschlüssel*, QM, 1990.

Karl-Heinz Kreeb, *Vegetationskunde*, Ulmer, 1983.

Peter Burschel & Jürgen Huss, *Grundriß des Waldbaus-Ein Leitfaden für Studium und Praxis*, Verlag Paul Parey, 1987.

Peter Schopfer & Axel Brennicke, *Pflanzenphysiologie*, Spektrum, 2006.

Reinhold Erlbeck & Ilse E. Haseder & Gerhard K.F. Stinglwagner, *Das Kosmos Wald und Forst lexikon*, Kosmos, 2002.

Schmeil & Fitschen, *Flora von Deutshland*, QM, 1968.

Schubert & Wagner, *Botanisches Wörterbuch*, Gustav Fischer, 1988.

Stahl-biskup & Reichling, *Anatomie und Histologie der Samenpflanzen-Mikroskopisches Praktikum für Pharmazeuten*, Deutscher Apotheker Verlag, 2004.

Wilhelm Mantel, *Wald und Forst-Wechelbeziehungen zwischen Nater und Wirtschaft*, Verlag Dr. Kessel, 2003.

Wolfgang Scherzinger, *Naturschutz im Wald-Qualitätsziele einer dynamischen Waldentwicklung*, Ulmer, 1996.

그림으로 보는 나무 용어해설

| ㄱ |

가시 針 끝이 뾰족하고 딱딱한 조직으로 몸을 보호하는 기능을 함. 가시는 대개 잎, 껍질, 가지가 변한 것. 기원에 따라 엽침 spine(1), 피침 cortical spine(2), 경침 thorn(3)으로 나눔. 예 : (1) 아까시나무, (2) 산딸기, (3) 주엽나무.

가죽질 = 혁질革質. 잎이나 과피果皮가 두텁고 질긴 형태. 주로 상록활엽수의 잎. 예 : 동백나무.

감과 柑果 hesperidium 안쪽의 내과피가 여러 개로 발달하여 칸막이를 만드는 열매. 예 : 감귤. **그림①**

강모 剛毛 hispidus hair = 거친 털. 조모粗毛보다 더 거칠고 딱딱한 털.

거치 鋸齒 serrate = 톱니. 잎 가장자리에 있는 톱니모양. **그림②**

겨울눈 bud = 동아冬芽. 전년도에 생겨 겨울을 지내고 봄에 잎이나 꽃을 피울 눈. 모든 목본식물은 겨울눈을 지니고 있음. **그림③**

견과 堅果 nut 대개 한 개의 종자를 단단한 껍질이 감싸고 있는 열매. **그림④**

견모 絹毛 sericeous 비단실 같은 털.

결각 缺刻 lobed 잎 가장자리가 들쑥날쑥한 정도. 정도에 따라 천열, 중열, 심열, 전열로 구분. **그림⑤**

겹삼출엽 = 2회 삼출엽. 3개의 작은 잎이 한 번 더 분화된 복엽. **그림⑥**

겹우상복엽 = 2회우상복엽. 아까시나무와 같은 모양의 잎이 다시 한 번 더 분화된 2중복엽. **그림⑦**

겹톱니 = 2중톱니. 큰 톱니에 다시 작은 톱니가 발달한 모양. 예 : 개암나무, 벚나무. **그림⑧**

골돌 蓇葖 follicle 열매의 종류를 말하며, 열매가 한쪽으로만 열리는(봉합선이 한 개) 단심피로 된 열매. 예 : 으름덩굴, 조팝나무, 목련, 작약, 박주가리. **그림⑨ 그림⑩**

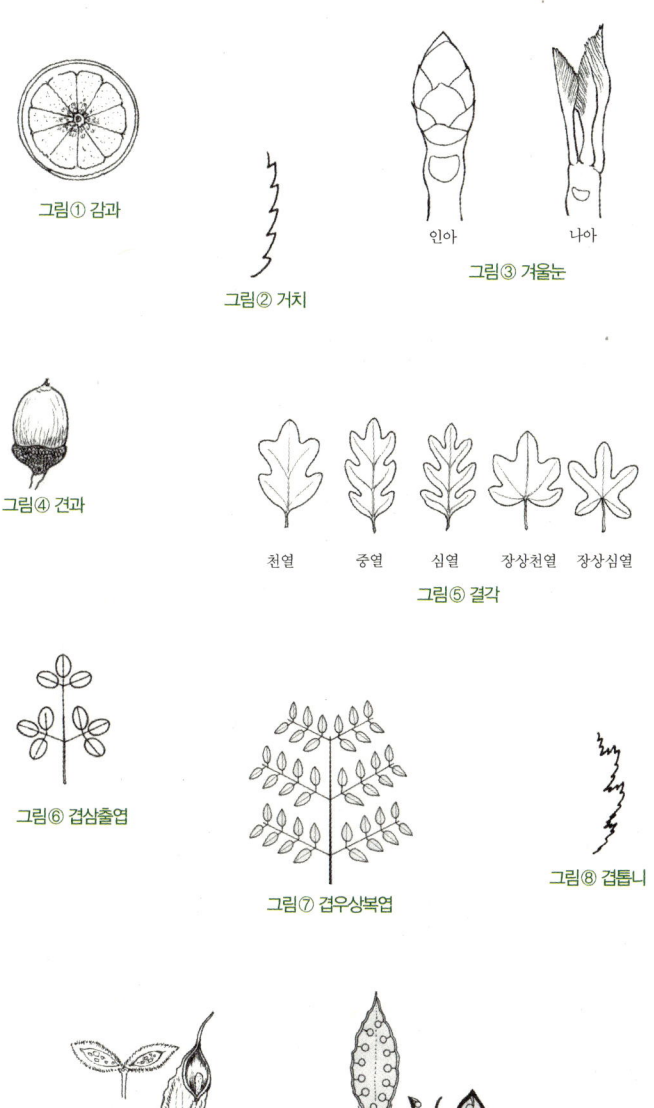

그림으로 보는 나무 용어해설

과경 果梗 peduncle 열매가 다 익은 후 남아 있는 꽃자루 또는 꽃차례의 자루.

과병 果柄 fruit stalk 열매의 자루.

과육 果肉 대체로 종자를 둘러싸고 있는 육질 부분.

과포 果苞 perigynium 수과瘦果를 싸고 있는 주머니.

과피 果皮 pericarp 자방벽이 발달하여 된 껍질. 과피가 종자를 둘러싸서 과실이 됨. 과피가 육질로 변화하면 육질과, 육질로 변화하지 않으면 건과가 됨.

관목 灌木 shrub, frutex 땅에서부터 줄기가 여러 개로 자라는 목본성 식물. 대개 5m를 넘지 않는 나무. 예 : 진달래, 노린재나무. 그림①

관속흔 管束痕 bundle scar 가지와 잎으로 물과 양분이 이동하는 관의 흔적. 잎이 떨어진 자리에 남은 유관속이 지나간 흔적. 그림②

교목 喬木 tree, arboreous 땅에서부터 줄기가 한 개로 자라 올라온 목본성 식물. 대개 키가 5m 이상 크는 큰키나무. 그림③

구과 毬果 cone 솔방울 모양을 한 열매. 예 : 소나무, 굴피나무. 그림④

구형 球形 공같이 둥근 형태.

권산화서 卷繖花序 drepanium 꽃이 한쪽 방향으로만 발달해서 피는 꽃차례. 그림⑤

기부 基部 잎이나 가지 또는 겨울눈이 자라기 시작하는 지점. 또는 잎 아랫부분(잎저).

기수우상 奇數羽狀 oddly pinnate = 홀수깃모양겹잎. 우상엽 끝에 작은잎(소엽)이 1개 있는 것. 그림⑥

긴타원형 = 장타원형. 대체로 긴 모양의 잎으로 중앙 부위가 가장 넓은 잎. 그림⑦

꼬투리 legume = 협과莢果. 봉합선을 따라 두 쪽으로 분리되는 열매. 예 : 아까시나무. 그림⑧

꽃받침 sepal = 악편萼片. 꽃 가장 밖에서 암술, 수술 및 꽃잎을 싸고 보호하는 잎. 그림⑨

꽃받침통 calyx tube = 화통. 꽃받침 등이 붙어서 함께 자라 마치 통처럼 보이는 부분. 그림⑩

꽃밥 anther = 약葯. 수술 끝에 화분을 담고 있는 주머니. 예 : 연령초, 백량금, 꽃창포. 그림⑨

꽃잎 花瓣 petal 꽃의 암수술을 둘러싸고 있는 잎. 그림⑨

꽃자루 pedicel = 화병花柄 . 꽃을 달고 있는 자루. 그림⑨

꽃차례 inflorescence = 화서花序. 꽃이 달려 있는 순서.

그림① 관목

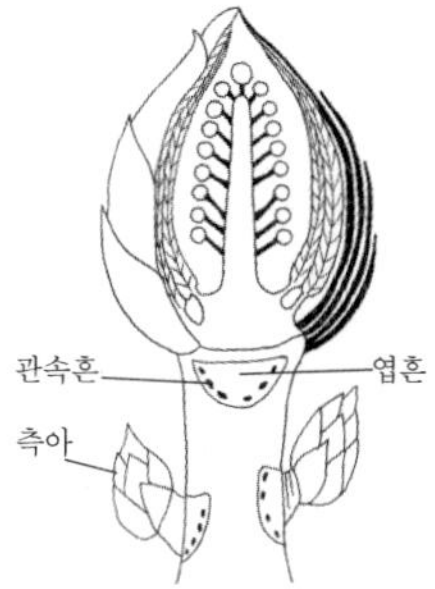

그림② 관속흔
관속흔 / 엽흔 / 측아

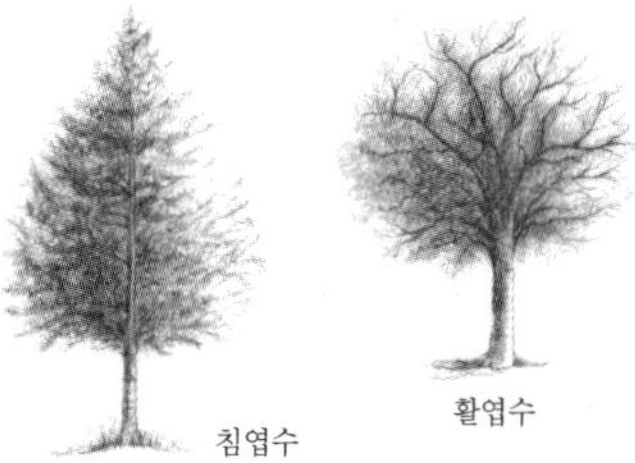

그림③ 교목
침엽수 / 활엽수

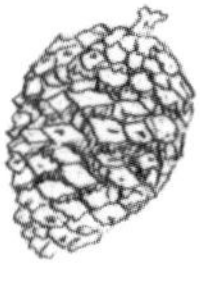

그림④ 구과

그림⑤ 권산화서

그림⑥ 기수우상복엽

그림⑦ 긴타원형

그림⑧ 꼬투리

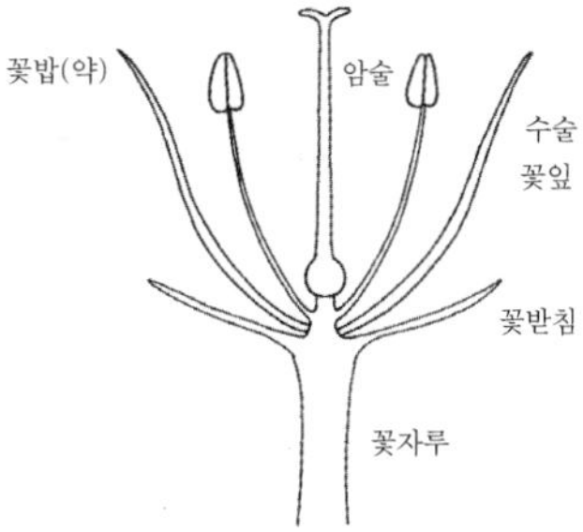

그림⑨ 꽃받침
꽃밥(약) / 암술 / 수술 / 꽃잎 / 꽃받침 / 꽃자루

그림⑩ 꽃받침통

그림으로 보는 나무 용어해설 447

꿀샘 nectary = 밀선蜜腺. 꿀과 같은 유액이 분비되는 조직.
예 : 벚나무류, 버드나무.

| ㄴ |

나란히맥 – 평행맥平行脈. 중앙의 주맥主脈을 중심으로, 잎끝을 향해서 나란히 달리는 측맥側脈을 말함. 그림①

나아 裸芽 naked bud 아린이 없는 눈. 인편 같은 보호 장치를 갖지 않은 눈.
예 : 분꽃나무. 그림②

나자식물 裸子植物 gymnospermae = 겉씨식물. 자방이 외부로 노출되어 자라는 수목.

낙엽성 落葉性 deciduous 잎이 당년에 떨어지는 성질. 잎 이외 기관의 경우엔 조락성이라 함.

난형 卵形 ovate = 계란형. 잎의 하반부의 1/3 부분이 가장 넓은 형태. 그림③

낭과 囊果 utricle 작은 주머니 모양의 열매. 예 : 고추나무. 그림④

눈 芽 bud 가지에서 새로운 꽃이나 잎을 낼 어린 단위체. 성질에 따라 꽃이 될 눈을 화아, 잎이 될 눈을 엽아라 함. 붙어 있는 위치에 따라 정아, 측아, 정생측아, 정생부아, 부아, 액아라 함. 그림⑤

눈자루 = 아병芽柄. 겨울눈에 있는 자루. 모든 나무의 겨울눈에 눈자루가 발달해 있지는 않음. 겨울눈에 눈자루가 있는 나무로는 오리나무, 물오리나무, 미선나무 등이 있음.

능선 稜線 열매나 가지에 줄이 나 있는 모양. 예 : 자두, 천도복숭아, 살구, 매실.

| ㄷ |

다화과 多花果 multiple fruit 여러 개의 자잘한 꽃들이 모여 하나로 발달한 열매.

단맥 單脈 single vein 한 개의 유관속만 있는 맥. 예 : 소나무와 같은 침엽수. 그림⑥

단모 單毛 simple trichome 하나로 생겨나 여러 갈래로 갈라지지 않는 털. 그림⑦

단성화 單性花 unisexual = 불완전화. 암술과 수술이 따로 있는 꽃.

단신복엽 單身複葉 unifoliate compound leaf = 홑몸겹잎. 마치 한 장의 잎으로 단엽처럼 보이지만, 잎의 아랫부분에 작은 잎이 한 장 더 발달해 있는 복엽.
예 : 유자나무. 그림⑧

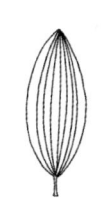

그림① 나란히맥

그림② 나아

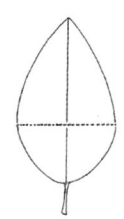

그림③ 난형(달걀모양)

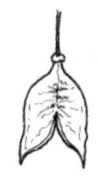

그림④ 낭과

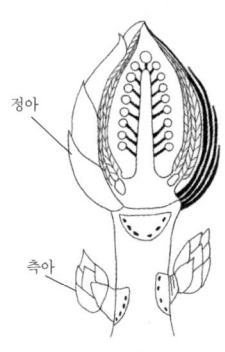

정아

측아

그림⑤ 눈

그림⑥ 단맥

그림⑦ 단모

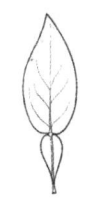

그림⑧ 단신복엽

단엽 單葉 simple leaf = 홑잎. 잎몸(엽신葉身)이 나뉘지 않고 한 장으로만 이루어진 잎. 예 : 벚나무, 박태기나무, 병아리꽃나무. 병아리꽃나무는 장미아과에 속하는 나무로 유일하게 단엽(홑잎)임. 그림①

단정꽃차례 solitary inflorescence ⇨ 단정화서丹頂花序.

단정화서 單頂花序 solitary inflorescence = 단정꽃차례. 가지 끝(정생)이나 겨드랑이(액생)에 1개만 발달한 꽃. 예 : 목련.

단지 短枝 short shoot = 짧은 가지. 마디가 발달하지 않아 여러 개의 둥근 돌기가 쌓여 있는 가지. 예 : 은행나무, 벚나무, 팥배나무. 그림②

달걀모양 ovate = 난형卵形. 잎의 아래 1/3 지점이 가장 넓은 모양. 그림③

대생 對生 opposite = 마주나기. 두 개가 한 마디에 서로 마주나는 모양. 예 : 단풍나무, 병꽃나무, 아왜나무, 인동덩굴. 그림④

덩굴성 蔓莖性, 蔓木性 줄기가 다른 식물체를 감고 올라가는 성질. 그림⑤

덩굴손 tendril 어떤 물체를 감고 올라갈 수 있는 손 같은 줄기를 말함. 주로 잎이나 가지가 변해서 된 것. 그림⑤

덩굴줄기 climbing stem = 만경 또는 만연경. 줄기가 덩굴성인 것. 그림⑥

덩이줄기 tuber = 괴경塊莖 또는 땅속줄기. 주로 땅속에 머물며, 저장기관으로 변화한 줄기. 예 : 감자.

도란형 倒卵形 obovoid = 뒤집힌 계란형. 잎의 상부 1/3 지점이 가장 넓은 잎의 모양. 예 : 철쭉. 그림⑦

도피침형 倒披針形 oblanceolate 잎의 너비가 위쪽부분이 가장 넓고 아래로 내려올수록 좁아지는 모양이며, 마치 뒤집힌 피침 모양. 예 : 아왜나무, 센달나무, 당매자나무. 그림⑧

돌기 突起 뾰족하게 도드라진 부분.

돌려나기 vertcillate = 윤생輪生. 한 마디에 최소한 3개의 잎이나 가지가 발달한 모양. 그림⑨

동아 冬芽 winter bud = 겨울눈. 전년도에 생겨 겨울을 지내고 봄에 잎이나 꽃을 피울 눈. 모든 목본식물은 겨울눈을 지니고 있음. 그림⑩

두상꽃차례 ⇨ 두상화서頭狀花序. 그림⑪

두상화서 頭狀花序 head capitulum = 두상꽃차례. 여러 개의 꽃이 한 화탁에 착생한 꽃차례. 그림⑪

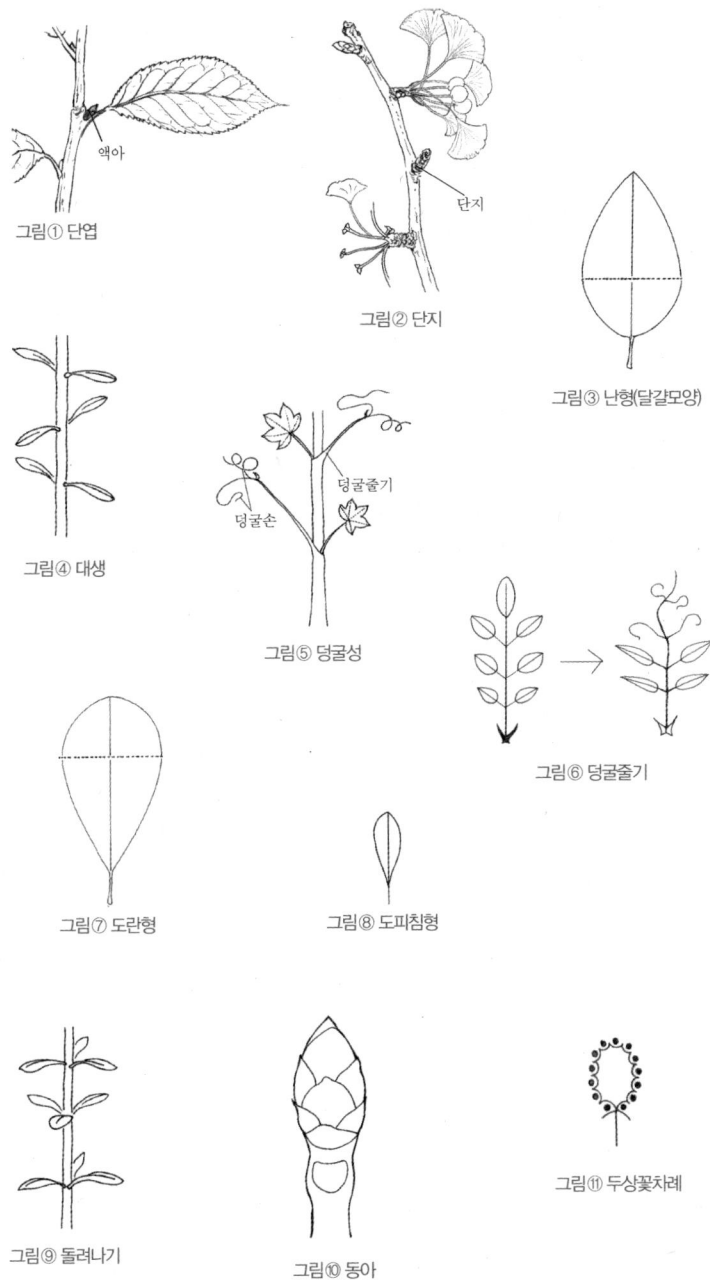

그림으로 보는 나무 용어해설

둔두 鈍頭 obtuse 끝이 뾰족하지 않고 뭉뚝한 엽선(잎끝). 그림①

둔한톱니 crenate = 둔거치鈍鉅齒. 잎 가장자리의 톱니가 날카롭지 않고, 부드럽게 발달한 모양. 그림②

땅속줄기 subterranean stem = 지하경地下莖. 대체로 줄기는 땅 위에서 발달하지만, 땅속에서 발달한 줄기를 말함. 그림③

떡잎 cotyledon = 자엽子葉. 종자 안에 있는 배embryo에서 발달한 최초의 잎.

ㅣㅁㅣ

마디 node = 절節. 줄기에 가지가 발달하는 자리. 주로 측아가 발생해 있음.

마주나기 opposite = 대생. 한 마디에 2개의 잎이나 가지가 마주보면서 자라는 모양. 그림④

만경 蔓莖 = 덩굴성 줄기. 다른 물체에 붙어 올라가거나 감으며 성장하는 줄기. 그림⑤

망상맥 網狀脈 = 그물맥. 잎몸에 발달한 측맥이 여러 갈래로 갈라진 맥의 모양. 그림⑥

맥 脈 nerve 잎몸의 중앙이나 측면에 혈관처럼 발달해 있는 물과 양분이 이동하는 유관속 조직. 그림⑦

맥액 脈腋 엽맥과 엽신(잎몸) 사이의 겨드랑이.

면모 綿毛 = 솜털. 그림⑧

모모 毛 = 털.

목본 木本 tree 매년 새롭게 형성층 조직이 반복적으로 만들어지는 식물.

목질 木質 lignum 셀룰로오스와 리그닌이 주성분인 물질.

무성아 無性芽 gemma = 살눈 또는 주아珠芽. 줄기나 잎겨드랑이에 둥글게 만들어지는 종자. 무성으로 발생을 하는 눈으로, 아주 특별한 경우를 대비하기 위해 만드는 종자.

무성화 無性花 neuter flower = 가꽃. 꽃처럼 보이나, 암술과 수술이 없는 꽃.
　예 : 백당나무, 불두화, 산수국, 수국.

묵은 잎 = 성엽成葉. 다 자란 잎.

물결모양 sinuate 잎의 가장자리가 파도처럼 아래 위로 들쑥날쑥한 모양.
　예 : 너도밤나무. 그림⑨

미모 微毛 아주 가늘고 작은 털.

미상 尾狀 carudate 꼬리모양. 그림⑩

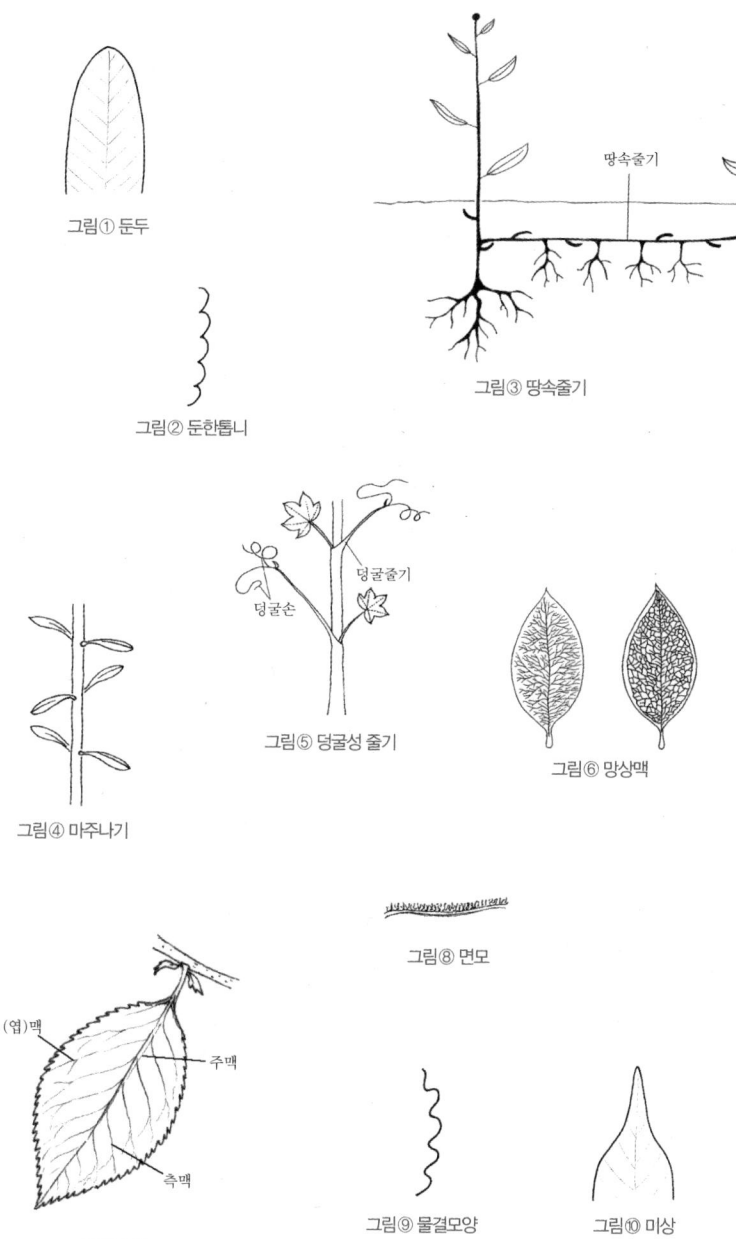

그림으로 보는 나무 용어해설 453

미상화서 尾狀花序 = 유이화서 = 꼬리화서 = 미상꽃차례. 꼬리모양의 꽃차례. 그림①

밀모 密毛 솜털같이 밀생해 있는 털.

밀생 密生 dense 아주 빽빽하게 발달해 있는 모양. 주로 잎이나 어린 가지에 나 있는 털을 말함. 예: 예덕나무, 백당나무, 참오동, 광나무, 산철쭉.

밀선 蜜腺 nectary gland = 꿀샘, 소낭. 꿀이나 유액이 분비되는 조직.

밋밋 entire = 전연全緣. 잎의 가장자리에 톱니나 물결모양이 없고, 매끈한 모양. 그림②

|ㅂ|

바늘잎 needle-shaped = 침엽針葉. 잎이 바늘같이 가늘고 뾰족하게 발달한 잎.

반곡 反曲 잎의 가장자리가 뒤로 젖혀 있는 모양으로, 마치 전체 잎 모양이 볼록하게 튀어나온 것처럼 보임. 그림③

반원형 半圓形 semiorbicular 원을 반으로 자른 모양.

반점 斑點 dotted 유점油粘 또는 흑반점이 나타나 있는 모양.

방추형 紡錘形 fusiform 가운데가 굵고 양 끝으로 가며 가늘어지는 모양.

방패형 防牌形 peltate = 순형楯形. 마치 방패처럼 생긴 모양.

배상화서 杯狀花序 = 배상꽃차례. 꽃차례가 마치 등잔모양과 비슷함.

배젖 albumen = 배유胚乳. 종자 속에 저장되어 있는 양분.

배주 胚珠 ovule = 밑씨. 장차 종자로 발달하게 되는 어린 조직.

별모양털 stellate hair = 성모星毛 또는 성상모星狀毛. 털이 마치 별처럼 여러 개로 갈라진 모양. 그림④

병생부아 竝生副芽 정아頂芽 옆에 붙어서 자라는 작은 눈.

복거치 複鋸齒 = 겹톱니 또는 2중톱니. 그림⑤

복모 伏毛 sericeous 누운 털. 예: 조록싸리.

복산방화서 複繖房花序 = 복산방꽃차례. 그림⑥

복엽 複葉 compound leaf = 겹잎. 여러 개의 작은 잎(소엽)이 발달해 있는 잎의 모양. 예: 호두나무. 그림⑦

복와상 覆瓦狀 마치 기왓장처럼 겹쳐진 모양.

부아 副芽 accessory bud 큰 눈 옆에 난 작은 눈. 측아 옆이나 아래에 추가적으로 자란 눈. 예: 측생부아, 중생부아.

그림① 미상화서

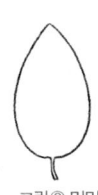
그림② 밋밋

그림③ 반곡

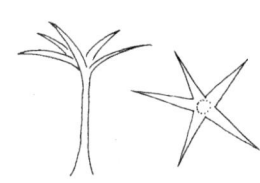
그림④ 별모양털

그림⑤ 복거치

그림⑥ 복산방화서

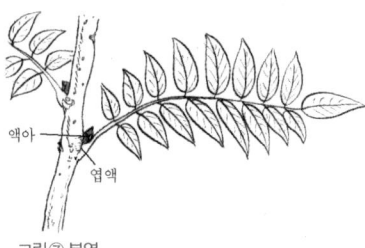
그림⑦ 복엽

분과 分果 mericarp 분리과에서 떨어져 나가는 각각의 작은 열매. 예 : 벽오동.

분리과 分離果 loment 콩과 식물에서 나타나는 꼬투리 열매이나, 익으면 종자 하나 하나가 분리되는 현상을 보이는 열매. 예 : 회화나무. 그림①.

분열과 分裂果 dehiscent = 열개과裂開果. 열매가 성숙하면, 과피가 갈라지면서 안에 있던 종자들이 나오는 열매의 형태를 총칭. 대표적인 열매로는 삭과, 골돌, 협과, 분리과 등이 있음. 그림②.

분백 粉白 glaucous 흰 가루가 덮여 백색을 띠는 녹색. 예 : 모란.

불완전화 不完全花 unisexual ⇨ 단성화單性花.

비늘잎 scale leaf = 인엽鱗葉. 마치 비늘처럼 납작한 모양을 한 잎. 예 : 편백, 화백, 측백. 그림③.

비단털 sericeous hair 마치 비단처럼 부드러운 털. 예 : 갯버들이나 백목련의 겨울눈에 돋아 있는 털이나, 갯버들잎의 뒷면에 발달해 있는 부드러운 털.

뿌리 根 radix, root 식물체를 고정시키면서 양분의 흡수와 저장 역할을 하는 기관.

뿌리줄기 rhizome = 근경根莖. 땅속이나 땅 위를 기어가면서 자라는, 마치 뿌리로 보이나 줄기인 것.

| ㅅ |

삭과 蒴果 capsule 2개 이상의 심피가 합쳐서 된 열매. 심피의 개수만큼 갈라진 것. 예 : 진달래, 무궁화. 그림④.

산방꽃차례 ⇨ 산방화서.

산방화서 繖房花序 corymb = 산방꽃차례. 꽃이 피어 있는 높이가 위에서 편평하게 같으며, 꽃자루의 길이가 서로 다른 꽃차례. 그림⑤.

산형 傘形 umbellate 우산살 모양으로 한 점에서 같은 거리를 두고 갈라지는 모양. 예 : 산수유, 층층나무, 자귀나무.

산형화서 傘形花序 umbel = 산형꽃차례. 줄기 끝에 길이가 같은 꽃대에 모여 나는 꽃차례로 우산모양을 하고 있음. 그림⑥.

살눈 gemma ⇨ 무성아無性芽 또는 주아珠芽.

삼지창 三枝槍 끝이 세 갈래로 갈라진 가시모양.

삼출엽 三出葉 trifoliolate = 삼엽三葉 또는 삼출겹잎. 소엽이 3개 있는 복엽. 예 : 싸리나무, 고추나무, 칡. 그림⑦.

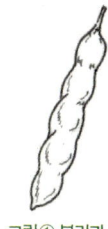
그림① 분리과

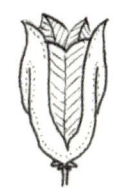
그림② 분열과

그림③ 비늘잎

그림④ 삭과

그림⑤ 산방화서

그림⑥ 산형화서

그림⑦ 삼출엽

상과 桑果 = 취과聚果. 여러 개의 심피가 발달해서 생긴 열매. 예 : 산딸기. 그림①

상록성 常綠性 ever-green, sempervirent 잎이 최소한 1년 이상 가지에 달려 있는 성질.

샘털 腺毛 glandulour hair = 선모腺毛. 털의 끝부분에 둥글거나 세모나거나 곤봉 모양으로 되어 있는 털. 유액을 분비함. 그림②

석류과 石榴科 balausta 아래위로 다수의 자방실이 구분되어 있는 열매.

선모 腺毛 glandulour hair ⇨ 샘털. 그림②

선점 腺粘 = 유점油粘. 주로 잎이나 꽃잎에 나 있는 점 같은 모양. 유액을 분비함.

선형 線形 linear = 선모양. 잎의 길이가 너비보다 5배에서 10배 가량 길고, 그 양면의 끝이 평행을 이루는 잎의 모양. 그림③

설저 舌底 잎의 기부가 혀와 같은 모양 그림④

성모 星毛 = 성상모 또는 별모양털. 여러 갈래로 갈라져 별 모양으로 된 털. 그림⑤

성엽 成葉 = 묵은 잎. 다 자란 잎.

소과경 小果梗 열매를 달고 있는 작은 자루.

소교목 小喬木 관목보다는 크고 교목보다는 작은 나무. 대개 높이가 10m를 넘지 않는 나무. 예 : 매실나무, 개옻나무.

소낭 小囊 ⇨ 밀선.

소병 小柄 ⇨ 소과경 또는 열매자루. 열매를 달고 있는 작은 자루. 예 : 단풍버즘나무, 말채나무.

소엽 小葉 leaflet 복엽을 이루고 있는 작은 잎. 아까시나무는 각각의 작은 소엽들이 모여서 하나의 복엽이 됨. 작은 소엽들의 겨드랑이에는 겨울눈이 없음. 그림⑥

소지 小枝 twig = 어린가지 또는 1년생 가지. 전년도 눈에서 자라난 1년생 가지.

소탁엽 小托葉 stipels = 잔턱잎. 작은 잎자루에 발생해 있는 탁엽. 그림⑥

소포 小苞 bracteole 꽃자루 위에 달려 있는 작은 잎.

속눈썹털 대개 잎의 가장자리를 따라 돋아나 있는 부드러운 털.

솔방울 ⇨ 구과毬果. 그림⑦

송곳형 끝으로 갈수록 가늘어지며 끝이 송곳처럼 뾰족한 모양.

송진샘 ⇨ 선점腺粘.

수 隨 pith = 골수. 가지나 줄기의 중앙의 부드러운 부분. 수가 차 있거나 비어 있는

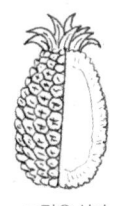

그림① 상과

그림② 샘털(선모)

그림③ 선형

그림④ 설저

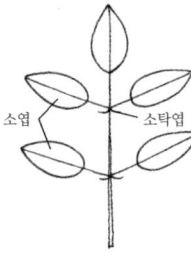

그림⑤ 성모

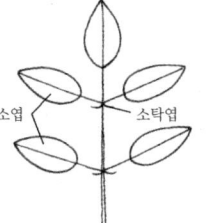

그림⑥ 소엽, 소탁엽

그림⑦ 솔방울

나무들이 있음. 그림①

수과 瘦果 achene 과피가 아주 얇게 발달한 모양의 건과. 그림②

수꽃 staminate flower 암술은 없고 수술만 발달해 있는 불완전화.

수상꽃차례 spike = 수상화서穗狀花序. 자잘한 꽃들이 꽃자루 없이 꽃대에 붙어 마치 이삭처럼 아래로 길게 처진 모양의 화서. 이삭꽃차례라고도 함. 그림③

수상화서 穗狀花序 spike ⇨ 수상꽃차례. 그림③

수술 雄蘂 stamen 소포자(화분)를 만드는 포자엽으로 꽃밥(약)과 꽃실(화사)로 구성됨. 그림④

수술대 filament = 화사花絲. 수술 제일 위에 있는 꽃밥을 받치고 있는 자루. 그림④

수피 樹皮 bark 나무의 껍질. 그림①

순저 楯底 peltate 잎의 기부가 방패모양으로 생긴 것. 그림⑤

술모양꽃차례 raceme ⇨ 총상화서總狀花序. 그림⑥

시과 翅果 samara, wing = 익과翼果. 날개를 달고 있는 열매. 예 : 단풍나무, 느릅나무, 물푸레나무. 그림⑦

신장형 腎臟形 kidney shaped = 콩팥모양. 너비가 길이보다 긴 모양. 그림⑧

실편 實片 valve, ovuliferous scale = 종린種鱗. 특히 솔방울과 같이 비늘처럼 생긴 조각. 안쪽에 종자가 될 배주가 있음. 예 : 소나무. 그림⑨

심열 深裂 parted = 전열 全裂. 잎이 갈라지는 정도를 말함. 중앙의 맥을 중심으로 2/3 이상 깊이 갈라진 잎의 모양. 그림⑩

심장저 心臟底 cordate 잎의 기부가 마치 심장모양을 하고 있는 형태. 그림⑪

심피 心皮 carpel 암술을 이루고 있는 암술머리(화두) + 암술대(화주) + 씨방(자방)을 합하여 지칭하는 말. 그림④

쐐기모양 楔形 cuneate 꼭지가 긴 삼각형을 거꾸로 한 모양.

씨방 ovary ⇨ 자방子房. 심피의 한 부분으로 장차 종자가 될 부분임. 그림④

| ㅇ |

아린 芽鱗 bud scale 겨울눈을 구성하고 있는 비늘조각 같은 잎. 장차 잎이나 꽃이 될 조직을 보호하는 역할. 그림⑫

아병 芽柄 = 눈자루. 겨울눈에 있는 자루. 모든 나무의 눈에 아병(눈자루)이 발달해 있지는 않음. 예 : 오리나무, 미선나무.

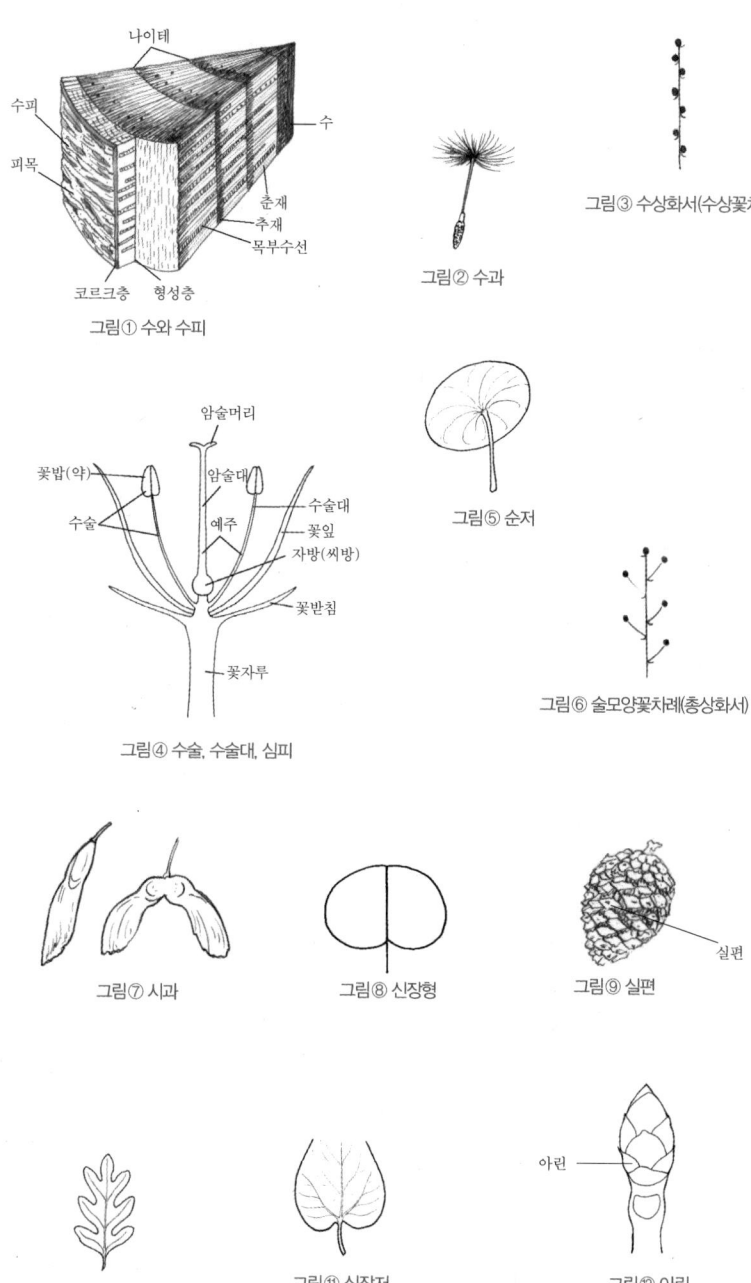

그림으로 보는 나무 용어해설

암꽃 pistillate flower 수술이 없고, 암술만 있는 불완전화.

암술 雌蘂 pistil, pistillum 이생離生하는 한 개 또는 합생合生하는 여러 개의 심피가 한 단위를 이룬 구조로, 자방(씨방) + 화주(암술대) + 화두(암술머리)로 이루어짐. 그림①

암술대 style = 화주 花柱. 암술에서 주두와 자방 사이의 부위. 그림①

암술머리 stigma = 주두柱頭= 화두花頭. 암술의 끝부분이며, 화분(꽃가루)이 부착되는 곳. 그림①

액생 腋生 axillary 잎자루와 줄기의 사이에서 새로운 눈이 생겨나는 모양. 그림②

액아 腋芽 = 겨드랑이눈. 측면에서 자라지만, 마디가 아닌 곳에서 자란 눈. 그림③

약 葯 ⇨ 꽃밥. 그림①

양성화 兩性花 bisexual flower 암꽃과 수꽃이 한 꽃 안에 모두 있는 완전화. 그림①

어긋나기 alternate = 호생互生. 한 마디에 한 개의 잎이나 가지가 돋아나는 모양. 그림④

어린잎 = 유엽幼葉. 당해년도에 자라나온 침엽수의 잎.

열매 果實 fruit 자방이 성숙해 만들어진 생식기관.

열매자루 fruit stalk = 과병果柄.

열편 裂片 낱낱이 찢어진 조각.

엽맥 葉脈 leaf vein, venation = 잎맥. 잎몸(엽신) 안에 갈라져 나간 유관속. 예 : 주맥, 측맥. 그림⑤

엽병 葉柄 petiole = 잎자루. 그림⑤

엽신 葉身 lamina = 잎몸. 그림⑥

엽선 葉先 leaf apex = 잎끝. 그림⑥

엽아 葉芽 leaf bud = 잎눈. 잎이 될 눈.

엽액 葉腋 axil = 잎짬 또는 잎겨드랑이. 가지에서 잎이 돋아난 사이 지점.

엽연 葉緣 leaf margin = 잎 가장자리. 그림⑤

엽육 葉肉 mesophyll 잎의 표피조직을 제외한 잎 안쪽의 책상조직과 해면조직을 말함.

엽저 葉底 leaf base = 잎아래. 잎자루와 연결되어 있는 잎몸의 밑부분. 그림⑤

엽침 葉枕 pulvinus 대개 잎자루 부분에 발생하는 마디같이 두툼하게 발달한 부분. 그림⑥

엽흔 葉痕 leaf scar = 잎자국. 잎이 떨어진 자리에 나 있는 흔적. 그림⑦

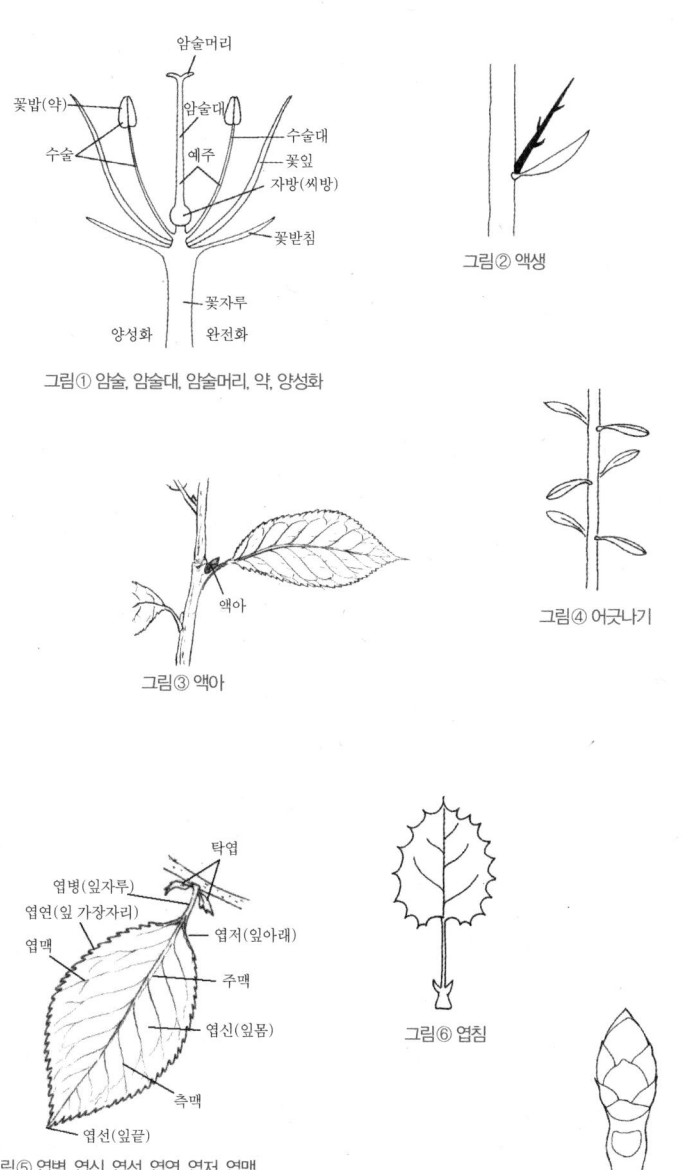

그림① 암술, 암술대, 암술머리, 약, 양성화

그림② 액생

그림③ 액아

그림④ 어긋나기

그림⑤ 엽병, 엽신, 엽선, 엽연, 엽저, 엽맥

그림⑥ 엽침

그림⑦ 엽흔

영과 穎果 caryopsis = 낟알. 종피와 과피가 매우 가까이서 발달한 열매를 말하며, 하나의 완전한 열매임에도 불구하고, 과피의 발달이 저조하여, 마치 하나의 씨처럼 보이는 열매. 예 : 벼과.

예두 銳頭 acute 잎끝(엽선)이 뾰족한 모양. 그림①

예리한 톱니 - 예거치. 잎 가장자리가 날카로운 모양. 그림②

예저 銳底 acute 잎의 기부가 뾰족한 모양. 그림③

예주 蕊住 = 꽃술대. 그림④

완전화 完全花 complete flower = 양성화 또는 갖춘꽃. 암꽃, 수꽃, 꽃잎, 꽃받침 모두가 있는 꽃을 말함. 그림④

왜저 歪底 oblique = 의저. 잎의 아랫부분(엽저)이 서로 짝이 맞지 않고 비대칭으로 발달된 모양. 예 : 느릅나무. 그림⑤

요두 凹頭 잎끝(엽선)이 원형이고 잎맥 끝이 오목하게 들어간 모양. 그림⑥

우산모양꽃차례 umbel ⇨ 산형화서. 그림⑦

우상 羽狀 pinnate 주축에 양측으로 같은 크기와 간격으로 편평하게 어떤 구조가 붙거나 갈라진 깃털모양.

우상맥 羽狀脈 penniveins = 깃모양맥. 주맥에서 나온 측맥이 새 깃털모양으로 한 줄로 나는 것. 예 : 까치박달. 그림⑧

우상복엽 羽狀複葉 pinnately compound leaf =깃모양겹잎. 작은 잎(소엽)들이 마치 새의 깃털모양(우상)으로 나는 잎. 정단에 소엽이 하나 있는 것을 기수우상복엽, 없는 것을 우수우상복엽이라 함. 예 : 모감주나무, 능소화, 물푸레나무, 멀구슬나무, 회화나무, 아까시나무, 붉나무. 그림⑨

우수우상복엽 偶數羽狀複葉 = 짝수깃모양겹잎. 그림⑩

원두 圓頭 round 잎끝이 둥근 엽선(잎끝). 그림⑪

원뿔모양꽃차례 panicle = 원추꽃차례 ⇨ 원추화서. 그림⑫

원저 圓底 round 잎의 기부가 둥근 모양. 그림⑬

원추화서 圓錐花序 panicle = 원추꽃차례 또는 원뿔모양꽃차례. 위로 갈수록 점점 좁아져 전체적으로 원뿔모양인 꽃차례(화서)를 말함.
예 : 광나무, 꼬리조팝나무. 그림⑫

원통형 圓筒形 cylindrical 원통 모양.

원형 圓形 orbicular 잎의 가로 세로 길이가 같은 잎. 그림⑭

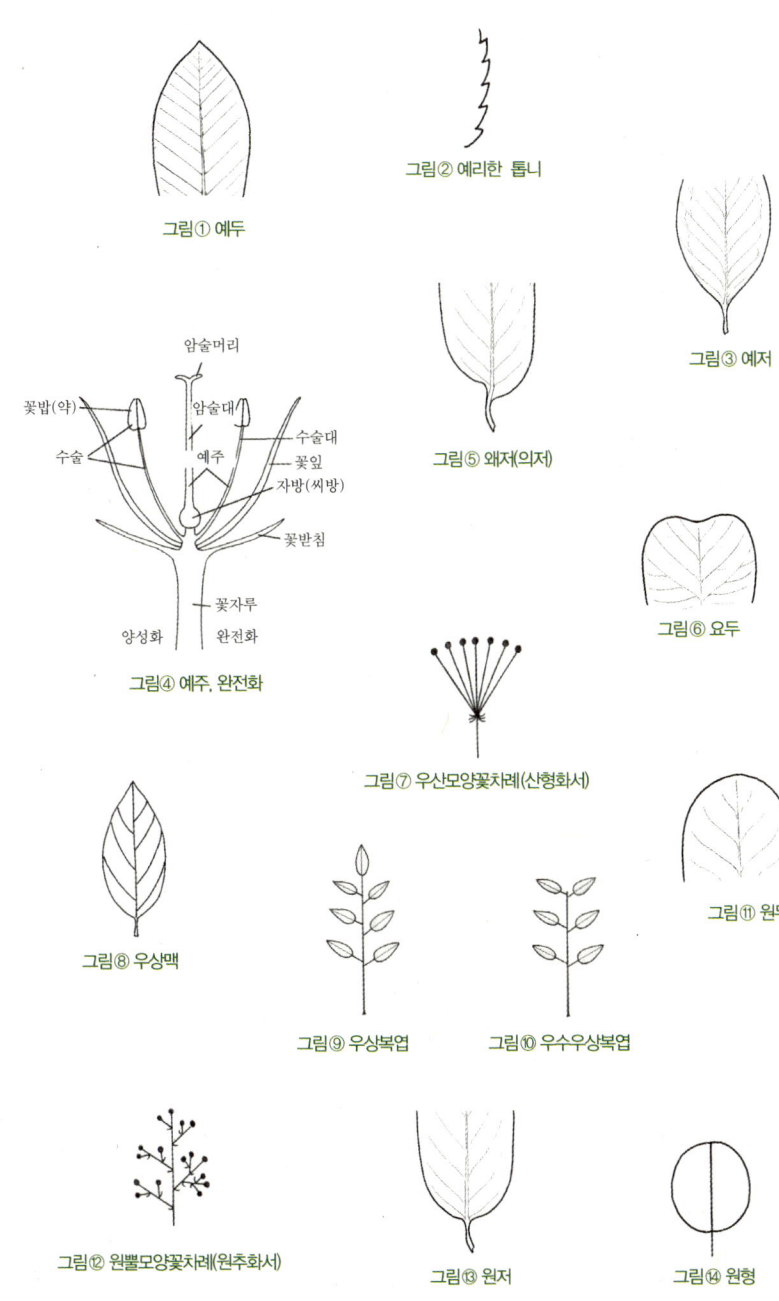

유모 柔毛 pubescent = 연모軟毛. 부드러운 털.

유저 流底 attenuate = 설저. 잎 아랫부분이 잎자루(엽병)에서 끝이 나지 않고 날개처럼 형성이 된 모양을 말함. 그림①

유점 油點 pellucid dot ⇨ 선점腺粘.

육수화서 肉穗花序 spadix = 육수꽃차례. 꽃자루가 없는 지잘한 꽃들이 육질의 긴 주축에 붙어서 자람. 그림②

육질 肉質 succulent, fleshy 대개 식물의 줄기나 뿌리가 다육함을 뜻함. 예 : 선인장.

윤생 輪生 ⇨ 돌려나기. 그림③

융모 絨毛 villous 길이가 일정치 않은 털이 서로 엉켜 융단과 같이 된 것.
    예 : 황벽나무, 앵두나무, 꾸지뽕나무. 그림④

은아 隱芽 줄기의 껍질 속에 숨어 있다가 가지나 줄기를 자르면 자라기 시작하는 숨어 있는 눈. 예 : 아까시나무, 회화나무.

의저 oblique ⇨ 왜저歪底.

이과 梨果 pome 자방 외부에 화탁과 꽃받침통이 붙어서 다육질화된 열매.
    예 : 사과, 배. 그림⑤

이저 耳底 auriculate 엽의 기부가 마치 귀 아래를 닮은 모양. 그림⑥

인아 鱗芽 마치 비늘같이 생긴 아린에 싸여 있는 눈.

인엽 鱗葉 scale leaf = 비늘잎. 인편모양의 작은 잎.
    예 : 측백나무, 편백나무, 화백나무, 향나무. 그림⑦

인편 鱗片 scale 인편상의 조각 같은 구조.

잎 葉 leaf 줄기의 마디에 나는 편평하고 녹색인 구조로 광합성과 증산작용을 함. 종에 따라서 여러 가지 형태로 변형되기도 함.

잎끝 = 엽선葉先, 엽정葉頂 또는 엽두葉頭. 잎에서 잎자루의 반대 부분. 그림⑧

잎몸 葉身 leaf blade = 엽신葉身. 잎의 자루 끝에 달린 넓은 부분. 그림⑧

잎밑 = 엽저葉底 = 잎 아래. 그림⑧

잎자루 petiole = 엽병葉柄. 잎몸을 달고 있는 자루. 그림⑧

잎차례 phyllotaxis = 엽서葉序. 잎이 가지에 배열된 순서.

| ㅈ |

자방 子房 ovary = 씨방. 암술 일부분으로 배주를 갈무리하는 방. 피자식물의 대포

그림① 유저

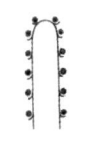
그림② 육수화서

그림④ 융모

그림⑥ 이저

그림③ 윤생

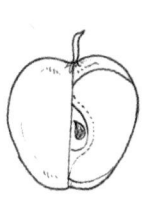
그림⑤ 이과

그림⑦ 인엽

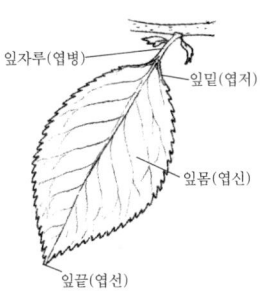
그림⑧ 잎끝, 잎몸, 잎밑, 잎자루

그림으로 보는 나무 용어해설

자엽의 변형으로 끝에 화주와 주두가 있음. 상위자방, 중위자방, 하위자방 등이 있음. 그림①

자엽 子葉 cotyledon ⇨ 떡잎.
자웅동주 雌雄同株 monoecious = 암수한몸 = 암수 같은 그루.
자웅이주 雌雄異株 dioecious = 암수딴몸 = 암수 다른 그루.
작은꽃자루 pedicel = 소화경小花梗. 그림②
잠아 潛芽 dormant bud = 면아眠芽. 외부로 나타나지 않고 표피조직 안에 머물고 있는 생장점. 예 : 리기다소나무. 평소에는 눈의 싹이 돋아나지 않다가, 대체로 환경의 극심한 변화를 받으면, 표피조직 안에 잠자고 있던 생장점에서 새싹이 돋아남. 잠아로부터 발생하는 가지를 도장지 또는 맹아지라 함.
잡성화 雜性花 polygamous = 다성화多性花. 자웅동주와 자웅이주가 없이, 한 그루의 나무에 모든 가능한 경우가 다 나타나는 경우임. 예 : 향나무, 팽나무, 주목.
장각과 長角果 silique 단각과와 비슷하지만, 매우 길게 발달해 있는 모양의 열매.
장과 漿果 berry = 액과液果. 종자가 육질의 과피 속에 매몰되어 있는 열매. 예 : 포도, 감. 그림③
장난형 長卵形 = 긴난형. 긴 달걀모양.
장미과 薔薇果 cynarrhodium 대개 화탁이 항아리모양으로 발달해서 여러 개의 작은 종자를 감싸고 있는 열매. 그림④
장상 掌狀 손바닥 모양.
장상맥 掌狀脈 palmiveined 주맥이 따로 없이 잎자루(엽병) 끝에서 손가락같이 뻗은 엽맥. 예 : 단풍나무. 그림⑤
장상복엽 掌狀複葉 palmately compound leaf 소엽들이 한 지점에서 손바닥모양으로 나뉜 복엽. 예 : 칠엽수, 미국담쟁이덩굴. 그림⑥
장식꽃 ornamental flower = 가꽃, 무성화, 헛꽃. 열매를 맺지 못하는 꽃. 예 : 불두화, 수국, 백당나무.
장지 長枝 long shoot 긴 가지. 그림⑦
장타원형 長楕圓形 oblong =긴타원형. 좁고 긴 타원형으로 양 가장자리는 다소 평행.
재두 截頭 = 평두平頭. 편평한 모양의 잎끝 = 절두. 그림⑧
재저 = 절저 = 평저. 잎의 기부가 평평한 모양. 그림⑨
전연 全緣 entire = 밋밋. 잎 같은 넓적한 구조의 가장자리에 톱니가 없어 매끈한

상위자방

중위자방

하위자방

그림① 자방

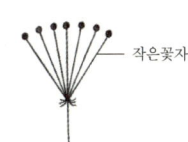
그림② 작은꽃자루

그림③ 장과

그림④ 장미과

그림⑤ 장상맥

그림⑥ 장상복엽

그림⑦ 장지

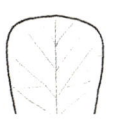
그림⑧ 재두

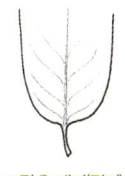
그림⑨ 재저(절저)

그림으로 보는 나무 용어해설 469

상태. 그림①

전열 全裂 parted = 심열深裂. 잎이 주맥 주변까지 깊이 갈라진 결각 형태.

절저 切底 =재저= 평저. 잎아래가 편평한 모양. 그림②

점성 粘性 粘質 mucilaginous 끈적끈적한 분비물.

점첨두 漸尖頭 acuminate 전진적으로 뾰족해지는 잎끝(엽선). 그림③

정생 頂生 꽃이나 싹이 줄기 끝에 나는 모양. 줄기의 끝에서 나오는 꽃차례.

정생측아 頂生側芽 정아 바로 옆 또는 아래에 있는 측아.

정아 頂芽 terminal bud = 끝눈. 줄기나 가지의 끝에 나는 눈. 그림④

조모 粗毛 scabrous hair = 거센 털. 대체로 거칠고 딱딱한 털. 그림⑤

종린 種鱗 ovuliferous = 실편實片. 침엽수의 구과를 이루고 있는 각각의 비늘 같은 조각. 그림⑥

종자 種子 seed = 씨, 씨앗. 암술의 자방(ovary) 속에 있는 밑씨(배주, ovule)가 발달해서 형성된 생식기관.

주두 柱頭 ⇨ 암술머리.

주맥 主脈 tap veined 잎의 한가운데 있는 가장 큰 잎맥. 그림⑦

주아 珠芽 bulblet ⇨ 무성아無性芽.

주축 主軸 꽃이나 잎을 달고 있는 대.

중거치 重鋸齒 doubly serrate = 겹톱니. 큰 톱니에 다시 작은 톱니가 발달한 모양. 예 : 개암나무. 벚나무. 그림⑧

중륵 中肋 midrib = 주맥主脈. 잎의 중앙에 발달한 맥. 그림⑦

중생부아 中生副芽 superposed bud 정아나 측아 아래나 윗부분에 자란 부가적인 작은 눈. 예 : 쪽동백.

중앙맥 中央脈 ⇨ 주맥. 그림⑦

중열 中裂 cleft 잎의 주맥을 중심으로, 잎의 갈라지는 정도가 절반 정도인 결각 형태. 그림⑨

지하경 地下莖 ⇨ 땅속줄기. 그림⑩

짧은 가지 ⇨ 단지短枝. 그림⑪

| ㅊ |

차상맥 叉狀脈 중앙맥이 없는 측맥들이 2개씩 나란히 잎끝을 향해 발달해 있는 맥.

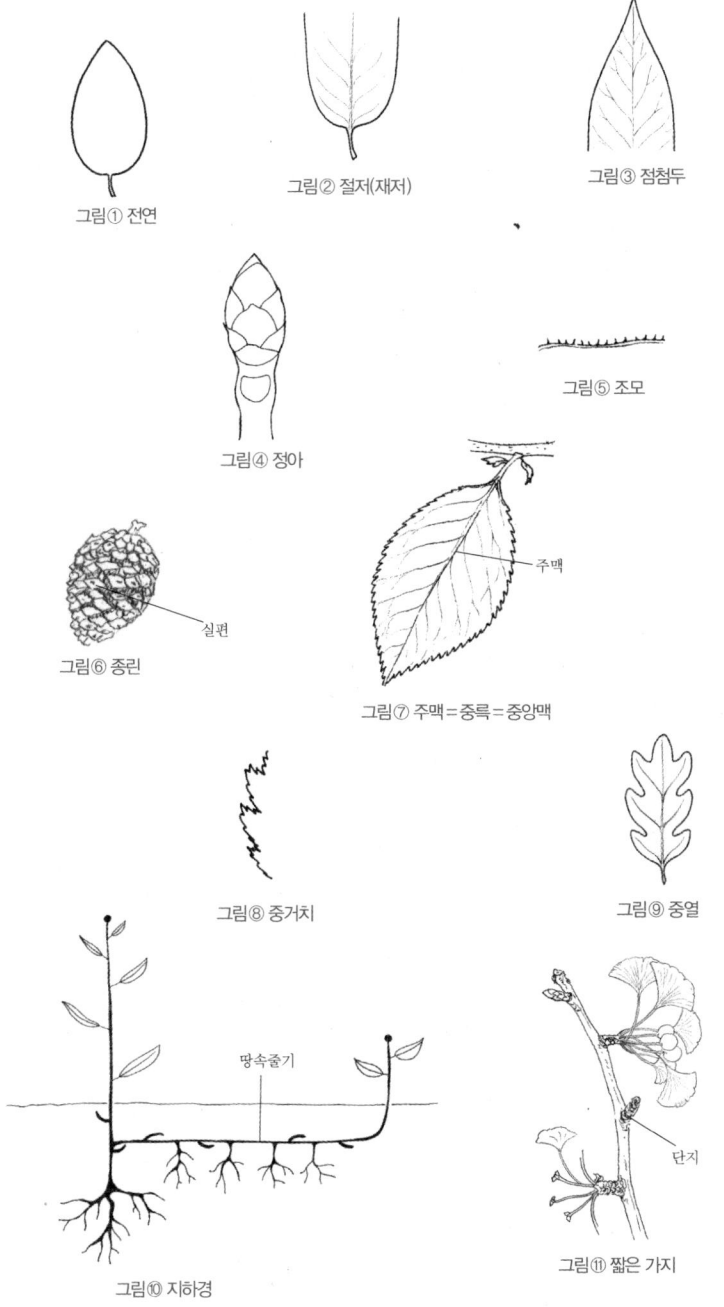

그림으로 보는 나무 용어해설

예 : 은행나무. 그림①

천열 淺裂 lobed 잎이 갈라지는 정도를 말하며, 주맥으로부터 1/3 정도만 결각이 생기는 형태. 그림②

첨두 尖頭 acute = 예두. 잎끝(엽선)이 뾰족한 모양. 그림③

총상화서 總狀花序 raceme = 총상꽃차례. 가지 없는 줄기 끝에 잎자루(엽병)를 가진 여러 개의 꽃이 차례로 달리는 꽃차례. 예 : 아까시나무. 그림④

총포 總苞 involucre 꽃차례(화서)를 받치고 있는 인편상의 포. 예 : 산딸나무.

취과 聚果 etaerio = 집합과集合果. 잘 발달한 화탁 위에 자잘한 열매들이 모여서 된 열매. 예 : 산딸기. 그림⑤

취산화서 聚繖花序 cyme = 취산꽃차례. 선단의 꽃 밑에 꽃이 여러 개 달리는 형식이 반복된 꽃차례. 그림⑥

측맥 側脈 주맥에서 좌우로 뻗어나간 잎맥. 그림⑦

측아 側芽 lateral bud = 곁눈. 줄기의 마디에 나 있는 눈. 측면 마디에서 자란 눈. 그림⑧

치아상톱니 = 치아상 거치. 잎 가장자리가 이빨모양으로 발달한 모양. 그림⑨

침엽 針葉 acicular or needle leaf 바늘모양의 잎. 예 : 침엽수. 그러나 측백나무 속과 같은 침엽수는 인엽(비늘잎)을 가짐.

침엽수 針葉樹 = 나자식물. 잎이 대체로 침처럼 발달한 수목. 중심 줄기가 끝까지 하나로 자람.

침형 針形 acicular, subulate = 바늘모양, 송곳형. 그림⑩

| ㅌ |

타원형 楕圓形 elliptical 잎의 중앙부가 가장 넓은 길둥근 잎. 그림⑪

탁엽 托葉 stipule = 턱잎. 잎자루 기부에 있는 잎. 그림⑦

탁엽흔 托葉痕 탁엽이 떨어지고 난 자리.

태좌 胎座 placenta 자방 속 밑씨가 붙어서 자라는 자리.

턱잎 ⇨ 탁엽. 그림⑦

톱니 serrate = 거치鋸齒. 잎의 가장자리에 발달된 톱날모양. 그림⑫

그림으로 보는 나무 용어해설 473

| ㅍ |

파상 波狀 sinuate 편평한 잎의 가장자리가 물결처럼 들쑥날쑥한 모양.

파상톱니 = 파상거치波狀鋸齒. 잎 가장자리가 물결모양으로 발달한 것. 그림①

평두 平頭 잎끝이 편평한 모양. 그림②

평지 平底 truncate 잎의 아랫부분이 편평한 모양. 그림③

평행맥 平行脈 parallel veined = 나란히맥. 엽맥과 엽맥이 나란히 달리는 맥.
    예 : 층층나무속. 그림④

폐과 閉果 indehiscent fruit 스스로 열리지 않는 열매. 예 : 장과, 감과, 핵과, 이과.
    그림⑤

포 苞 bract = 포엽. 꽃의 밑에 있거나 구과의 실편에 있는 작은 잎.

포린 包鱗 bract scale ⇨ 종린.

포복경 匍匐莖 stolon = 기는 줄기. 줄기가 비스듬히 자라서, 땅에 닿은 부분에서 줄기뿌리가 나오는 줄기. 예 : 눈향나무.

포엽 苞葉 bract = 포苞. 눈이나 봉우리를 덮고 있는 납작한 잎.

풍매화 風媒花 anemophilous 바람을 이용해서 꽃가루받이를 하는 식물.

피목 皮目 lenticel = 껍질눈. 나뭇가지나 줄기의 수피에 발달해 있는 통기조직. 그림⑥

피자식물 被子植物 angiospermae = 속씨식물. 자방이 외부로 노출되어 있지 않은 식물.

피침 皮針 cortical spine 표피조직(껍질)이 변해 만들어진 가시.
    예 : 산딸기, 장미, 음나무.

피침형 披針形 lanceolate 장타원형보다 좁고 양끝이 뾰족한 모양. 그림⑦

| ㅎ |

핵 核 pit, putamen 핵과의 씨로 겉의 목질은 내과피가 변한 것임. 그림⑧

핵과 核果 내과피가 목질이 되어 1개의 종자를 싸고 있는 육질성 열매.
    예 : 앵두, 복숭아, 살구. 그림⑧

헛꽃 = 장식꽃.

헛수술 staminope = 가웅예假雄蘂. 꽃가루가 발생하지 않는 수꽃.

혁질 革質 coriaceous = 가죽질. 잎이나 과피가 두텁고 질긴 형태. 주로 상록활엽수의 잎. 예 : 동백나무.

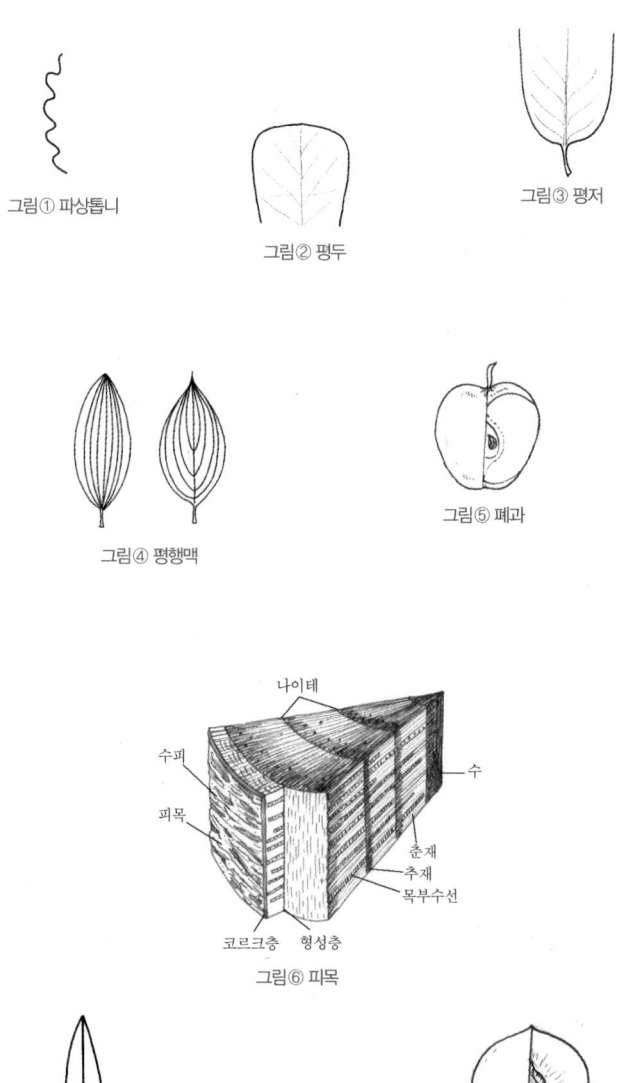

그림① 파상톱니
그림② 평두
그림③ 평저
그림④ 평행맥
그림⑤ 폐과
그림⑥ 피목
그림⑦ 피침형
그림⑧ 핵과

협과 莢科 legume = 꼬투리. 1개의 심피가 성숙한 개과로 봉선이 2개로 되어 있어 분리됨. 예 : 콩과. 그림①

호생 互生 alternate = 어긋나기. 한 마디에 하나의 잎이 나오는 모양. 그림②

호흡근 呼吸根 respiratory = 호흡뿌리.

혼아 混芽 mixed bud = 혼합아. 하나의 겨울눈에서 꽃과 잎이 동시에 나오는 눈 그림③

홑톱니 단순하게 발달한 톱니.

화경 花梗 peduncle = 꽃자루, 화병. 꽃을 달고 있는 자루. 그림④

화관 花冠 corolla = 꽃부리. 꽃잎의 총칭. 그림④

화관통 花冠筒 corolla tube 합판화관의 원통형 또는 깔때기형 부분.

화분 花粉 pollen = 꽃가루.

화병 花梗 peduncle = 꽃자루 또는 화경. 꽃을 달고 있는 자루. 그림④

화서 花序 inflorescence = 꽃차례. 꽃이 달리는 차례를 총칭. 단정화서, 수상화서, 육수화서, 총상화서, 취산화서, 원추화서, 산형화서, 복산형화서, 기산화서, 산방화서, 복산방화서, 두상화서, 미상화서(= 유이화서 = 꼬리화서). 그림⑤

화아 花芽 alabastrum, flower bud = 꽃눈. 꽃이 될 눈. 예 : 생강나무, 산수유, 목련.

화주 花柱 style = 암술대. 암술에서 자방과 주두를 이어주는 대. 그림④

화탁 花托 receptacle = 꽃턱.

화통 花筒 hypanthium 꽃잎이나 꽃받침 등이 합착해이 발달한 대롱모양의 통처럼 보이는 부분. 그림⑥

화피 花被 = 꽃덮이. 꽃잎과 꽃받침을 말함.

활엽수 闊葉樹 = 피자식물. 잎이 대체로 넓게 발달한 수목. 중심 줄기가 여러 개로 나뉘어 자람.

흡반 吸盤 sucker 덩굴식물이 다른 물체를 타고 올라가기 위해 흡착기관이 발달한 것. 예 : 담쟁이덩굴.

그림① 협과

그림② 호생

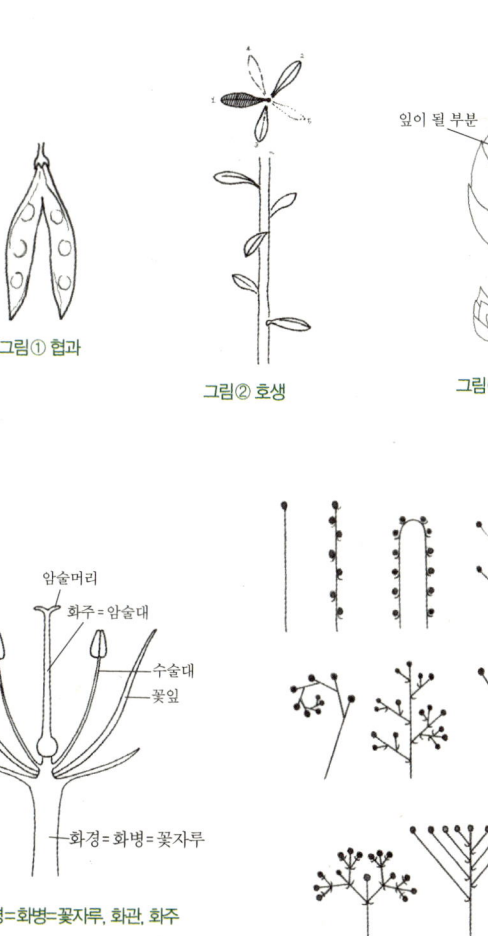

그림③ 혼아(혼합아)

그림④ 화경=화병=꽃자루, 화관, 화주

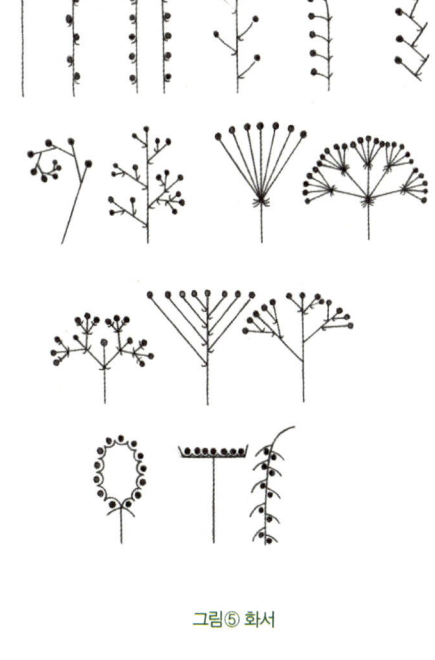

그림⑤ 화서

그림⑥ 화통

그림으로 보는 나무 용어해설 477

찾아보기

ㄱ

가과 165, 170
가도관 76, 77, 187, 188, 194
가래나무과 435
가래나무목 435
가래나무목 계통도 434
가래나무속 435~437
가막살나무속 349~351
가문비나무 56, 59, 66, 83, 86, 196
가문비나무속 106, 215~217
가산포 178
가시 134
가시오갈피나무속 369
가지과 413
각두 253
각피 68
갈래꽃 141
감과 170
감나무과 291
감나무목 291
감나무목 계통도 290
감나무속 291
감지력 186
감탕나무과 387

감탕나무속 387, 388
개나리속 404~406
개미 30, 177
개암나무 53, 148, 196
개암나무속 263, 264
개오동나무속 413
개잎갈나무속 209, 211, 213
거치 121
건개과 165, 166
건조피해현상 188
건중량 89
건폐과 165, 167
검색표 12, 104~106
겉씨식물 144
겨울눈 113, 117, 125, 127~131
견과 167, 177
경침 134
고사리 43, 53
고사리문 204
고정생장 83
고추나무과 384, 387, 391, 392
골돌 166
골수 131
곰솔 59, 60, 101, 197

공유림 65
과피 73, 141
관목 61~63, 68
관속흔 132
관천저 124
광색소 186
광조건 67
광합성 21, 25, 26, 45, 65~68, 91~95, 113, 148, 149
교림 62, 63
교목 61~63
구과 59, 102~106, 165, 171
구과목 59, 102, 211
구과목 계통도 208
구과식물 59
구조 54
국유림 65
군집화현상 173
굴거리나무속 357, 363, 364
귤나무속 356, 361
극상림 68, 198, 257
극핵 73
금강송 60, 99
급첨두 123
기계적설 56
기공 76, 82, 91, 92
기관 73, 74, 82
기수우상복엽 118
껍질 73
꼭두서니과 347
꼭두서니목 349
꼭두서니목 계통도 347

꽃눈 127
꽃대 161
꽃의 색깔 148~150
꽃자루 161
꿀샘 143
꿀점 153
꿀풀과 412

| ㄴ |

나도밤나무 99, 197
나도밤나무과 385, 399
나도밤나무속 399
나무의 이름 99
나방류 156
나비 156
나이테 77~79, 82, 191
나자스말 145
나자식물 56~59, 103, 165, 205
나자식물아문 204
나한백 209, 226, 227
나한송 59
낙엽활엽수 61, 195
낙우송 208, 237
낙우송과 계통도 236
난대림 61, 195, 198, 199
난핵 73
난형 121
낭과 167
내음성 64~66, 70, 195, 216, 229, 257, 307
내한성 198
내화성 198

찾아보기 479

너도밤나무 99, 121
너도밤나무과 144, 245
너도밤나무목 계통도 242
너도밤나무속 245
노란색 꽃 188
노린재 25
노린재나무과 290, 291
노린재나무속 290
노박덩굴과 384, 387, 389
녹나무과 326, 327, 333
녹나무속 326, 333
녹말 187
녹색 댐 44, 45
녹조류 42, 43
높이생장 → 수고생장
눈 125
눈자루 255
느릅나무과 276, 279
느릅나무속 276, 280~282
느티나무 135, 285~287
능소화과 413, 415

| ㄷ |

다떡잎식물 59, 74
다람쥐 21, 31
다래나무과 426, 429
다래나무속 426
다릅나무속 296, 305, 306
다양성 54
다화과 170
닥나무속 277, 287, 288
단당류 43

단모 124
단백질알갱이 177
단성화 141, 142
단신복엽 118
단엽 117, 118
단풍나무 22, 53, 54, 66, 70, 74, 116~
   122, 144, 166, 167, 172, 173, 187,
   192~194, 197
단풍나무과 384, 392
단풍나무속 392~397
단향목 계통도 439
달맞이 145
담팔수과 340, 341
당분 95, 187
대극과 357, 359, 363
대왕참나무 253
댕강나무속 347, 349
도관 76, 77
도관부 81
도금양목 421
도금양목 계통도 420
도란형 121
도장지 86, 129
돈나무과 296, 297
돌매화나무과 376
돌참나무 → 신갈나무
동령림 64
동백꽃 150
동박새 148, 150
동백나무속 426
동정 104
두더지 29

두릅나무과 368, 371
두상화 153
둔두 123
둔저 123
뒤흰띠알락나방 애벌레 25
들쥐 25
딱따구리 30
딱정벌레류 150, 156
딱총나무속 347, 349, 352~354
딸세포 82
땅속발아 15, 68
땅위발아 21, 22, 31, 74
때죽나무 53, 159, 189, 192, 196~198
때죽나무과 290, 291, 293
때죽나무속 290, 293, 294
떡잎 59, 60, 74, 75

| ㄹ |

리그닌 75, 82

| ㅁ |

마가목속 31, 301
마름모형 121
마전과 402, 403
마편초과 412, 415
마편초과 계통도 414
막공 77
망상맥 119
매화오리과 376, 377
맥 118, 119
맹아발생 63
맹아지 86, 129

멀구슬나무과 356, 359
면모 124
명명 104
명명자 100, 101
모기류 156
모밀잣밤나무속 243, 245
모세포 82
목련과 327
목련목 327
목련목 계통도 326
목련속 327~333
목부 78~81, 86, 187
무배유종자 73
무성생식 139
무한생장 86
무화과나무속 277
무환자나무과 385
무환자나무목 387
무환자나무목 계통도 384
물푸레나무 67, 99, 167, 172, 194, 198
물푸레나무과 402, 403
물푸레나무속 402~404
미상 123
미생물 43, 76, 149
민나자스말 145
밀선 142, 143
밋밋한 형 121
밑씨 73

| ㅂ |

박새 25
박쥐나무과 420, 421

찾아보기 481

박테리아문 204
반세포 81
반송 60
반음수 67
발아 171~180
밤나무속 243, 245, 254
방기과 계통도 337
방풍림 65
배 66, 67
배나무아과 296, 297, 301
배유 73, 74, 165
배주 73, 103
백합과 438
백합목 438
버드나무과 266, 267
버드나무목 267
버드나무목 계통도 266
버드나무속 266~273
버섯균문 204
버즘나무과 296~298
버즘나무속 298~301
벌 149, 153, 154
범의귀과 296, 297, 313
벚나무속 314~318
베툴라 148
베툴린 148
벽오동과 340, 341
변재 78
변종 101
병꽃나무속 347, 349, 351, 352
보리수나무과 420, 421
보안림 65

보조조직 165
복모 124
복엽 117
부아 125, 129
부엽토 27
부처꽃과 420, 421
부피생장 → 직경생장
분류학 104
분리과 166
분산화 173
분열과 166
분열조직 88
분지성간형 55
분해자 27, 43
불완전화 141, 142
붓순나무과 326, 327
붕어마름 145
뽕나무과 277, 279, 287
뽕나무속 277, 287, 288
뿌리혹박테리아 29

| ㅅ |

사람주나무속 357, 364, 365
사부 78, 81, 86, 187
사스레피나무속 427, 431
사시나무속 266, 267
사유림 65
사철나무속 389~391
삭과 166
산공재 194
산까치 → 어치
산림 56, 65

산림의 정의 55
산불 54, 63, 78, 195~199
산사나무속 301, 303, 304
산소 댐 45
산소호흡 25, 42
산앵도나무속 377, 381, 382
산초나무속 356, 361, 362
산형목 371
산형화목 계통도 368
삼각형 121
삼림 56
삼림대 195
삼출복엽 117
상과 171
상록활엽수 61, 195, 199
상배축 → 땅위발아
상수리나무 53, 101, 117, 199
새우나무속 242
생강나무속 326, 333~336
생물계 204
생식기관 73, 83
생장 81~92, 114, 186
생장기 92, 191
생장기관 73
생장단계 25, 26
생장억제 호르몬 88
생태 37~41, 47~49
생태계 39~41, 56, 183
생태계의 관계성 41
서식공간 197
서어나무 53, 66, 68, 119, 195, 197~199

서어나무속 242, 254, 257~261
서향속 420~424
석류과 420, 421
선모 124
선형 119
설상화 153
설저 123, 124
섬유 81
성모 124, 125
세포 81~83, 88
세포분열 81, 86
세포분화 81
세포신장 81
셀룰로오스 75, 76
소나무 25, 53~56, 59, 60, 74, 83, 92, 102, 104, 119, 139, 144, 173, 195, 196, 199
소나무과 205, 208, 211
소나무속 102, 208, 211, 217~220
소지 131
소태나무과 357, 359
소포 161
소화경 → 작은꽃자루
소화관 175
속명 100, 101
솔송나무속 202
송곳형 119
수 79, 131
수간 56, 64
수고생장 83, 88, 191
수과 167
수관 54, 55, 64

찾아보기 483

수관층 64
수매화 145
수목 86, 200
수분관리 92
수분통도설 56
수수꽃다리속 402, 403, 406~409
수직적 압력 56
순림 64
순비기나무속 412~416
숲 53~56, 62~65
숲을 바라보는 관점 55
숲의 천이 68, 198
숲의 특징 55
시과 167
시로미과 384, 387
시무나무속 276, 279
식물 호르몬 88, 176, 186
식물 호르몬설 56
식별 102~109
식생분포 77
실편 106
심열 121, 122
심장저 124
심장형 120, 121
심재 78, 79, 149
심피 141
싸리나무속 305~309
쌍떡잎식물 59, 60, 74
쌍떡잎식물강 205
쐐기풀목 279
쐐기풀목 계통도 276

|ㅇ|
아린 127, 129
아병 255
아욱과 341
아욱목 341
아욱목 계통도 340
안토시안 148~150
암석코르크 78
액과 167, 170
액생 161
액아 125, 129
앵도나무아과 296, 297, 314
양성화 141, 142
양수 65
양엽 66~68
양지성 67
어린뿌리 74
어치 21, 177
에틸렌 176
엡시스산 88, 186
연리지 47
연모 124
열개과 166
열매 165~180
엽록소 25, 27, 149
엽록체 21, 81, 103, 149
엽맥 82, 123
엽병 113
엽서 114~116
엽선 122
엽신 113
엽아 127

엽액 129, 161
엽저 122~124
엽침 134
엽흔 132, 133
영과 167
영양설 56
예두 123
예저 124
오갈피나무속 369
오리나무속 242, 254, 261~263
오미자속 326, 327
오옥신 88
오이풀 22
온대림 195, 197
옻나무과 384, 387, 397
옻나무속 397~399
왁스층 68
완전화 141, 142
왕거위벌레 94
왕솔 219
외떡잎식물 60, 74, 438
외떡잎식물강 205
요두 123
용담목 403
용담목 계통도 402
우상맥 119, 120
우수우상복엽 118
운반 시스템 75, 76
운향과 356, 359, 361
운향목 계통도 356
원두 123
원시림 63

원저 124
원형 121
위과 165, 170
위성류과 427, 429
위연륜 78
유근 → 어린뿌리
유동속 357, 363, 365
유모 117
유성생식 130
유인색소 148
유저 116
유조직 73
유한생장 77
유혹조직 132
육송 217
육질과 158
융모 125
은행나무 43, 83, 103, 117, 157
은행나무과 238
은행목 238
음수 65
음수성 198
음엽 66, 67
음지성 54
의저 123, 124
이과 170
이끼 43, 45, 183
이끼문 204
이나무과 427, 429~431
이령림 64
이명 217
이저 124

익과 167
인공림 54, 63
인돌초산 88
인동과 347, 349
인동덩굴속 347, 349
인화수분 142
일액현상 22, 23
임분 64
임상 64
잎갈나무속 208, 211, 224, 225
잎눈 127
잎몸 113, 123
잎자루 113, 117

| ㅈ |

자가수분 25, 142, 173
자방 73, 141, 165
자연 37
자연림 63
자엽 → 떡잎
자웅동주 142, 157
자웅이주 142, 157
자유생장 83, 191
자작나무과 242, 245, 254
자작나무속 242, 254~257
자화수분 142, 143
작살나무속 412, 415~417
작은꽃자루 159, 161
잡성화 142
잡종 101
잣나무 56, 59, 83, 101, 104, 196
장과 167

장미과 170
장미목 297
장미목 계통도 296
장미속 297~299
장미아과 296, 297
장상맥 120
장상열 122
저림 62, 63
저장기 192
저항성 65
적송 217
전나무 59, 102, 119, 144, 196, 197
전나무속 208, 211~215
전분 177, 187
전분립 88
점첨두 122
정생 161
정아 86, 125~129
조록나무과 297, 319
조류문 204
조매화 145
조모 125
조색소 149
조직 82, 83, 165
조팝나무속 321~323
조팝나무아과 296, 297, 321
종 101
종명 100, 101
종소명 101
종자식물 73
종자식물문 204
종자식물문 계통도 205

종피 73, 74
주둥이노린재 24
주목속 233~235
주축성간형 55
주피 73, 78
준비기 187
줄기 55, 56
중곰솔 60, 101
중림 62, 63
중생부아 127, 129
중성수 67
중열 121, 122
쥐똥나무속 402, 403, 409, 410
증산작용 82, 91, 113
지렁이 29, 30
지방 75
지베렐린 186
지의류 43, 45
지질 75, 148
지질성분 68, 127, 196
지치과 412
직경생장 86, 88, 91, 191
직사광선 67
진과 165
진달래 53, 166, 188, 198
진달래과 376, 377
진달래목 377
진달래목 계통도 376
진달래속 377~381
질감 125

ㅊ

차나무과 426, 429
차상맥 119
참나무 6형제 검색표 252
참나무속 243, 245~247
참식나무속 326, 333
처녀림 63
천공판 76, 77
천연림 63
천열 121
천이 68, 198
천이과정 68
철쭉 53, 54
청가시덩굴속 438
체관부 81
총포 165, 245, 255
추재 77
춘양목 60, 101
춘재 77
충매화 143
취과 171
측막태좌목 429
측막태좌목 계통도 426
측백나무과 205, 209, 211, 227
측백나무과 계통도 226
측백나무속 209, 226~229
측생부아 129
측아 86, 125~129
층층나무과 368, 371
층층나무속 368, 371~374
칠엽수과 385
침엽수 42, 53~60, 188, 194~196

침엽수 교목형 62
침엽수림 61
침형 119, 120

| ㅋ |

카로티노이드 149
카로틴 149
코르크세포 79
코르크피층 79
코르크형성층 79
콩과 296, 297, 305
콩과식물 29, 104, 166
큐티클 68
크산토필 149

| ㅌ |

타가수분 142
탁엽 113, 129, 132
탁엽흔 131
탄수화물 75, 148, 187
턱잎 → 탁엽
톱니 121, 122
통기조직 175
통꽃 141
통꽃식물목 415
통꽃식물목 계통도 412
퇴행천이 68
튤립속 327~333
특산수목 211, 213, 227, 304, 319, 404, 408
파리류 156

| ㅍ |

팥꽃나무과 420, 421
팽나무속 276, 279, 282~285
팽창조직 179
페놀 화합물 75
편백나무속 209, 226, 227, 232
평두 123
평저 124
평행맥 119
평활 125
포 161
포과 167
포도당 25, 95
포포나무과 326
풍매화 143, 144
플로바펜코르크 78
플로바펜 149
피나무과 340, 341
피나무속 341~343
피목 131, 188
피자식물아문 204, 205
피침 134
피침형 121

| ㅎ |

하늘타리 145
하배축 → 땅속발아
하층수관 64
학명 100~102
한대림 195, 196
해면코르크 78
해송 60

핵과 170, 175, 177, 178
향나무속 209, 226, 227, 229~232
향명 100
현삼과 413, 415
협과 104, 166
협죽도과 402, 403
형성층 79, 81
호자나무속 346
호흡 89
혼아 127
혼인목 47~50
혼합아 → 혼아
혼효림 64
홍송 219, 221
화병 → 꽃자루
화분낭 144

화서 114, 159~161
화아 → 꽃눈
화축 114, 157
화탁 142
화피 141
확산기관 73
환경 37, 39~41
환공재 194
활엽수 43, 60~62, 76, 77, 86, 119, 195
활엽수 교목형 62
황벽나무속 356, 361
회양목과 384, 387
후박나무속 326, 333, 334
휴지기 77, 187, 192
흰색 꽃 149

향명-학명

|ㄱ|

가래나무 Juglans mandshurica 434
가마귀밥여름나무=까마귀밥여름나무
    Ribes fasciculatum var. chinense 313
가막까치밥나무=까마귀밥나무
    Ribes uesuriensis 313
가막살나무 Viburnum dilatatum 347
가문비나무 Picea jezoensis 208
가새뽕나무
    Morus bombycis for. kase 288
가시나무 Quercus myrsinaefolia 254
가시오갈피
    Acanthopanax senticosus 369
가죽나무 Ailanthus altissima 357
갈기조팝나무 Spiraea trichocarpa 323
갈참나무 Quercus aliena 253
감나무 Diospyros kaki 291
감탕나무 Ilex integra 388
감태나무=백동백나무
    Lindera glauca 336
강계버들 Salix kangensis 272
개가시나무 Quercus gilva 254
개나리 Forsythia koreana 406
개느삼 Echinosophora koreensis 296

개박달나무 Betula chinensis 257
개벚나무 Prunus leveilleana 318
개비자나무 Cephalotaxus koreana 235
개산초 Zanthoxylum planispinum 362
개살구나무 Prunus mandshurica 318
개서어나무 Carpinus tschonoskii 261
개수양버들 Salix dependens 270
개쉬땅나무 Sorbaria sorbifolia var.
    stellipila 192
개싸리 Lespedeza tomentosa 309
개암나무 Corylus heterophylla var.
    thunbergii 264
개오동나무 Catalpa ovata 413
개옻나무 Rhus trichocarpa 399
개키버들 Salix integra 272
개회나무 Syringa reticulata var.
    mandshurica 408
갯버들 Salix gracilistyla 272
거제수나무 Betula costata 257
검양옻나무 Rhus succedanea 399
검팽나무 Celtis choseniana 284
겨우살이
    Viscum album var. coloratum 439
고광나무 Philadelphus schrenkii 314

고로쇠나무 Acer mono 395
고욤나무 Diospyros lotus 291
고추나무 Staphylea bumalda 392
골병꽃나무 Weigela hortensis 352
곰솔 Pinus thunbergii
　　(=P. thunbergiana) 220
곰의말채 Cornus macrophylla 372
광대싸리 Securinega suffruticosa 357
괭이싸리 Lespedeza pilosa 309
구기자나무 Lycium chinense 413
구상나무 Abies koreana 215
구실잣밤나무 Castanopsis cuspidata
　　var. sieboldii 243
구슬댕댕이 vesicaria 337
구주소나무 Pinus sylvestris 220
구주피나무 Tilia kiusiana 343
구지뽕나무=꾸지뽕나무
　　Cudrania tricuspidata 287
국수나무 Stephanandra incisa 321
굴거리나무
　　Daphniphyllum macropodum 364
굴참나무 Quercus variabilis 263
굴피나무 Platycarya strobilacea 438
귀룽나무 Prunus padus 318
귤 Citrus unshiu 356
금송 Sciadopitys verticillata 236
까치박달 Carpinus cordata 261
까치밥나무 Ribes mandshuricum 313
꼬리겨우살이 Loranthus tanakae 439
꼬리말발도리 Deutzia paniculata 314
꼬리조팝나무 Spiraea salicifolia 323
꼬리진달래

Rhododendron micranthum 381
꽃개회나무 Syringa wolfi 408
꽃버들 Salix stipularis 272
꽃싸리 Campylotropis macrocarpa 296
꽃아까시나무 Robinia hispida 312
꽝꽝나무
　　Ilex crenata for. microphylla 388
꾸지나무 Broussonetia papurifera 288
꾸지뽕나무 Cudrania tricuspidata 287

| ㄴ |

나도밤나무 Meliosma myriantha 399
나래쪽동백 Pterostyrax hispida 290
나래회나무
　　Euonymus macroptera 391
나무수국 Hydrangea paniculata 313
나한백 Thujopsis dolabrata 226
나한송 Podocarpus macrophyllus 59
낙우송 Taxodium distichum 238
난쟁이버들 Salix divaricata. var.
　　orthostemma 272
난티나무 Ulmus laciniata 282
난티잎개암나무
　　Corylus heterophylla 242
넓은잎딱총나무
　　Sambucus latipinna 354
내버들 Salix gilgiana 272
네군도단풍나무 Acer negundo 397
노각나무
　　Stewartia pseudocamellia 426
노간주나무 Juniperus rigida 230
노랑만병초 Rhododendron aureum 381

향명-학명 491

노랑팽나무 Celtis edulis 284
노린재나무
    Symplocos chinensis for. pilosa 290
노박덩굴 Celastrus orbiculatus 384
녹나무 Cinnamomum camphora 326
누리장나무
    Clerodendrum trichotomum 414
눈갯버들 Salix graciliglans 272
눈산버들 Salix divaricata var. meta-
    formosa 273
눈잣나무 Pinus pumila 224
눈주목 Taxus cuspidata var. nana 235
눈측백나무 Thuja koraiensis 229
눈향나무 Juniperus chinensis var.
    sargentii 232
느릅나무 Ulmus davidiana var.
    japonica 282
느티나무 Zelkova serrata 276
능금 Malus asiatica 303
능소화 Campsis grandiflora 413
능수버들 Salix pseudo-lasiogyne 270

| ㄷ |

다래 Actinidia arguta 426
다릅나무 Maackia amurensis 306
닥나무 Broussonetia kazinoki 277
닥장버들 Salix brachypoda 273
단천향나무 Juniperus davurica 232
단풍나무 Acer palmatum 397
단풍박쥐나무
    Alangium platanifolium 397
단풍버즘나무 Platanus acerifolia 397

담자리참꽃 Rhododendron parviflolium
    var. alpinum 381
당느릅나무 Ulmus davidiana 282
당단풍나무
    Acer macro-sieboldianum 393
당마가목 Sorbus amurensis 302
당버들 Populus simonii 266
당키버들
    Salix purpurea var. smithiana 272
대추나무
    Zizyphus jujuba var. inermis 200
대팻집나무 Ilex macropoda 388
댕강나무 Abelia mosanensis 347
댕댕이덩굴 Cocculus trilobus 337
덜꿩나무 Viburnum erosum 351
덤불자작나무 Betula paishanensis 257
덤불조팝나무 Spiraea miyabei 323
덧나무 Sambucus sieboldiana 354
독일가문비나무 Picea abies 217
돈나무 Pittosporum tobira 296
돌가시나무 Rosa wichuraiana 298
돌매화나무=암매
    Diapensia lapponica var. obovata 376
돌배나무 Pyrus pyrifolia 303
동백나무 Camellia japonica 426
동백나무겨우살이
    Korthalsella japonica 439
두릅나무 Aralia elata 368
돌뽕나무 Morus tiliaefora 288
두메닥나무 Daphne kamtschatica 424
둥근잎조팝나무 Spiraea betulifolia 323
둥근잎팽나무

Celtis koraiensis var. arguta 284
들메나무 Fraxinus mandshurica 404
들버들 Salix subopposita 273
들쭉나무 Vaccinium uliginosum 382
등=등나무 Wisteria floribunda 296
등수국 Hydrangea petiolaris 313
등칡 Aristolochia manshuriensis 296
딱총나무
    Sambucus williamsii var. coreana 354
땃두릅나무 Oplopanax elatus 369
땅비싸리 Indigofera kirilowii 296
때죽나무 Styrax japonica 294
떡갈나무 Quercus dentata 252
떡버들 Salix hallaisanensis 270

|ㄹ|

라일락=서양수수꽃다리
    Syringa vulgaris 406
리기다소나무 Pinus rigida 220
린네풀 Linnaea borealis 347

|ㅁ|

마가목 Sorbus commixta 301
마삭줄 Trachelospermum asiaticum
    var. intermedium 402
만리화 Forsythia ovata 406
만병초
    Rhododendron brachycarpum 381
만주곰솔 Pinus tabuliformis 219
만주자작나무 Betula platyphylla 257
말발도리나무 Deutzia parviflora 314
말오줌나무 Sambucus sieboldiana var.
    pendula 354
말오줌때 Euscaphis japonica 392
말채나무 Cornus coreana 372
매실나무 Prunus mume 458
매자잎버드나무 Salix berberifolia 272
매화말발도리 Deutzia coreana 314
매화오리나무 Clethra barbinervis 376
머귀나무
    Zanthoxylum ailanthoides 362
먼나무 Ilex rotunda 388
멀구슬나무
    Melia azedarach var. japonica 356
메타세쿼이아
    Metasequoia glyptostro boides 238
모밀잣밤나무 Castanopsis cuspidata
    var. thunbergii 243
모새나무 Vaccinium bracteatum 382
목련 Magnolia kobus 333
목형 Vitex cannabifolia 416
몽고뽕나무 Morus mongolica 288
무화과나무 Ficus carica 287
무환자나무 Sapindus mukorossi 385
물개암나무 Corylus sieboldiana var.
    mandshurica 264
물갬나무 Alnus hirsuta var. sibirica 263
물박달나무 Betula davurica 257
물오리나무 Alnus hirsuta 263
물참대 Deutzia glabrata 314
물푸레나무
    Fraxinus rhynchophylla 402
미국산사나무 Crataegus scabrida 304
미루나무 Populus deltoides 266

미선나무
　Abeliophyllum distichum 402
민둥인가목 Rosa acicularis 299
민둥아까시나무 Robinia pseudoacacia
　var. umbraculifera 312

| ㅂ |

바위말발도리 Deutzia prunifolia 314
박달나무 Betula Schmidtii 257
박쥐나무 Alangium platanifolium var.
　macrophylum 420
박태기나무 Cercis chinensis 450
반짝버들
　Salix pentandra var. intermedia 270
밤나무 Castanea crenata 399
방기 Sinomenium acutum 337
배풍등 Solanum lyratum 413
백당나무 Viburnum sargentii 350
백동백나무=감태나무
　Lindera glauca 336
백두산자작나무
　Betula microphylla var. coreana 257
백목련 Magnolia denudata 333
백서향 Daphne kiusiana 424
백송 Pinus bungeana 220
버드나무 Salix koreensis 270
버즘나무 Platanus orientalis 301
벗나무
　Prunus serrulata var. spontanea 318
벽오동 Firmiana simplex 340
병꽃나무 Weigela subsessilis 352
보리밥나무 Elaeagnus macrophylla 420

보리수나무 Elaeagnus umbellata 420
보리장나무 Elaeagnus glabra 420
복자기 Acer triflorum 395
복장나무 Acer mandshuricum 395
부게꽃나무 Acer ukurunduense 397
분꽃나무 Viburnum carlesii 351
분버들 Salix rorida 270
분비나무 Abies nephrolepis 215
붓순나무 Illicium anisatum 326
붉가시나무 Quercus acuta 253
붉나무 Rhus chinensis 399
붉은병꽃나무 Weigela florida 352
붉은겨우살이 Viscum album for.
　rubroauranticum 439
붉은구상
　Abies koreana for. rubrocarpa 215
붉은인가목 Rosa marretii 298
비목나무 Lindera erythrocarpa 336
비수리 Lespedeza cuneata 309
비술나무 Ulmus pumila 282
비자나무 Torreya nucifera 235
빗죽이나무 = 비쭈기나무
　Cleyera japonica 427
뽕나무 Morus alba 288
뽕잎피나무 Tilia taquetii 343

| ㅅ |

사람주나무 Sapium japonicum 365
사방오리 Alnus firma 263
사스래나무 Betula ermanii 257
사스레피나무 Eurya japonica 431
사철나무 Euonymus japonica 390

산가막살나무 Viburnum wrightii 350
산개나리 Forsythia saxatilis 406
산개벚지나무
   Prunus maximowiczii 318
산겨릅나무 Acer tegmentosum 397
산돌배나무=산돌배
   Pyrus ussuriensis 303
산동쥐똥나무
   Ligustrum acutissimum 410
산딸나무 Cornus kousa 472
산마가목 Sorbus sambucifolia var.
   pseudogracilis 302
산매자나무 Vaccinium japonicum 382
산벚나무 Prunus sargentii 318
산복사나무 Prunus davidiana 318
산뽕나무 Morus bombysis 288
산사나무 Crataegus pinnatifida 304
산수국
   Hydrangea serrata for. acuminata 313
산수유 Cornus officinallis 372
산유자나무 Xylosma congestum 431
산조팝나무 Spiraea blumei 322
산철쭉 Rhododendron yedoense var.
   poukhanense 381
산초나무 Zanthoxylum piperitum 362
산팽나무 Celtis aurantiaca 284
살구나무
   Prunus armeniaca var. ansu 318
삼나무 Cryptomeria japonica 236
상동잎쥐똥나무 Ligustrum quihoui
   var. latifolium 410
상수리나무 Quercus acutissima 253

새모래덩굴
   Menispermum dauricum 337
새비나무 Callicarpa mollis 417
새우나무 Ostrya japonica 242
생강나무 Lindera obtusiloba 336
생열귀나무 Rosa davurica 299
서양까치밥나무 Ribes grossularia 313
서양측백나무 Thuja occidentalis 229
서어나무 Carpinus laxiflora 261
서향(천리향) Daphne odora 424
석류=석류나무 Punica granatum 420
선버들 Salix subfragilis 272
섬개벚나무 Prunus buergeriana 318
섬고광나무 Philadelphus scaber 313
섬단풍나무 Acer takesimense 397
섬댕강나무
   Abelia coreana var. insularis 347
섬버들 Salix ishidoyana 270
섬잣나무 Pinus parviflora 224
섬향나무 Juniperus chinensis var.
   procumbens 232
센달나무 Machilus japonica 334
소나무 Pinus densiflora 220
소사나무 Carpinus coreana 261
소철 Cycas revoluta 205
소태나무 Picrasma quassioides 360
솔비나무 Maackia fauriei 306
솔송나무 Tsuga sieboldii 208
송악 Hedera rhombea 368
송양나무 Ehretia acuminata var.
   obovata(=E. ovalifolia) 412
쇠물푸레나무 Fraxinus sieboldiana 404

수국
　Hydrangea macrophylla for. otaksa 313
수수꽃다리 Syringa dilatata 409
수양버들 Salix babylonica 270
수원사시나무 Populus glandulosa 266
순비기나무 Vitex rotundifolia 416
쉬나무 Evodia daniellii 356
쉬땅나무 Sorbaria sorbifolia var.
　stellipila 321
스트로브잣나무 Pinus strobus 224
시닥나무
　Acer tschonoskii var. rubripes 397
시로미 Empetrum nigrum var.
　japonicum 384
시무나무 Hemiptelea davidii 276
시베리아살구나무 Prunus sibirica 318
식나무 Aucuba japonica 368
신갈나무 Quercus mongolica 253
신나무 Acer ginnala 397
실거리나무 Caesalpinia japonica 296
싸리 Lespedeza bicolor 309
쌍실버들 Salix bicarpa 273

| ㅇ |

아광나무 Crataegus maximowiczii 304
아구장나무 Spiraea pubescens 322
아그배나무 Malus sieboldii 303
아까시나무 Robinia pseudoacasia 312
아왜나무 Viburnum awabuki 350
애기고광나무
　Philadelphus pekinensis 314
앵도나무 Prunus tomentosa 382

야광나무 Malus baccata 303
약밤나무 Castanea bungeana 254
양버들 Populus nigra var. italica 266
양버즘나무 Platanus occidentalis 301
여우버들 Salix xerophila 270
연필향나무 Juniperus virginiana 232
염주나무 Tilia megaphylla 343
엷은잎고광나무
　Philadelphus tenuifolius 314
예덕나무 Mallotus japonicus 357
오갈피나무
　Acanthopanax sessiliflorum 369
오구나무 Sapium sebiferum 365
오동나무 Paulownia coreana 413
오리나무 Alnus japonica 263
오미자나무 Schizandra chinensis 326
올벚나무 Prunus pendula for. ascen
　dens 318
옻나무 Rhus verniciflua 399
왕개서어나무 Carpinus exima 261
왕느릅나무 Ulmus macrocarpa 282
왕버들 Salix chaenomeloides 270
왕벚나무 Prunus yedoensis 318
왕쥐똥나무 Ligustrum ovalifolium 410
왕초피나무
　Zanthoxylum coreanum 362
왕팽나무 Celtis koraiensis 284
용가시나무 Rosa maximowicziana 298
용버들
　Salix matsudana for. tortuosa 270
우묵사스레피 Eurya emarginata 431
우산고로쇠나무 Acer okaotoanum 395

월귤 Vaccinium vitis-idaea 382
위성류 Tamarix chinensis 427
유동 Aleurites fordii 365
육지꽃버들 Salix viminalis 272
은백양 Populus alba 266
은사시나무
    Populus tomentiglandulosa 266
은행나무 Ginkgo biloba 205
음나무 Kalopanax pictus 374
이나무(의나무) Idesia polycarpa 431
이노리나무 Crataegus komarovii 303
이팝나무 Chionanthus retusa 402
인가목조팝나무
    Spiraea chamaedrifolia 322
인동덩굴 Lonicera japonica 347
일본목련 Magnolia obovata 332
일본병꽃나무 Weigela coraeensis 352
일본유동 Aleurites cordata 365
일본잎갈나무 Larix leptolepis 225
일본전나무 Abies firma 215
일본호랑버들 Salix bakko 270
잎갈나무 Larix gmelinii 225

| ㅈ |

자귀나무 Albizia julibrissin 296
자목련 Magnolia liliflora 332
자작나무 Betula platyphylla var.
    japonica 257
자주목련 Magnolis denudata var.
    purpurascens 326
작살나무 Callicarpa japonica 417
잣나무 Pinus koraiensis 224

장수만리화 Forsythia densiflora 406
장수팽나무 Celtis cordifolia 284
전나무 Abies holophylla 215
정금나무 Vaccinium oldhami 382
정향나무
    Syringa palibiniana var. lactea 408
제주산버들 Salix blinii 270
조구나무 Sapium sebiferum 365
조록나무 Distylium racemosum 320
조록싸리 Lespedeza maximowiczii 309
조팝나무 Spiraea prunifolia var.
    simpliciflora 322
족제비싸리 Amorpha fruticosa 296
졸가시나무 Quercus phillyraeoides 253
졸참나무 Quercus serrata 253
좀굴거리나무
    Daphniphyllum glaucescens 364
좀댕강나무 Abelia serrata 347
좀목형 Vitex negundo var. incisa =
    V. chinensis 416
좀분버들
    Salix rorida var. roridaeformis 270
좀사방오리 Alnus pendula 263
좀싸리 Lespedeza virgata 309
좀자작나무 Betula fruticosa 257
좀작살나무 Callicarpa dichotoma 417
좀조팝나무 Spiraea microgyna 322
좀쪽동백나무 Styrax shiraiana 294
좀풍게나무 Celtis bungeana 284
종가시나무 Quercus glauca 254
종비나무 Picea koraiensis 217
주목 Taxus cuspidata 235

주엽나무 Gleditsia japonica 296
줄댕강나무 Abelia tyaihyoni 347
줄사철나무 Euonymus fortunei var. radicans 391
중국굴피나무 Pterocarya stenoptera 437
중국단풍 Acer buergerianum 395
중대가리나무 Adina rubella 346
쥐똥나무 Ligustrum obtusifolium 410
지렁쿠나무 Sambucus sieboldiana var. miquelii 354
지리말발도리 Deutzia var. triradiata 314
진달래 Rhododendron mucronulatum 378
진퍼리버들 Salix myrtilloides 272
쪽동백나무 Styrax obassia 294
쪽버들 Salix maximowiczii 270
찔레나무 Rosa multiflora Thunb. var. multiflora 298

| ㅊ |

차나무 Camellia sinensis 426
찰피나무 Tilia mandshurica 343
참가시나무 Quercus salicina 254
참개암나무 Corylus sieboldiana 264
참꽃나무 Rhododendron weyrichii 381
참나무겨우살이 Taxillus yadoriki 439
참느릅나무 Ulmus parvifolia 282
참배나무 Pyrus ussuriensis var. macrostipes 303
참빗살나무 Euonymus sieboldiana 391
참식나무 Neolitsea sericea 326
참싸리 Lespedeza cyrtobotrya 309
참오굴잎버들 Salix siuzevii 272

참오동나무 Paulownia tomentosa 413
참조팝나무 Spiraea fritschiana 322
참죽나무=참중나무
  Cedrela sinensis 356
참회나무 Euonymus oxyphylla 391
채양버들 Chosenia arbutifolia 266
철쭉 Rhododendron schlippenbachii 378
청가시덩굴 Smilax sieboldii 438
청미래덩굴 Smilax china 438
청시닥나무 Acer barbinerve 397
초피나무
  Zanthoxylum schinifolium 362
측백나무 Thuja orientalis 229
층꽃풀=층꽃나무
  Caryopteris incana 412
층층나무 Cornus controversa 372
칡 Pueraria thunbergiana 296
칠엽수 Aesculus turbinata 385
치자나무 Gardenia jasminoides for. grandiflora 346

| ㅋ |

콩배나무 Pyrus calleryana var. fauriei 303
콩버들 Salix rotundifolia 272
큰산버들 Salix sericeo-cinerea 270
큰잎느릅나무 Ulmus macrocarpa var. macrophylla 282
키버들 Salix purpurea var. japonica 272

| ㅌ |

태백말발도리 Deutzia parviflora var. barbinervis 314

탱자나무 Poncirus trifoliata 356
털굴피나무 Platycarya strobilacea for. coreana 437
털개회나무 Syringa velutina 409
털조장나무 Lindera sericea 336
털진달래 Rhododendron mucronulatum var. ciliatum 378
테에다소나무 Pinus taeda 220
튤립나무 Liriodendron tulipifera 332

| ㅍ |

팔손이 Fatsia japonica 368
팥꽃나무 Daphne genkwa 424
팥배나무 Sorbus alifolia 301
팽나무 Celtis sinensis 284
편백 Chamaecyparis obtusa 232
폭나무
　　Celtis biondii var. heterophylla 284
푸른구상
　　Abies koreana for. chlorocarpa 215
푸조나무 Aphananthe aspera 276
풍게나무 Celtis jessoensis 284
풍겐스소나무 Pinus pungens 220
풍년화 Hamamelis japonica 321
풍산가문비 Picea pungsanensis 217
피나무(달피나무) Tilia amurensis 343

| ㅎ |

함박꽃나무 Magnolia sieboldii 332
함박이 Stephania japonica 337
합다리나무 Meliosma oldhamii 399
해남말발도리=매화말발도리

Deutzia coreana 314
해당화 Rosa rugosa 298
해변노간주나무 Juniperus rigida var. koreana 230
향나무 Juniperus chinensis 232
호두나무 Juglans sinensis 436
호랑가시나무 Ilex cornuta 388
호랑버들 Salix caprea 272
호자나무 Damnacanthus indicus 346
혹느릅나무 Ulmus davidiana var. suberosa 282
화백 Chamaecyparis pisifera 233
화살나무 Euonymus alata 390
황벽나무 Phellodendron amurense 356
황칠나무 Dendropanax morbifera 368
회나무 Euonymus sachalinensis 391
회목나무 Euonymus pauciflora 391
회솔나무
　　Taxus cuspidata var. latifolia 235
회양목 Buxus koreana 384
회잎나무 Euonymus alatus for. ciliatodentatus 390
회화나무 Sophora japonica 296
후박나무 Machilus thunbergii 334
후피향나무
　　Ternstroemia gymnanthera 426
흑구상 Abies koreana for. nigrocarpa 214
흑오미자 Schizandra nigra 326
흰인가목 Rosa koreana 298
히말라야시다=개잎갈나무
　　Cedrus deodara 224
히어리 Corylopsis coreana 321

학명-향명

| A |

Abelia coreana 털댕강나무 347
    coreana var. insularis 섬댕강나무
    mosanensis 댕강나무
    serrata 좀댕강나무
    spathulata 주걱댕강나무
    tyaihyoni 줄댕강나무
Abeliophyllum distichum 미선나무 402
Abies firma 일본전나무 215
    holophylla 전나무
    koreana 구상나무
    koreana for. chlorocarpa 푸른구상
    koreana for. nigrocarpa 흑구상
    koreana for. rubrocarpa 붉은구상
    nephrolepsis 분비나무
    nephrolepsis var chlorocarpa 청분비나무
Acanthopanax chiisanensis 지리산오갈피 369
    sessiliflorum 오갈피나무
    senticosus 가시오갈피
    senticosus for. inermis 민가시오갈피나무
    senticosus var. koreanus 왕가시오갈피

Acer barbinerve 청시닥나무 397
    buergerianum 중국단풍
    ginnala 신나무
    mandshuricum 복장나무
    mono 고로쇠나무
    mono var. ambiguum 털고로쇠나무
    negundo 네군도단풍나무
    okamotoanum 우산고로쇠나무
    palmatum 단풍나무
    palmatum var. amoenum 홍단풍
    palmatum var. dissectum 세열단풍
    pseudosieboldianum 당단풍나무
    rubrum var. pycnanthum 꽃단풍
    saccharinum 은단풍
    saccharum 설탕단풍나무
    takesimense 섬단풍나무
    tegmentosum 산겨릅나무
    triflorum 복자기
    truncatum 만주고로쇠나무
    tschonoskii var. rubripes 시닥나무
    ukurunduense 부게꽃나무
Actinidia arguta 다래 426
    kolomikta 쥐다래

polygama 개다래
　　　rufa 섬다래나무
Adina rubella 중대가리나무 346
Aesculus turbinata 칠엽수 385
Ailanthus altissima 가죽나무 357
Alangium platanifolium
　　단풍박쥐나무 397
　　　platanifolium var. macrophylum
　　　박쥐나무
Albizia julibrissin 자귀나무 296
　　coreana 왕자귀나무
Aleurites cordata 일본유동 365
　　fordii 유동
Alnus firma 사방오리 263
　　hirsuta 물오리나무
　　hirsuta var. sibirica 물갬나무
　　japonica 오리나무
　　maximowiczii 두메오리나무
　　pendula 좀사방오리
Amorpha fruticosa
　　쪽제비싸리 = 족제비싸리 296
　　canescens 털쪽제비싸리
Aphananthe aspera 푸조나무 276
Aralia elata 두릅나무 368
　　elata var. canescens 애기두릅나무
　　elata var. rotundata 둥근잎두릅나무
Aucuba japonica 식나무 368
　　for. variegata 얼룩식나무

|B|

Betula chinensis 개박달나무 257
　　costata 거제수나무

　　davurica 물박달나무
　　ermanii 사스래나무
　　ermanii var. incisa 왕사스래나무
　　ermanii var. saitoana 좀고채목
　　fruticosa 좀자작나무
　　microphylla var. coreana
　　백두산자작나무
　　paishanensis 덤불자작나무
　　platyphylla 만주자작나무
　　platyphylla var. japonica 자작나무
　　schmidtii 박달나무
Broussonetia kazinoki 닥나무 277
Buxus microphylla var. koreana
　　회양목 384
　　microphylla 좀회양목

|C|

Caesalpinia japonica(C. sepiana var.
　　japonica) 실거리나무 296
Callicarpa dichotoma 좀작살나무 417
　　japonica 작살나무
　　japonica var. leucocarpa 흰작살나무
　　japonica var. luxurians 왕작살나무
　　japonica var. taquetii 송금나무
　　mollis 새비나무
Camellia japonica 동백나무 426
　　japonica var. hortensis 뜰동백나무
　　sasanqua 애기동백
　　sinensis 차나무
Campsis grandiflora 능소화 413
Campylotropis macrocarpa 꽃싸리 296
Carpinus cordata 까치박달 261

coreana 소사나무
laxiflora 서어나무
exima 왕개서어나무
tschonoskii 개서어나무
tschonoskii var. brevicalycina
　당개서어나무
turczaninowii var. coreana 소사나무
Caryopteris incana 층꽃나무 412
Castanea bungeana 약밤나무 254
　crenata 밤나무
Castanopsis cuspidata var. sieboldii
　구실잣밤나무 243
　cuspidata var. thunbergii
　모밀잣밤나무
Catalpa bignonioides
　꽃개오동나무 = 꽃개오동 413
　ovata 개오동나무
Cedrela sinensis 참죽나무 356
Cedrus deodara
　히말라야시다 = 개잎갈나무 224
Celastrus flagellaris 푼지나무 384
　orbiculatus 노박덩굴
Celtis aurantiaca 산팽나무 284
　biondii var. heterophylla 폭나무
　bungeana 좀풍게나무
　choseniana 검팽나무
　cordifolia 장수팽나무
　edulis 노랑팽나무
　jessoensis 풍게나무
　koraiensis var. arguta 둥근잎왕팽나무
　koraiensis 왕팽나무
　sinensis 팽나무

Cephalotaxus koreana 개비자나무 235
　koreana var. nana 눈개비자나무
Cercis chinensis 박태기나무 450
Chamaecyparis obtusa 편백 232
　pisifera 화백
　pisifera var. filfera 실화백
Chionanthus retusa 이팝나무 402
　retusa var. coreana 긴잎이팝나무
Chosenia arbutifolia 채양버들 266
Cinnamomum camphora 녹나무 326
　loureirii 육계나무
Citrus junos 유자나무 336
　unshiu 귤
Clerodendrum trichotomum
　누리장나무 414
Clethra barbinervis 매화오리나무 376
Cleyera japonica
　빗죽이나무 = 비쭈기나무 427
Cocculus trilobus 댕댕이덩굴 337
Cornus alba 흰말채나무 372
　controversa 층층나무
　kousa 산딸나무
　macrophylla(=C. brachypoda)
　곰의말채
　officinallis 산수유
　coreana(=C. walteri) 말채나무
Corylopsis coreana 히어리 321
Corylus hallaisanensis 병개암나무 264
　heterophylla 난티잎개암나무
　heterophylla var. thunbergii 개암나무
　sieboldiana 참개암나무
　sieboldiana var. mandshurica

물개암나무

Crataegus komarovii 이노리나무 303
　　maximowiczii 아광나무
　　pinnatifida 산사나무
　　pinnatifida var. major 넓은잎산사나무
　　pinnatifida var. partita
　　가새잎산사나무
　　pinnatifida var. psilosa
　　좁은잎산사나무
　　scabrida 미국산사나무
Cryptomeria japonica 삼나무 236
Cudranis tricuspidata 꾸지뽕나무 287

| D |

Damnacanthus indicus 호자나무 346
　　major 수정목
Daphne genkwa 팥꽃나무 424
　　kamtschatica 두메닥나무
　　kiusiana 백서향
　　odora 서향 = 천리향
Daphniphyllum glaucescens
　　좀굴거리나무 364
　　macropodum 굴거리나무
Dendropanax morbifera 황칠나무 368
Deutzia glabrata 물참대 314
　　coreana (= D. uniflora)
　　매화말발도리
　　coreana for. triradiata 지리말발도리
　　coreana var. tozawae 해남말발도리
　　paniculata 꼬리말발도리
　　parviflora 말발도리나무
　　parviflora var. barbinervis

　　태백말발도리
　　prunifolia 바위말발도리
Diapensia lapponica var. obovata
　　돌매화나무 = 암매 376
Diospyros kaki 감나무 291
　　kaki var. sylvestris 돌감나무
　　lotus 고욤나무
Distylium racemosum 조록나무 320

| E |

Echinosophora koreensis 개느삼 296
Ehretia acuminata var. obovata
　　(=E. ovalifolia) 송양나무 412
Elaeagnus glabra 보리장나무 420
　　glabra var. oxyphylla
　　좁은잎보리장나무
　　macrophylla 보리밥나무
　　multiflora 뜰보리수
　　submacrophylla 큰보리장나무
　　umbellata 보리수나무
Empetrum nigrum var. japonicum
　　시로미 384
Euonymus alata 화살나무 390
　　alatus for. ciliatodentatus 회잎나무
　　fortunei var. radicans 줄사철나무
　　japonica 사철나무
　　japonica for. albomarginata 은테사철
　　macroptera 나래회나무
　　oxyphylla 참회나무
　　pauciflora 회목나무
　　sachalinensis 회나무
　　sieboldiana 참빗살나무

trapococca 버들회나무
Eurya emarginata 우묵사스레피 431
   japonica 사스레피나무
Evodia daniellii 쉬나무 356
   officinalis 오수유
Exochorda serratifolia
   까침박달 = 가침박달 321

| F |

Fagus multinervis 너도밤나무 243
Fatsia japonica 팔손이 368
Ficus carica 무화과나무 287
   erecta 천선과나무
   nipponica 모람
   stipulata 애기모람 = 왕모람
Firmiana simplex 벽오동 340
Forsythia densiflora 장수만리화 406
   koreana 개나리
   ovata 만리화
   saxatilis 산개나리
Fraxinus americana 미국물푸레나무 404
   excelsior 구주물푸레나무
   mandshurica 들메나무
   pennsylvanica 붉은물푸레나무
   rhynchophylla 물푸레나무
   sieboldiana 쇠물푸레나무

| G |

Gardenia jasminoides for. grandiflora
   치자나무 346
Ginkgo biloba 은행나무 205
Gleditsia japonica var. koraiensis
   주엽나무 296
   sinensis 조각자나무

| H |

Hamamelis japonica 풍년화 321
Hedera rhombea 송악 368
Hemiptelea davidii 시무나무 276
Hydrangea macrophylla for. otaksa
   수국 313
   paniculata 나무수국
   paniculata for. grandiflora
      큰나무수국
   petiolaris 등수국
   serrata for. acuminata 산수국

| I |

Idesia polycarpa 이나무 = 의나무 431
Ilex cornuta 호랑가시나무 388
   crenata for. microphylla 꽝꽝나무
   integra 감탕나무
   macropoda 대팻집나무
   rotunda 먼나무
Illicium anisatum 붓순나무 326
Indigofera kirilowii 땅비싸리 296
   pseudotinctoria 낭아초

| J |

Juglans mandshurica 가래나무 434
   sinensis 호두나무
Juniperus chinensis 향나무 232
   chinensis var. horizontalis 뚝향나무
   chinensis var. procumbens 섬향나무

chinensis var. sargentii 눈향나무
davurica 단천향나무
rigida 노간주나무
rigida var. koreana 해변노간주나무
virginiana 연필향나무

|K|

Kalopanax pictus 음나무 374
 pictus var. maximowiczii
 가는잎음나무
Korthalsella japonica
 동백나무겨우살이 439

|L|

Larix gmelinii 잎갈나무 225
 leptolepis 일본잎갈나무
Lespedeza angustifolioides 늦싸리 309
 bicolor 싸리
 cuneata 비수리
 cyrtobotrya 참싸리
 intermixta 넌출비수리
 juncea var. inschanica 땅비수리
 maritima 해변싸리
 maximowiczii 조록싸리
 pilosa 괭이싸리
 tomentosa 개싸리
 virgata 좀싸리
 x chiisanensis 지리산싸리
 x nakaii 꽃참싸리
 x patentihirta 땅괭이싸리
Ligustrum acutissimum
 산동쥐똥나무 410

foliosum 섬쥐똥나무
japonicum 광나무
lucidum 제주광나무
obtusifolium 쥐똥나무
ovalifolium 왕쥐똥나무
quihoui var. latifolium
 상동잎쥐똥나무
salicinum 버들쥐똥나무
Lindera erythrocarpa 비목나무 336
 glauca 감태나무 = 백동백나무
 glauca var. salicifolia 뇌성목
 obtusiloba 생강나무
 sericea 털조장나무
Linnaea borealis 린네풀 347
Liriodendron tulipifera 튤립나무 332
Lithocarpus edulis 돌참나무 243
Lonicera caerulea var. edulis
 댕댕이나무 347
 chrysantha 각시괴불나무
 insularis 섬괴불나무
 japonica 인동
 maackii 괴불나무
 maximowiczii
 산홍괴불나무 = 두메홍괴불나무
 praeflorens 올괴불나무
 sachalinensis 홍괴불나무
 subhispida 털괴불나무
 tatarinowii var. leptantha 횐괴불나무
 vesicaria 구슬댕댕이
 vidalii 왕괴불나무
Loranthus tanakae 꼬리겨우살이 439
 yadoriki 참나무겨우살이

Lycium chinense 구기자나무 413

|M|

Maackia amurensis 다릅나무 306
   amurensis var. buergeri 개물푸레나무
   fauriei 솔비나무
Machilus japonica 센달나무 334
   thunbergii 후박나무
Magnolia denudata 백목련 333
   grandiflora 태산목
   kobus 목련
   liliflora 자목련
   obovata 일본목련
   sieboldii 함박꽃나무
   stellata 별목련
   denudata var. purpurascens 자주목련
Mallotus japonicus 예덕나무 357
Malus asiatica 능금 303
   baccata 야광나무
   micromalus 제주아그배
   sieboldii 아그배나무
Melia azedarach var. japonica
   멀구슬나무 336
Meliosma myriantha 나도밤나무 399
   oldhamii 합다리나무
Menispermum dauricum 새모래덩굴 337
Metasequoia glyptostroboides
   메타세쿼이아 238
Morus alba 뽕나무 288
   bombycis for. kase 가새뽕나무
   bombysis 산뽕나무
   mongolica 몽고뽕나무

   tiliaefora 돌뽕나무

|N|

Neolitsea sericea 참식나무 326

|O|

Oplopanax elatus 땃두릅나무 369
Ostrya japonica 새우나무 242

|P|

Paulownia coreana 오동나무 413
   tomentosa 참오동나무
Phellodendron amurense 황벽나무 356
Philadelphus scaber 섬고광나무 313
   schrenckii var. jackii 털고광나무
   schrenkii 고광나무
   tenuifolius 얇은잎고광나무
Picea abies 독일가문비나무 217
   jezoensis 가문비나무
   koraiensis 종비나무
   pungsanensis 풍산가문비
Picrasma quassioides 소태나무 360
Pinus banksiana 방크스소나무 220
   bungeana 백송
   densiflora 소나무
   densiflora for. erecta 금강소나무 =강송
   densiflora for. multicaulis 반송
   densiflora for. pendula 처진소나무
   koraiensis 잣나무
   palustris 왕솔나무
   parviflora 섬잣나무
   pumila 눈잣나무

  pungens 풍겐스소나무
  rigida 리기다소나무
  rigitaeda 리기테에다소나무
  strobus 스트로브잣나무
  sylvestris 구주소나무
  tabuliformis 만주곰솔
  taeda 테에다소나무
  thunbergii(=P. thunbergiana) 곰솔
Pittosporum tobira 돈나무 296
Platanus acerifolia 단풍버즘나무 397
  occidentalis 양버즘나무
  orientalis 버즘나무
Pterocarya stenoptera 중국굴피나무 437
Platycarya strobilacea 굴피나무 438
  strobilacea for. coreana 털굴피나무
Podocarpus macrophyllus 나한송 59
Poncirus trifoliata 탱자나무 356
Populus alba 은백양 266
  davidiana 사시나무
  deltoides 미루나무
  euramericana 이태리포플러
  glandulosa 수원사시나무
  koreana 물황철나무
  maximowiczii 황철나무
  nigra var. italica 양버들
  simonii 당버들
  tomentiglandulosa 은사시나무
Prunus armeniaca var. ansu 살구나무 318
  buergeriana 섬개벚나무
  davidiana 산복사나무
  glandulosa 산매나무
  glandulosa for. albiplena 옥매

  glandulosa for. sinensis 홍매
  ishidoyana 산이스라지
  japonica var. nakaii
  이스라지 = 산앵도나무
  leveilleana 개벚나무
  leveilleana var. pendula 수양벚나무
  leveilleana var. pilosa 털개벚
  mandshurica var. barbinervis
  털개살구
  mandshurica var. glabra 개살구
  maximowiczii 산개벚지나무
  mume 매실나무
  padus 귀룽나무
  pendula for. ascendens 올벚나무
  persica 복사나무
  salicina 자두나무
  salicina var. columnalis 열녀목
  sargentii 산벚나무
  serrulata var. densiflora
  가는잎벚나무
  serrulata var. sontagiae 꽃벚나무
  serrulata var. spontanea 벚나무
  serrulata var. tomentella 털벚나무
  serrulata var. verecunda 분홍벚나무
  sibirica 시베리아살구나무
  takesimensis 섬벚나무
  tomentosa 앵도나무
  yedoensis 왕벚나무
Pterostyrax hispida 나래쪽동백 290
Pueraria thunbergiana 칡 296
Punica granatum 석류 = 석류나무 420
Pyrus calleryana var. fauriei 콩배나무 303

pyrifolia 돌배나무
uipongensis 위봉배나무
ussuriensis 산돌배나무 = 산돌배
ussuriensis var. macrostipes 참배나무

| Q |

Quercus acuta 붉가시나무 253
   acutissima 상수리나무
   acutissima x variabilis 정릉참나무
   aliena 갈참나무
   dentata 떡갈나무
   gilva 개가시나무
   glauca 종가시나무
   mongolica 신갈나무
   myrsinaefolia 가시나무
   phillyraeoides 졸가시나무
   salicina 참가시나무
   serrata 졸참나무
   variabilis 굴참나무

| R |

Rhododendron aureum 노랑만병초 381
   brachycarpum 만병초
   dauricum 산진달래
   obtusum 영산홍
   micranthum
   꼬리진달래 = 참꽃나무겨우살이
   mucronulatum 진달래
   mucronulatum for. albiflorum
   흰진달래
   mucronulatum var. ciliatum
   털진달래
   mucronulatum var. maritimum
   반들진달래
   parvifolium var. alpinum 담자리참꽃
   redowskianum 좀참꽃
   schlippenbachii 철쭉
   weyrichii 참꽃나무
   yedoense for. albflora 흰산철쭉
   yedoense var. poukhanense 산철쭉
Rhus chinensis 붉나무 399
   succedanea 검양옻나무
   sylvestris 산검양옻나무
   trichocarpa 개옻나무
   verniciflua 옻나무
Ribes burejense 바늘까치밥나무 313
   fasciculatum var. chinense 가마귀밥
   여름나무 = 까마귀밥여름나무
   grossularia 서양까치밥나무
   komarovii 꼬리까치밥나무
   latifolium 넓은잎까치밥나무
   mandshuricum 까치밥나무
   mandshuricum var. subglabrum
   개앵도나무
   maximowiczianum 명자순
   ussuriense
   가막까치밥나무 = 까막까치밥나무
Robinia hispida 꽃아까시나무 312
   pseudoacacia var. umbraculifera
   민둥아까시나무
   pseudoacasia 아까시나무
Rosa acicularis 민둥인가목 299
   davurica 생열귀나무
   marretii 붉은인가목

maximowicziana 용가시나무
　　　multiflora 찔레나무
　　　pimpinellifolia 둥근인가목
　　　rugosa 해당화
　　　rugosa var. kamtschatica 개해당화
　　　hybrida 장미
　　　wichuraiana 돌가시나무

|S|

Salix babylonica 수양버들 270
　　　berberifolia 매자잎버드나무
　　　bicarpa 쌍실버들
　　　blinii 제주산버들
　　　brachypoda 닥장버들
　　　caprea 호랑버들
　　　chaenomeloides 왕버들
　　　dependens 개수양버들
　　　divaricata var. meta-formosa
　　　눈산버들
　　　divaricata. var. metaformosa
　　　난장이버들
　　　gilgiana 내버들
　　　graciliglans 눈갯버들
　　　gracilistyla 갯버들
　　　hallaisanensis 떡버들
　　　integra 개키버들
　　　ishidoyana 섬버들
　　　kangensis 강계버들
　　　koreensis 버드나무
　　　purpurea var. japonica 키버들
　　　matsudana for. tortuosa 용버들
　　　maximowiczii 쪽버들

　　　myrtilloides 진퍼리버들
　　　pentandra var. intermedia 반짝버들
　　　pseudo-lasiogyne 능수버들
　　　purpurea var. smithiana 당키버들
　　　rorida 분버들
　　　rorida var. roridaeformis 좀분버들
　　　rotundifolia 콩버들
　　　sericeo-cinerea 큰산버들
　　　siuzevii 참오굴잎버들
　　　stipularis 꽃버들
　　　subfragilis 선버들
　　　subopposita 들버들
　　　viminalis 육지꽃버들
　　　xerophila 여우버들
Sambucus latipinna 넓은잎딱총나무 354
　　　sieboldiana 덧나무
　　　sieboldiana var. miquelii 지렁쿠나무
　　　sieboldiana var. pendula 말오줌나무
　　　williamsii var. coreana 딱총나무
Sapindus mukorossi 무환자나무 385
Sapium japonicum 사람주나무 365
　　　sebiferum 오구나무 = 조구나무
Schizandra nigra 흑오미자 326
　　　chinensis 오미자나무
Sciadopitys verticillata 금송 236
Securinega suffruticosa 광대싸리 357
Sinomenium acutum 방기 337
Smilax china 청미래덩굴 438
　　　sieboldii 청가시덩굴
Solanum lyratum 배풍등 413
Sophora japonica 회화나무 296
Sorbus alifolia 팥배나무 301

amurensis 당마가목
commixta 마가목
sambucifolia var. pseudogracilis 산마가목
Spiraea betulifolia 둥근잎조팝나무 323
 blumei 산조팝나무
 chamaedrifolia 인가목조팝나무
 chinensis 당조팝나무
 fritschiana 참조팝나무
 japonica 일본조팝나무
 microgyna 좀조팝나무
 miyabei 덤불조팝나무
 prunifolia 만첩조팝나무
 prunifolia var. simpliciflora 조팝나무
 pubescens 아구장나무
 salicifolia 꼬리조팝나무
 thunbergii 능수조팝나무=가는잎조팝나무
 trichocarpa 갈기조팝나무
Staphylea bumalda 고추나무 392
Stephanandra incisa 국수나무 321
 incisa var. quadrifissa 나비국수나무
Stewartia pseudocamellia 노각나무 426
Styrax japonica 때죽나무 294
 obassia 쪽동백나무
 shiraiana 좀쪽동백나무
Symplocos chinensis for. pilosa 노린재나무 290
 coreana 섬노린재
Syringa dilatata 수수꽃다리 409
 fauriei 버들개회나무
 palibiniana var. lactea 정향나무

patula var. venosa 섬개회나무
reticulata for. bracteata 수개회나무
reticulata var. mandshurica 개회나무
velutina 털개회나무
vulgaris 라일락 = 서양수수꽃다리
wolfi 꽃개회나무

|T|

Tamarix chinensis 위성류 427
Taxodium distichum 낙우송 238
Taxus caespitosa 설악눈주목 235
 cuspidata 주목
 cuspidata var. latifolia 회솔나무
 cuspidata var. nana 눈주목
Ternstroemia gymnanthera 후피향나무 426
Thuja koraiensis 눈측백나무 229
 occidentalis 서양측백나무
 orientalis 측백나무
Thujopsis dolabrata 나한백 226
Tilia amurensis 피나무 = 달피나무 343
 kiusiana 구주피나무
 koreana 연밥피나무
 mandshurica 찰피나무
 megaphylla 염주나무
 miqueliana 보리자나무
 taquetii 뽕잎피나무
Torreya nucifera 비자나무 235
Trachelospermum asiaticum var. intermedium 마삭줄 402
 asiaticum var. majus 백화등
Tsuga sieboldii 솔송나무 208

| U |

Ulmus davidiana 당느릅나무 282
    davidiana var. japonica 느릅나무
    davidiana var. suberosa 혹느릅나무
    laciniata 난티나무
    macrocarpa 왕느릅나무
    macrocarpa var. macrophylla
    큰잎느릅나무
    parvifolia 참느릅나무
    pumila 비술나무

| V |

Vaccinium bracteatum 모새나무 382
    hirtum var. koreanum 산앵도나무
    japonicum 산매자나무
    oldhami 정금나무
    oldhamii var. glaucinum 지포나무
    uliginosum 들쭉나무
    uliginosum for. alpinum 산들쭉나무
    vitis-idaea 월귤
Viburnum awabuki 아왜나무 350
    burejaeticum 산분꽃나무
    carlesii 분꽃나무
    dilatatum 가막살나무
    dilatatum for. hispidum 털가막살나무
    erosum 덜꿩나무
    erosum var. taquetii 가새덜꿩나무
    furcatum 분단나무
    koreanum 배암나무
    sargentii 백당나무
    sargentii for. sterile 불두화
    wrightii 산가막살나무

Viscum album for. rubroauranticum
    붉은겨우살이 439
    album var. coloratum 겨우살이
Vitex cannabifolia 목형 416
    negundo var. incisa 좀목형
    rotundifolia 순비기나무

| W |

Weigela coraeensis 일본병꽃나무 352
    florida 붉은병꽃나무
    florida for. candida 흰병꽃나무
    florida for. subtricolor 삼색병꽃나무
    for. brevicalycina 좀병꽃
    hortensis 골병꽃나무
    subsessilis 병꽃나무
Wisteria floribunda 등 = 등나무 296

| X |

Xylosma congestum 산유자나무 431

| Z |

Zanthoxylum ailanthoides 머귀나무 362
    ailanthoides var. inermis 민머귀나무
    coreanum 왕초피나무
    fauriei 좀머귀나무
    piperitum 산초나무
    planispinum 개산초
    schinifolium 초피나무
    schinifolium var. inermis 민산초나무
Zelkova serrata 느티나무 276
Zizyphus jujuba 묏대추나무 200
    jujuba var. inermis 대추나무